高等职业教育系列教材

知识导图领学｜综合案例实践

MySQL数据库应用项目式教程

主　编｜张凌杰　张慧娟
副主编｜李　阁　时生乐
参　编｜陶　薇　王嘉浩　刘亚茹

本书以 MySQL 数据库管理系统为平台，以学生成绩管理系统开发案例为主线进行编写，较全面地介绍了数据库的基础知识及其应用。全书共 9 个项目，包括建立 MySQL 数据库环境、创建与维护 MySQL 数据库、创建与维护 MySQL 数据表、数据查询、创建和管理视图、创建和管理索引、创建与使用存储过程和存储函数、创建和使用触发器，以及维护 MySQL 数据库的安全性。

本书根据"项目引领，任务驱动"式的教学思路，充分考虑读者的认知曲线，科学地设计典型学习任务，每个任务都有明确的要求及实现方案，具有较强的实用性和操作性。

本书内容翔实、图文并茂、浅显易懂，既可以作为高等职业院校相关专业的教学用书，也可以作为 MySQL 数据库初学者的学习用书。

本书配有微课视频，扫描二维码即可观看。另外，本书配有教学大纲、电子课件、习题答案、源代码等资源，需要的教师可登录机械工业出版社教育服务网（www.cmpedu.com）免费注册，审核通过后下载，或联系编辑索取（微信：13261377872，电话：010-88379739）。

图书在版编目（CIP）数据

MySQL 数据库应用项目式教程 / 张凌杰，张慧娟主编. —北京：机械工业出版社，2024.2（2025.1 重印）
高等职业教育系列教材
ISBN 978-7-111-74984-4

Ⅰ. ①M… Ⅱ. ①张… ②张… Ⅲ. ①SQL 语言-数据库管理系统-高等职业教育-教材 Ⅳ. ①TP311.132.3

中国国家版本馆 CIP 数据核字（2024）第 033614 号

机械工业出版社（北京市百万庄大街 22 号　邮政编码 100037）
策划编辑：和庆娣　　　　　　责任编辑：和庆娣　王海霞
责任校对：王小童　张　征　　责任印制：邝　敏
北京富资园科技发展有限公司印刷
2025 年 1 月第 1 版第 2 次印刷
184mm×260mm · 17.75 印张 · 440 千字
标准书号：ISBN 978-7-111-74984-4
定价：69.90 元

电话服务　　　　　　　　　　网络服务
客服电话：010-88361066　　　机　工　官　网：www.cmpbook.com
　　　　　010-88379833　　　机　工　官　博：weibo.com/cmp1952
　　　　　010-68326294　　　金　书　网：www.golden-book.com
封底无防伪标均为盗版　　　　机工教育服务网：www.cmpedu.com

前　言

党的二十大报告提出："必须坚持科技是第一生产力、人才是第一资源、创新是第一动力，深入实施科教兴国战略、人才强国战略、创新驱动发展战略"。随着新一轮科技革命和产业变革深入发展，物联网、大数据、云计算、人工智能、区块链等数字技术创新活跃，数据作为关键生产要素的价值日益凸显，深入渗透到经济社会各领域全过程。作为各行业数据存储、计算、流通的基础软件，数据库技术不断创新，产品形态日益丰富，产业生态加速变革，产业热度持续升温。数据库的安全性、可靠性、使用效率和使用成本越来越受到重视。掌握数据库技术被视为新型现代高级人才必备的信息技术基础能力。

MySQL 作为目前流行的关系型数据库管理系统，所使用的 SQL 是用于访问数据库的最常用的标准化语言。MySQL 功能完善、易于学习和使用，由于其体积小、速度快、跨平台、总体拥有成本低，尤其是开放源码这一特点，被广泛应用于中小规模的数据库管理系统中，也是目前各类院校学生学习数据库技术的首选数据库产品。

本书以职业实践为主线、通过对数据库开发过程的深入分析，在对数据库开发所涵盖的岗位群进行工作任务与职业能力分析的基础上，对课程内容按教学目标、教学内容体系进行适当的整合，分成各项目任务。采用"项目引领，任务驱动"式的教学思路，充分考虑了教学实施需求，合理设置教学环节。

全书以学生熟悉的成绩管理系统开发案例为主线进行编写，方便学生快速理解和掌握数据库知识。以任务为驱动，充分考虑读者的认知曲线，将开发案例拆解到各个项目中，设置多项必要的操作任务，同时将与各项操作任务密切相关的语法知识安排到各小节或任务中予以讲解，采用边讲边练的教学方式，由浅入深，循序渐进，利于提高教学效率和教学效果。实战任务环节设计了一个综合案例——商品销售管理数据库，以学习工作页的形式独立成册，从数据库设计入手，体验数据库从设计、实现到应用的全过程，应用所学知识解决实际问题，在完成各项操作任务的过程中，学习知识、领悟知识和构建知识结构，从而将知识的掌握固化为能力的提升。

全书共 9 个项目，包括建立 MySQL 数据库环境、创建与维护 MySQL 数据库、创建与维护 MySQL 数据表、数据查询、创建和管理视图、创建和管理索引、创建与使用存储过程和存储函数、创建和使用触发器，以及维护 MySQL 数据库的安全性。为了帮助读者快速了解本书的知识结构，整理了如下知识结构图。

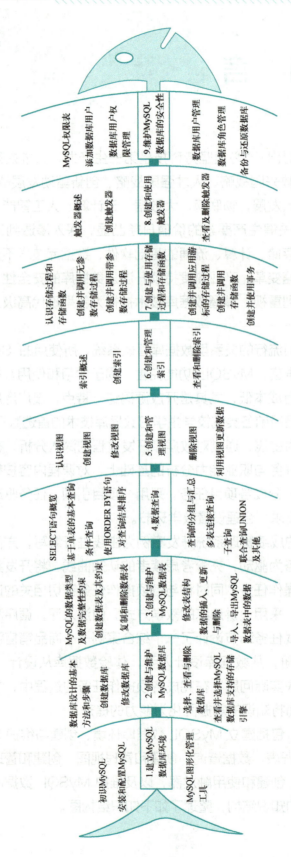

本书由河南水利与环境职业学院张凌杰和张慧娟担任主编，李阁、时生乐担任副主编，参与编写的人员还有陶薇、王嘉浩、刘亚茹。其中项目 1 由陶薇编写，项目 2 由张凌杰、刘亚茹编写，项目 3、项目 4 由张慧娟编写，项目 5 和项目 6 由李阁编写，项目 7 和项目 8 由时生乐编写，项目 9 由王嘉浩编写，学习工作页由张凌杰编写，全书由张凌杰统稿。在此特别感谢中原农业保险股份有限公司的高级工程师吕卫军，郑州市轨道交通有限公司信息管理部副部长李昱见在编写过程中给予的技术前瞻性指导，将行业实际应用中的新技术、新工艺、新规范与本书内容进行了有效融合。

本书是"MySQL 数据库应用"在线开放课程的配套教材，读者可以在智慧职教 MOOC 学院平台加入在线课程的学习。

由于数据库知识涉及面广，加之编者水平有限，书中难免存在不妥之处，敬请读者批评指正，并提出宝贵意见和建议。

编　者

二维码资源清单

序号	名称	页码	序号	名称	页码
1	1.2.1　任务 1-1　安装和配置 MySQL	9	41	4.4.1　任务 4-12　使用聚合函数查询	118
2	1.2.2　任务 1-2　启动与停止 MySQL 服务	15	42	4.4.2　任务 4-13　使用 GROUP BY 子句创建分组查询	121
3	1.2.3　任务 1-3　登录与退出 MySQL 服务器	16	43	4.4.3　任务 4-14　使用 HAVING 子句对分组数据进行过滤	123
4	1.2.4　任务 1-4　试用 MySQL 客户端命令行窗口	18	44	4.5　多表连接查询	126
5	1.3　MySQL 图形化管理工具	19	45	4.5.1　任务 4-15　创建内连接查询	126
6	2.1.1　任务 2-1　创建数据库前的准备工作	30	46	4.5.2　任务 4-16　创建外连接查询	130
7	2.1.2　任务 2-2　使用图形化管理工具创建和查看数据库	32	47	4.6　子查询	132
8	2.1.3　任务 2-3　使用 CREATE DATABASE 语句创建数据库	35	48	4.6.1　任务 4-17　创建单值子查询	133
9	2.2.1　任务 2-4　使用图形化管理工具修改数据库	39	49	4.6.2　任务 4-18　使用 IN 关键字创建多值子查询	134
10	2.2.2　任务 2-5　使用 ALTER DATABASE 语句修改数据库	40	50	4.6.3　任务 4-19　使用 EXISTS 关键字创建子查询	136
11	2.3.1　任务 2-6　使用语句方式选择与查看数据库	41	51	4.6.4　任务 4-20　使用 ANY、ALL 关键字创建子查询	137
12	2.3.2　任务 2-7　删除数据库	43	52	4.7　联合查询 UNION 及其他	138
13	2.4　任务 2-8　查看并选择 MySQL 数据库支持的存储引擎	44	53	4.7.1　任务 4-21　使用 UNION 语句创建联合查询	139
14	3.1.1　任务 3-1　分析并设计数据表的结构及约束	54	54	5.1.1　任务 5-1　使用 CREATE VIEW 语句创建单源表视图	148
15	3.1.2　任务 3-2　使用图形化管理工具创建数据表	58	55	5.1.2　任务 5-2　使用图形化管理工具创建视图	150
16	3.1.3　任务 3-3　使用 CREATE TABLE 语句创建数据表	61	56	5.2.1　任务 5-3　使用 ALTER VIEW 语句修改视图	153
17	3.2.1　任务 3-4　复制数据表	67	57	5.2.2　任务 5-4　使用图形化管理工具修改视图	155
18	3.2.2　任务 3-5　删除数据表	68	58	5.3.1　任务 5-5　使用 DROP VIEW 语句删除视图	156
19	3.3.1　任务 3-6　使用图形化管理工具修改数据表	69	59	5.3.2　任务 5-6　使用图形化管理工具删除视图	157
20	3.3.2　任务 3-7　使用 ALTER TABLE 语句修改数据表	71	60	5.4.1　任务 5-7　通过视图查询和更新表中数据	158
21	3.4.1　任务 3-8　使用图形化管理工具插入、修改和删除数据表记录	79	61	5.4.2　任务 5-8　创建带 WITH CHECK OPTION 的视图	161
22	3.4.2　任务 3-9　使用 INSERT 语句向数据表中插入记录	80	62	6.1.1　任务 6-1　使用语句在创建表时创建索引	167
23	3.4.3　任务 3-10　使用 UPDATE 语句修改表中记录	84	63	6.1.2　任务 6-2　在已有表中使用 CREATE INDEX 创建索引	168
24	3.4.4　任务 3-11　使用 DELETE 语句删除表中记录	86	64	6.1.3　任务 6-3　使用图形化管理工具创建索引	169
25	3.5　导入、导出 MySQL 数据表中的数据	89	65	6.2.1　任务 6-4　使用 SHOW INDEX 语句查看索引	170
26	项目 4　前导知识：SELECT 语句概览	99	66	6.2.2　任务 6-5　使用 DROP INDEX 语句删除索引	171
27	4.1　基于单表的基本查询	100	67	6.2.3　任务 6-6　在已有数据表中修改表删除索引	172
28	4.1.1　任务 4-1　选择字段进行查询	100	68	7.1　任务 7-1　创建并调用无参数存储过程	181
29	4.1.2　任务 4-2　使用 AS 指定字段别名	102	69	7.2.1　任务 7-2　创建并调用带 IN 参数存储过程	184
30	4.1.3　任务 4-3　使用 DISTINCT 去掉查询结果的重复值	104	70	7.2.2　任务 7-3　创建并调用带 IN 和 OUT 参数的存储过程	185
31	4.1.4　任务 4-4　使用关键字 LIMIT 查询限定数量的记录	104	71	7.2.3　任务 7-4　创建并调用带 INOUT 参数的存储过程	187
32	4.2　条件查询	106	72	7.4　任务 7-6　创建并调用存储函数	191
33	4.2.2　任务 4-5　使用比较运算符创建查询	106	73	8.1.1　任务 8-1　创建 INSERT 类型触发器	202
34	4.2.3　任务 4-6　使用范围运算符创建查询	107	74	8.1.2　任务 8-2　创建 DELETE 类型触发器	205
35	4.2.4　任务 4-7　使用集合运算符 IN 创建查询	109	75	8.1.3　任务 8-3　创建 UPDATE 类型触发器	206
36	4.2.5　任务 4-8　使用运算符 LIKE 创建模糊查询	110	76	8.2　查看及删除触发器	207
37	4.2.6　任务 4-9　使用 IS NULL 运算符创建涉及空值的查询	112	77	9.1　添加数据库用户	214
38	4.2.7　任务 4-10　创建多重条件查询	113	78	9.2　数据库用户权限管理	218
39	4.3　任务 4-11　使用 ORDER BY 语句对查询结果排序	115	79	9.3　数据库用户管理	221
40	4.4　查询的分组与汇总	118	80	9.5　备份与还原数据库	225

目 录

前言

二维码资源清单

项目 1　建立 MySQL 数据库环境 ……………………… 1

1.1　初识 MySQL ……………………………… 2
  1.1.1　数据库基础知识 ………………… 2
  1.1.2　关系数据库简介 ………………… 6
  1.1.3　MySQL 数据库简介 …………… 7
1.2　安装和配置 MySQL ……………………… 9
  1.2.1　任务 1-1　安装和配置 MySQL …… 9
  1.2.2　任务 1-2　启动与停止 MySQL 服务 …… 15
  1.2.3　任务 1-3　登录与退出 MySQL 服务器 …………………… 16
  1.2.4　任务 1-4　试用 MySQL 客户端命令行窗口 …………………… 18
1.3　MySQL 图形化管理工具 ……………… 19
  1.3.1　MySQL 图形化管理工具简介 …… 19
  1.3.2　任务 1-5　安装 MySQL 图形化管理工具 Navicat …………… 20
  1.3.3　任务 1-6　试用 MySQL 图形化管理工具 Navicat …………… 21
课后练习 1 ……………………………………… 24

项目 2　创建与维护 MySQL 数据库 ……………………… 26

前导知识：数据库设计的基本方法和步骤 …………………………………… 27
2.1　创建数据库 ……………………………… 29
  2.1.1　任务 2-1　创建数据库前的准备工作 …… 30
  2.1.2　任务 2-2　使用图形化管理工具创建和查看数据库 ……………… 32
  2.1.3　任务 2-3　使用 CREATE DATABASE 语句创建数据库 …………… 35
2.2　修改数据库 ……………………………… 38
  2.2.1　任务 2-4　使用图形化管理工具修改数据库 ……………………… 39
  2.2.2　任务 2-5　使用 ALTER DATABASE 语句修改数据库 …………… 40
2.3　选择、查看与删除数据库 ……………… 41
  2.3.1　任务 2-6　使用语句方式选择与查看数据库 ……………………… 41
  2.3.2　任务 2-7　删除数据库 …………… 43
2.4　任务 2-8　查看并选择 MySQL 数据库支持的存储引擎 ……………… 44
课后练习 2 ……………………………………… 46

项目 3　创建与维护 MySQL 数据表 ……………………… 48

前导知识：MySQL 的数据类型及数据完整性约束 …………………………… 49
3.1　创建数据表及其约束 …………………… 54
  3.1.1　任务 3-1　分析并设计数据表的结构及

VII

		约束 · 54
3.1.2	任务 3-2	使用图形化管理工具创建
		数据表 · 58
3.1.3	任务 3-3	使用 CREATE TABLE 语句
		创建数据表 · 61

3.2 复制和删除数据表 · 67

3.2.1	任务 3-4	复制数据表 · · · · · · · · · · · · · · · 67
3.2.2	任务 3-5	删除数据表 · · · · · · · · · · · · · · · 68

3.3 修改表结构 · 69

3.3.1	任务 3-6	使用图形化管理工具修改
		数据表 · 69
3.3.2	任务 3-7	使用 ALTER TABLE 语句
		修改数据表 · 71

3.4 数据的插入、更新与删除 · · · · · · · · · · · · · · 78

3.4.1	任务 3-8	使用图形化管理工具插入、
		修改和删除数据表记录 · · · · · · · · · 79
3.4.2	任务 3-9	使用 INSERT 语句向数据表
		中插入记录 · 80
3.4.3	任务 3-10	使用 UPDATE 语句修改表
		中记录 · 84
3.4.4	任务 3-11	使用 DELETE 语句删除表
		中记录 · 86

3.5 导入、导出 MySQL 数据表中的
数据 · 89

3.5.1	任务 3-12	导入 MySQL 数据表中的
		数据 · 89
3.5.2	任务 3-13	导出 MySQL 数据表中的
		数据 · 92

课后练习 3 · 95

项目 4 数据查询 · 97

前导知识：SELECT 语句概览 · · · · · · · · · · · · · 99

4.1 基于单表的基本查询 · · · · · · · · · · · · · · · · · · 100

4.1.1	任务 4-1	选择字段进行查询 · · · · · · · · · 100
4.1.2	任务 4-2	使用 AS 指定字段别名 · · · · · 102
4.1.3	任务 4-3	使用 DISTINCT 去掉查询
		结果的重复值 · · · · · · · · · · · · · · · · · · 104
4.1.4	任务 4-4	使用关键字 LIMIT 查询
		限定数量的记录 · · · · · · · · · · · · · · · 104

4.2 条件查询 · 106

4.2.1	WHERE 子句中常用的查询条件 · · · · · · 106
4.2.2	任务 4-5 使用比较运算符创建查询 · · · · 106
4.2.3	任务 4-6 使用 BETWEEN…AND
	创建范围比较查询 · · · · · · · · · · · · · · · · 107
4.2.4	任务 4-7 使用 IN 创建范围比对
	查询 · 109
4.2.5	任务 4-8 使用 LIKE 创建模糊查询 · · · 110
4.2.6	任务 4-9 使用 IS NULL 创建空值
	查询 · 112
4.2.7	任务 4-10 创建多重条件查询 · · · · · · · · 113

4.3 任务 4-11 使用 ORDER BY
语句对查询结果排序 · · · · · · · · · · · · · · · · · · 115

4.4 查询的分组与汇总 · 118

4.4.1	任务 4-12	使用聚合函数查询 · · · · · · · · 118
4.4.2	任务 4-13	使用 GROUP BY 子句创建
		分组查询 · 121
4.4.3	任务 4-14	使用 HAVING 子句对分组
		数据进行过滤 · · · · · · · · · · · · · · · · · · 123

4.5 多表连接查询 · 126

4.5.1	任务 4-15	创建内连接查询 · · · · · · · · · · · 126
4.5.2	任务 4-16	创建外连接查询 · · · · · · · · · · · 130

4.6 子查询 · 132

4.6.1	任务 4-17	创建单值子查询 · · · · · · · · · · · 133
4.6.2	任务 4-18	使用 IN 关键字创建多值
		子查询 · 134
4.6.3	任务 4-19	使用 EXISTS 关键字创建
		子查询 · 136
4.6.4	任务 4-20	使用 ANY、ALL 关键字创建
		子查询 · 137

4.7 联合查询 UNION 及其他 ············ 138
    4.7.1 任务 4-21 使用 UNION 语句创建联合查询 ············ 139
    4.7.2 任务 4-22 使用 Navicat 的查询创建工具实现查询操作 ············ 140
课后练习 4 ············ 145

项目 5 创建和管理视图 ············ 147

前导知识：认识视图 ············ 147

5.1 创建视图 ············ 148
    5.1.1 任务 5-1 使用 CREATE VIEW 语句创建单源表视图 ············ 148
    5.1.2 任务 5-2 使用图形化管理工具创建视图 ············ 150

5.2 修改视图 ············ 153
    5.2.1 任务 5-3 使用 ALTER VIEW 语句修改视图 ············ 153
    5.2.2 任务 5-4 使用图形化管理工具修改视图 ············ 155

5.3 删除视图 ············ 156
    5.3.1 任务 5-5 使用 DROP VIEW 语句删除视图 ············ 156
    5.3.2 任务 5-6 使用图形化管理工具删除视图 ············ 157

5.4 利用视图更新数据 ············ 157
    5.4.1 任务 5-7 通过视图查询和更新表中数据 ············ 158
    5.4.2 任务 5-8 通过带 WITH CHECK OPTION 的视图更新表中数据 ············ 160

课后练习 5 ············ 162

项目 6 创建和管理索引 ············ 164

前导知识：索引概述 ············ 164

6.1 创建索引 ············ 166
    6.1.1 任务 6-1 使用语句在创建表时创建索引 ············ 167
    6.1.2 任务 6-2 在已有表中使用 CREATE INDEX 创建索引 ············ 168
    6.1.3 任务 6-3 使用图形化管理工具创建索引 ············ 169

6.2 查看和删除索引 ············ 170
    6.2.1 任务 6-4 使用 SHOW INDEX 语句查看索引 ············ 170
    6.2.2 任务 6-5 使用 DROP INDEX 语句删除索引 ············ 171
    6.2.3 任务 6-6 在已有数据表中修改表删除索引 ············ 172

课后练习 6 ············ 173

项目 7 创建与使用存储过程和存储函数 ············ 175

前导知识：认识存储过程和存储函数 ············ 176

7.1 任务 7-1 创建并调用无参数存储过程 ············ 181

7.2 创建并调用带参数存储过程 ············ 184
    7.2.1 任务 7-2 创建并调用带 IN 参数的存储过程 ············ 184
    7.2.2 任务 7-3 创建并调用带 IN 和 OUT 参数的存储过程 ············ 185

7.2.3　任务 7-4　创建并调用带 INOUT 参数的存储过程 187

7.3　任务 7-5　创建并调用应用游标的存储过程 188

7.4　任务 7-6　创建并调用存储函数 191

7.5　任务 7-7　创建并使用事务 194

课后练习 7 198

项目 8　创建和使用触发器 200

前导知识：触发器概述 201

8.1　创建触发器 202

8.1.1　任务 8-1　创建 INSERT 类型触发器 202
8.1.2　任务 8-2　创建 DELETE 类型触发器 205
8.1.3　任务 8-3　创建 UPDATE 类型触发器 206

8.2　查看及删除触发器 207

8.2.1　任务 8-4　查看数据表中有哪些触发器 207
8.2.2　任务 8-5　删除触发器 209

课后练习 8 210

项目 9　维护 MySQL 数据库的安全性 212

前导知识：MySQL 权限表 214

9.1　添加数据库用户 214

9.1.1　任务 9-1　使用图形化管理工具创建用户 215
9.1.2　任务 9-2　使用 CREATE USER 语句创建用户 215
9.1.3　任务 9-3　使用 GRANT 语句创建用户 217

9.2　数据库用户权限管理 218

9.2.1　任务 9-4　在命令行中管理用户权限 218
9.2.2　任务 9-5　在图形化管理工具中管理用户权限 220

9.3　数据库用户管理 221

9.3.1　任务 9-6　修改用户密码 221
9.3.2　任务 9-7　删除用户 222

9.4　任务 9-8　数据库角色管理 224

9.5　备份与还原数据库 225

9.5.1　任务 9-9　使用图形化管理工具备份和还原数据库 225
9.5.2　任务 9-10　使用命令备份和还原数据库 227
9.5.3　任务 9-11　转储数据库 229

课后练习 9 230

参考文献 232

项目 1　建立 MySQL 数据库环境

数据库技术是一种数据管理技术，产生于 20 世纪 60 年代末，经过多年的发展，已经自成理论体系，成为计算机科学的一个重要分支。数据库技术体现了先进的数据管理思想，使计算机应用渗透到社会各领域，在当今的信息社会中发挥着越来越大的作用。随着信息技术的迅速发展和广泛应用，数据库作为后台支持系统已经成为信息管理中不可缺少的重要组成部分。MySQL 是一款流行的开源数据库，其功能完善，易于学习和使用，被广泛应用于中小规模数据库应用场景。

知识目标

1. 了解数据库相关概念。
2. 了解 MySQL 数据库管理系统的发展历史、特点及应用场合。
3. 掌握 MySQL 服务器的安装和配置，掌握 MySQL 客户端管理工具的使用。
4. 了解常用的 MySQL 命令行工具的功能。

能力目标

1. 能根据不同的应用场合选择合适的 MySQL 版本，并进行安装与配置。
2. 会用多种方法启动与停止 MySQL 服务器、登录与退出 MySQL 服务器。
3. 熟悉 MySQL 图形化工具 Navicat 的使用。

素质目标

1. 形成勤学苦练、奋发上进的学习态度。
2. 养成查阅相关技术手册或资料的意识。
3. 培养分析和解决实际问题的能力。
4. 培养社会责任感和民族自豪感。
5. 培养爱国主义情怀和技术强国责任担当。

知识导图

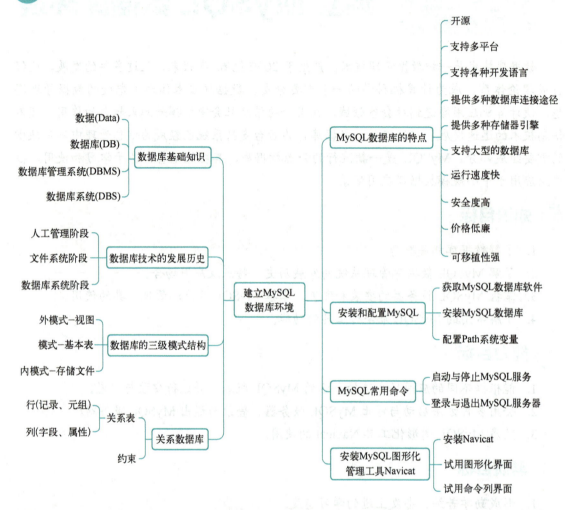

1.1 初识 MySQL

MySQL 运行速度快、执行效率与稳定性高、操作简单易用；同时，由于体量小、速度快、跨平台、总体成本低，尤其是开放源码这一特点，使 MySQL 成为中小型网站开发首选的数据库系统。作为目前流行的关系型数据库管理系统，MySQL 是一个真正多用户、多线程的结构化查询语言（Structured Query Language，SQL）数据库服务器。

1.1.1 数据库基础知识

数据库技术是现代信息科学与技术的重要组成部分，是计算机数据处理与信息管理系统的核心与基础。数据库技术研究和管理的对象是数据，所以数据库技术涉及的具体内容主要包括：通过对数据的统一组织和管理，按照指定的结构建立相应的数据库和数据仓库，利用数据库管理系统和数据挖掘系统设计出能够对数据库中的数据进行添加、修改、删除、处理、分析，并生成报表等多种操作的数据管理和数据挖掘应用系统。

现实世界中的信息是如何转化为能被计算机"理解"和"处理"的数据呢？下面先来认识数据和数据库，从而了解数据库及数据库系统。

1. 数据库的基本概念

（1）数据与信息

数据（Data）是描述事物的符号记录，是数据库中存储的基本对象，主要包括两个方面：一是描述事物特性的数据内容；二是存储在某种媒体上的数据形式，如数字、字母、文字、图形、声音、动画、影像等，其中使用较多的是文字数据。

信息是客观事物在人脑中的反映，是以各种方式传播的关于某一事物的消息、情报、知识。数据是描述与管理信息的有效载体。为了了解世界、相互交流，人们需要描述各种各样的事物。在日常生活中，我们通常直接用自然语言来描述。而在计算机中，为了存储和处理这些抽象的事物信息，就要抽取出对这些事物感兴趣的特征值，用特定的符号来加以描述。

例如，在描述学生信息的时候，人们感兴趣的可能是学生的学号、姓名、性别、年龄、系别、班级等基本信息，对于这些信息可以用这样的形式来描述：（23000101，范紫嫣，女，19，信息工程系，22 大数据 1）。这里的学生记录就是数据，对于记录中的每个数据项必须经过解释才能明确其含义，数据的含义称为数据的语义。上述记录可以解释为学号为 23000101、姓名为范紫嫣的女生，19 岁，是信息工程系 22 大数据 1 班的学生。数据与其语义是不可分的，数据是信息的符号表示，信息则是数据的内涵，是对数据的语义解释。例如，给定一个数据 19，不同的语义下有不同的解释。

语义 1：学生的年龄为 19 岁。

语义 2：某件商品的价格为 19 元。

语义 3：公司某部门的职工人数为 19 人。

【知识拓展：大数据】大数据是一个数据集，具有体量巨大、类型多样、处理速度快、价值密度低等特点，因此无法用传统的数据库工具对其内容进行提取、管理和处理，大数据是数据由量变到质变产生的一个概念，并由其发展出一整套大数据相关技术。

（2）数据库

数据库（DataBase，DB），顾名思义，就是存放数据的仓库，是长期存储在计算机内的、有组织的、可共享的相关数据集合。

数据库中保存的是以一定的组织方式存储在一起的相互关联的数据整体，即数据库不仅保存数据，还保存数据与数据之间的联系。数据库中的数据可以被多个应用程序的用户所使用，进而达到数据共享的目的。

数据库中的数据是相互关联的。数据库中的数据不是孤立的，数据与数据之间相互联系。在数据库中不仅存放了数据本身，还存放了数据与数据之间的联系。例如，在学生成绩管理系统中，数据库不仅存放了关于学生的数据和关于课程的数据，而且还存放了哪些学生选修了哪几门课程这种选课关系，这就反映了学生数据与课程数据之间的联系。

综上所述，数据库中存储的数据具有三个基本特点：数据可永久存储、数据有组织和数据可共享。

> **【说明】** 数据库和数据仓库（Data Warehouse）不是同一个概念。数据仓库是在数据库技术的基础上发展起来的一个新的应用领域。

（3）数据库管理系统

数据库管理系统（DataBase Management System，DBMS）是一个系统软件，位于用户与操作系统之间，负责对数据库资源进行统一的管理和控制，其职能是建立数据库、维护数据库、接受并完成用户提出的访问数据的各种请求，并且为数据库的安全性和完整性提供保证。其主要功能如下。

1）数据定义：DBMS 提供数据定义语言（Data Definition Language，DDL），主要用于建立、修改数据库的库结构，定义数据库的完整性约束条件和保证完整性的触发机制等。

2）数据操纵：DBMS 提供数据操作语言（Data Manipulation Language，DML），用户可以使用 DML 操纵数据，实现对数据库中数据的查询、插入、修改、删除等基本操作。国际标准数据库操作语言——SQL，就是 DML 的一种。

3）数据控制系统：DBMS 提供一系列系统运行控制程序，负责在数据库运行过程中对数据库进行管理和控制，主要表现在以下几个方面：①在多个用户同时访问数据库时，协调每个用户的访问进程；②对数据库进行安全检查，核对用户标识、口令，对照授权表检验访问的合法性等；③对数据库进行完整性约束条件的检查和执行，在对数据库进行操作之前或之后，核对数据库完整性约束条件，从而决定执行数据库操作，或清除操作执行后的影响；④对数据库的内部进行维护，如索引、数据字典的自动维护等。所有访问数据库的操作都要在这些控制程序的统一管理下进行，以保证数据正确有效。

4）数据组织、存储与管理：DBMS 要分类组织、存储和管理各种数据，包括数据字典、用户数据、存取路径等，需要确定以何种文件结构和存取方式组织这些数据，如何实现数据之间的联系。数据组织和存储的基本目标是提高存储空间的利用率，并选择合适的存取方法提高存取效率。

5）数据库的保护：数据库中的数据是信息社会的战略资源，所以数据的保护至关重要。DBMS 对数据库的保护通过数据库的安全性控制、完整性控制、并发控制以及数据库的恢复来实现。DBMS 还有系统缓冲区的管理及数据存储的某些自适应调节机制等其他保护功能。

（4）数据库系统

数据库系统（DataBase System，DBS）是由数据库及其管理软件组成的系统。它是为适应数据处理的需要而发展起来的一种较为理想的数据处理的核心机构。数据库系统是一个实际可运行的存储、维护和为应用系统提供数据的软件系统，是存储介质、处理对象和管理系统的集合体。

数据库系统包括数据、硬件、软件和用户 4 部分。

- 数据是构成数据库的主体，是数据库系统的管理对象。
- 硬件是构成计算机系统的各种物理设备，包括存储所需的外部设备。硬件的配置应满足整个数据库系统的需要。
- 软件包括操作系统、数据库管理系统及应用程序。数据库管理系统是数据库系统的核心软件，是在操作系统的支持下，解决如何科学地组织和存储数据，如何高效地获取和维护数据的系统软件。
- 用户包括专业用户、非专业用户和数据库管理员。

2. 数据库技术的发展历史

随着计算机技术的发展及应用,数据管理技术经历了人工管理、文件系统和数据库系统三个发展阶段。

1)人工管理阶段:20 世纪 50 年代中期时代,计算机主要用于科学计算,数据管理处于人工管理阶段,数据处理的方式基本上是批处理。

2)文件系统阶段:20 世纪 50 年代后期至 60 年代中期,数据管理进入文件系统阶段。这里将数据组织成若干个相互独立的文件,用户通过操作系统对文件进行打开、读写、关闭等操作。

3)数据库系统阶段:数据库系统是在文件系统的基础上发展而成的,同时又克服了文件系统的三个缺陷。

数据库管理技术进入数据库系统阶段的标志是 20 世纪 60 年代末的三件大事。
- 1968 年,美国 IBM 公司推出层次模型的 IMS 系统。
- 1969 年,美国 CODASYL 组织发布了 DBTG 报告,总结了当时各式各样的数据库,提出网状模型。
- 1970 年,美国 IBM 公司的 E. F. Codd 连续发表论文,提出关系模型,奠定了关系数据库的理论基础。

【知识拓展:国产数据库】国产数据库主要有以下几种。
- 中国数据库(ChinaDB):由中国科学院计算技术研究所开发的关系型数据库系统。
- 华为高斯数据库(GaussDB):国内首个软硬协同、全栈自主的国产数据库。GaussDB 不仅实现了核心代码 100%自主研发,还做到了从芯片、操作系统、存储、网络到数据库软件全栈自主的软硬件协同优化。
- 阿里云数据库(ApsaraDB):由阿里巴巴集团开发的云数据库系统。
- 腾讯云数据库(TencentDB):由腾讯公司开发的云数据库系统。

3. 数据库的体系结构

数据库系统的三级模式结构是指数据库系统由外模式、模式和内模式三级组成,如图 1-1 所示。

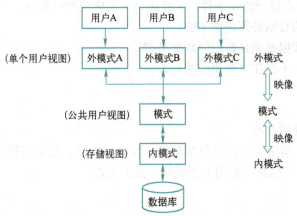

图 1-1 数据库系统的三级模式结构

1)外模式:外模式也称为用户模式或子模式,它是数据库用户看见和使用的局部数据的逻辑结构和特征的描述，是数据库用户的数据视图，是与某一个具体应用有关的数据的逻辑表示。一个数据库可以有多个外模式。

2）模式：模式也称为逻辑模式，是数据库中全体数据的逻辑结构和特征的描述，是所有用户的公用数据视图。一个数据库只有一个模式。模式与具体的数据值无关，也与具体的应用程序以及开发工具无关。

3）内模式：内模式也称为存储模式，它是数据物理和存储结构的描述，是数据在数据库内部的保存方式。一个数据库只有一个内模式。

4. 数据库系统的运行与应用结构

从数据库系统应用的用户角度来看，目前数据库系统常见的运行与应用结构有客户/服务器结构和浏览器/服务器结构。

1）客户/服务器（Client/Server，C/S）结构：特点是需要下载，如微信、QQ、桌面客户端游戏。

2）浏览器/服务器（Browser/Server，B/S）结构：特点是不需要下载，如网站、在线 Web 端游戏。

1.1.2　关系数据库简介

关系型数据库是一种建立在关系模型（数学模型）上的数据库，是一些相关的表和其他数据库对象的集合。

关系模型是一种建立在关系上的模型，包括以下三个方面。
- 数据结构：二维表，解决如何存储数据。
- 操作指令集合：所有的 SQL 语句，解决如何处理数据。
- 完整性约束：表内数据约束，表与表之间的约束（外键）。

1. 关系表

在关系数据库中，数据保存在二维表格中，称为表。一个关系型数据库包含多个数据表，每个表由行（又称记录或元组）和列（又称字段或属性）组成。

一个关系表必须符合以下特定条件，才能成为关系模型的一部分。
- 储存在单元中的数据必须是原子的。
- 储存在列下的数据必须具有相同数据类型。
- 每行是唯一的（不存在完全相同的行）。
- 列没有顺序。
- 行没有顺序。
- 列有一个唯一性的名称。

以学生实体为例，学生个人信息包括学号、姓名、性别、出生日期、系别、班级等字段，可以用二维表格显示学生信息，如图 1-2 就是一张关系表。

2. 表之间的关系

表与表通过公共字段（键）建立关联。"键"分为主键和外键，主键保证表中数据的唯一性，外键关联另外一张表中的数据，保证数据的完整性。表与表之间有三种类型的联系：一对一联系（1∶1），一对多联系（1∶n），多对多联系（$m∶n$）。

学号	姓名	性别	出生日期	系别	班级
23000101	范紫嫣	女	2004/3/31	信息工程系	22大数据1
23000102	冯媛媛	女	2004/4/13	信息工程系	22大数据1
23000103	高兴甜	女	2005/2/9	信息工程系	22大数据1
23000104	葛湘媛	女	2005/1/7	信息工程系	22大数据1
23000105	贾一帆	男	2005/8/29	信息工程系	22大数据1
23000201	井若若	女	2005/8/4	信息工程系	22大数据2
23000202	李梦格	男	2005/9/17	信息工程系	22大数据2
23000203	李文慧	女	2005/7/25	信息工程系	22大数据2
23000204	刘灿灿	男	2005/1/20	信息工程系	22大数据2

图 1-2 关系表

3. 其他数据库对象

关系数据库除了表之外，还包含其他数据库对象，如视图、索引、存储过程、触发器、用户等。

1.1.3 MySQL 数据库简介

MySQL 是一种开放源代码的关系数据库管理系统（Relational DataBase Management System，RDBMS）。最初由瑞典 MySQL AB 公司自主研发，因为其速度、可靠性和适应性而备受关注。MySQL 于 2008 年 1 月被 SUN 公司收购，2009 年 4 月 SUN 公司又被 Oracle 公司收购，MySQL 从此进入 Oracle 产品体系。

2010 年 12 月发布的 MySQL 5.5 加强了 MySQL 各个方面在企业级的特性，并将 InnoDB 存储引擎变为 MySQL 的默认存储引擎。

2015 年 10 月发布的 MySQL 5.7 在并行控制、并行复制等方面进行了许多优化，增强了其安全性和可用性，并从 5.7.8 版本开始提供对 JSON 的支持。

2018 年推出最新的 MySQL 8.0，这是一个具有里程碑意义的版本，其数据处理速度比 MySQL 5.7 快 2 倍，使用 utf8mb4 作为 MySQL 的默认字符集，提供 NoSQL 存储功能，并大幅改进了对 JSON 的支持。

随着 MySQL 功能的不断完善以及几乎支持所有操作系统的优势，目前已经广泛应用到各个行业，从微型嵌入式系统，到小型 Web 网站，甚至大型企业级应用，如 Facebook、Google、eBay、雅虎、新浪、网易、百度等都采用了 MySQL 数据库。

1. MySQL 的特点

MySQL 是一款免费开源、支持多用户的关系型数据库管理系统。与其他关系数据库管理系统相比，MySQL 具有体积小、功能齐全、运行速度快及开源等特点。目前，MySQL 已经成为很多企业首选的关系数据库管理系统，MySQL 拥有的优势很多，具体特点如下。

1）开源：开源意味着源代码可随时访问，开发人员可以根据需要量身定制属于自己的 MySQL。

2）支持多平台：MySQL 支持超过 20 种系统开发平台，包括 Windows、Linux、UNIX、mac OS、FreeBSD、IBM AIX、HP-UX、OpenBSD、Solaris 等操作系统，这使得用户可以选择多种系统平台实现自己的应用，并且在不同平台上开发的应用系统可以很容易在各种平台之间进行移植。

3）支持各种开发语言：MySQL 为各种流行的程序设计语言提供支持，为它们提供了很多 API 函数，包括 C、C++、Java、Perl、PHP、Python、Ruby 等语言。

4）提供多种数据库连接途径：提供 TCP/IP、ODBC 和 JDBC 等多种数据库连接途径。

5）提供多种存储引擎：MySQL 提供了多种数据库存储引擎，各引擎各有所长，适用于不同的应用场合，用户可以选择合适的引擎以得到较高性能。

6）支持大型的数据库：强大的存储引擎使 MySQL 能够有效应用于几乎任何数据库应用系统，高效完成各种任务，无论是大量数据的高速传输系统，还是每天访问量超过数亿的高强度的 Web 搜索站点。

7）运行速度快：在 MySQL 中，使用了"B 树"磁盘表（MyISAM）和索引压缩；通过使用优化的"单扫描多连接"，能够实现极快的连接；SQL 函数使用高度优化的类库实现，运行速度快。

8）安全度高：灵活和安全的权限和密码系统，允许基于主机的验证。连接到服务器时，所有的密码传输均采用加密形式，从而保证了密码安全。并且由于 MySQL 是网络化的，因此可以在 Internet 上的任何地方访问，提高数据共享的效率。

9）价格低廉：MySQL 采用 GPL 许可，多数情况下，用户可以免费使用 MySQL；对于一些商业用途，需要购买 MySQL 商业许可，但价格相对低廉。

10）可移植性强：由于使用 C 和 C++语言开发，并使用多种编辑器进行测试，保证了源代码的可移植性。

总的来说，MySQL 与常用的主流数据库 Oracle、SQL Server 相比，它具有开源、免费、支持多种操作系统、占用空间相对较小等优势。但 MySQL 也有一些不足，比如，对于大型项目来说，MySQL 的容量和安全性略逊于 Oracle、SQL Server 数据库。

2．MySQL 的版本分类

1）按操作系统类型，MySQL 可分为 Windows、UNIX、Linux 和 mac OS 版。

2）根据 MySQL 数据库的开发情况，可将其分为 Alpha、Beta、Gamma 和 Generally Available（GA）等版本。

3）针对不同的用户群，MySQL 可分为以下 4 种不同的版本：社区版、企业版、集群版和高级集群版。

4）按发布系列，可分为 MySQL 5.5、MySQL 5.6、MySQL 5.7 和 MySQL 8.0 等。

3．MySQL 8.0 的新特性

和 MySQL 5.7 相比，MySQL 8.0 的新特性主要包括以下几方面。

1）原子数据定义语句。通过在 MySQL 8.0 中引入 MySQL 数据字典，可以实现原子 DDL。在早期的 MySQL 版本中，元数据存储在元数据文件、非事务性表和存储引擎特定的字典中，需要中间提交，MySQL 数据字典提供的集中式事务元数据存储消除了这一障碍，使得将 DDL 语句操作重组为原子事务成为可能。

2）安全性。MySQL 8.0 通过数据库的授权表统一为 InnoDB（事务性）表、支持角色等功能增强数据库的安全性，并在账户管理中实现更高的灵活性。

3）字符集支持。默认字符集已经更改为 utf8mb4，该字符集有几个新的排序规则，其中包括 utf8mb4_ja_0900_as_cs。

4）增强 JSON 功能。添加了"->>"运算符，相当于调用 JSON_UNQUOTE()的结果，添加了 JSON_MERGE_PATCH()可以合并符合 RFC7396 标准的 JSON 等。

1.2 安装和配置 MySQL

MySQL 不仅有免费版也有收费版的，MySQL Community Server（社区版），开源免费，但不提供官方技术支持，本书将使用该版本作为测试数据库。

获取 MySQL 有多种途径，读者可以通过搜索引擎去查找，也可以到官方网站下载，MySQL Community Server 版本的官方网站地址为 https://dev.mysql.com/。

1.2.1 任务 1-1 安装和配置 MySQL

MySQL 支持多平台，不同平台下的安装和配置过程也不相同，本任务重点讲述 Windows 平台下社区版 MySQL 8.0 的安装与配置过程。

1.2.1 任务 1-1 安装和配置 MySQL

【任务描述】

在 Windows 环境下下载并安装配置 MySQL 数据库。
1）获取 MySQL 数据库软件。
2）安装 MySQL 数据库。
3）配置 Path 系统变量。

【任务分析与知识储备】

在 Windows 操作系统下，MySQL 的安装包分为图形化向导安装版和免安装版两种，前者为.msi 安装文件，后者为.zip 压缩文件。这两种安装包的安装方式不同，而且配置方式也不同。图形化向导安装包有完整的安装向导，安装和配置很方便，只要根据安装向导的提示安装即可。免安装的安装包直接解压即可使用，但是配置起来不是很方便，因此建议初学者使用图形化向导安装包来安装和配置 MySQL。

安装前须确保计算机的软硬件环境符合安装要求。MySQL 的安装环境要求如下。
1）操作系统：Windows 7/Windows 8/Windows 10/Windows 11,可为 32 位或 64 位。
2）CPU：Intel Core i5 及其以上。
3）内存及硬盘：内存建议 4GB 或更大；硬盘根据所选组件的不同而不同，完全安装至少 2.0GB，建议 4.0GB 或更大。

【任务实施】

1. 获取 MySQL 数据库软件

MySQL 数据库安装软件可以直接从 MySQL 官网中下载，输入下载地址（https://dev.mysql.com/downloads/mysql/）后，可以看到 MySQL 最新安装版本，下载适用于 Windows 操作系统的图形化向导安装包并安装。本书以 mysql-installer-community-8.0.33.0.msi 为例。

2. 安装 MySQL 数据库

1）双击运行安装包 mysql-installer-community-8.0.33.0.msi，弹出如图 1-3 所示启动界面。
2）运行后显示选择安装类型（默认安装、仅安装服务器、仅安装客户端、完全安装、自定义安装）界面，选择 Custom（自定义安装）单选按钮，如图 1-4 所示。

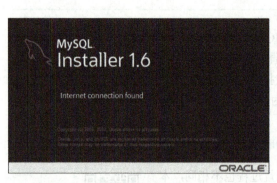

图 1-3　启动界面

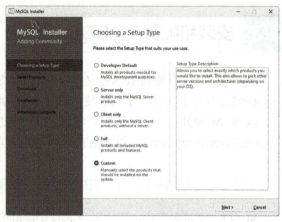

图 1-4　选择安装类型界面

3）单击 Next 按钮，进入安装必备组件界面，如图 1-5 所示。选择服务器组件、工具、联机丛书和示例，并把它们添加至右侧，如图 1-6 所示。

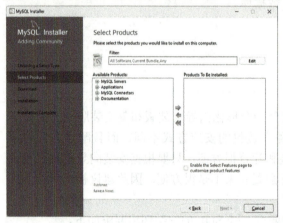

图 1-5　安装必备组件界面

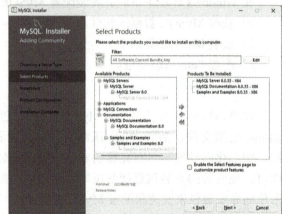

图 1-6　必备组件添加成功界面

4）单击 Next 按钮，进入确认安装界面，如图 1-7 所示。

5）单击 Execute 按钮开始安装，安装完成后，状态显示为 Complete，如图 1-8 所示。

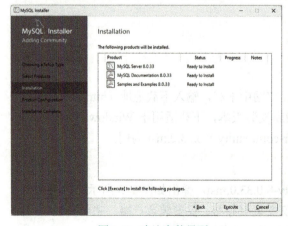

图 1-7　确认安装界面

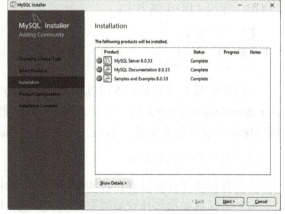

图 1-8　组件安装完成界面

6）单击 Next 按钮，进入服务器类型、网络和端口设置界面，保持默认值，如图 1-9 所示。

7）单击 Next 按钮，进入选择身份验证方法（使用强密码加密授权、使用传统授权方法）界面，选择下方的单选按钮（即使用传统授权方法），如图 1-10 所示。

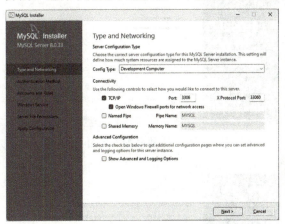

图 1-9　服务器类型、网络和端口设置界面

图 1-10　选择身份验证方法界面

8）单击 Next 按钮，进入设置密码界面，如图 1-11 所示。设置系统管理员用户 root 的密码，密码长度至少为 4 位（这里为方便记忆，设置密码为"root"，读者可自行设置，但一定要记住密码，否则将无法登录 MySQL）。

9）单击 Next 按钮，进入设置 Windows 服务界面，保持默认值，如图 1-12 所示。

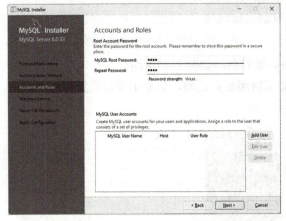

图 1-11　设置密码界面

图 1-12　设置 Windows 服务界面

10）单击 Next 按钮，进入配置服务器文件权限界面，保持默认值，如图 1-13 所示。

11）单击 Next 按钮，进入准备配置界面，如图 1-14 所示。

12）单击 Execute 按钮，开始执行配置，如图 1-15 所示。

13）执行配置结束后，单击 Finish 按钮，显示 MySQL Server 配置完成界面，此时 MySQL Server 8.0.33 的状态显示为"Configuration complete."，如图 1-16 所示。

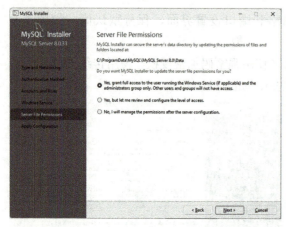

图 1-13 配置服务器文件权限界面

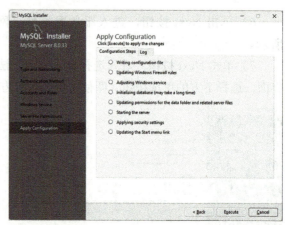

图 1-14 准备配置界面

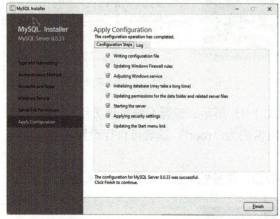

图 1-15 执行配置界面

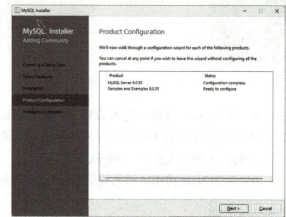

图 1-16 MySQL Server 配置完成界面

14）单击 Next 按钮，显示连接到 MySQL 服务器界面，如图 1-17 所示。

15）输入密码"root"，单击 Check 按钮，如果前面配置正确，会显示端口设置界面，状态为"Connection succeeded."，如图 1-18 所示。

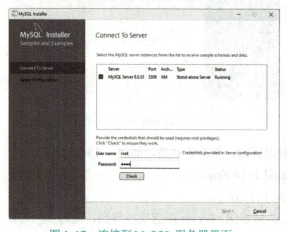

图 1-17 连接到 MySQL 服务器界面

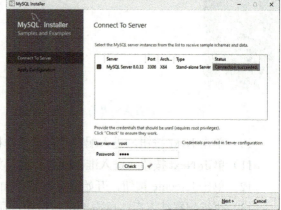

图 1-18 端口设置界面

16）单击 Next 按钮，进入 Samples and Examples 配置项界面，如图 1-19 所示。

17）单击 Execute 按钮，开始执行配置，所有项都配置完成后，显示 Samples and Examples 配置完成界面，如图 1-20 所示。

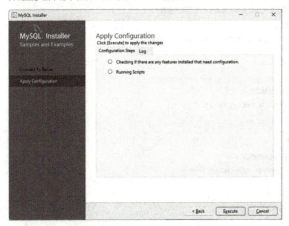

图 1-19　进入 Samples and Examples 配置项界面

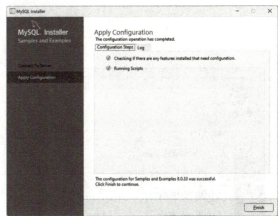

图 1-20　Samples and Examples 配置完成界面

18）单击 Finish 按钮，再次返回图 1-16 所示的 MySQL Server 配置完成界面，此时 Samples and Examples 8.0.33 的状态也显示为"Configuration complete."，表示配置完成，如图 1-21 所示。

19）单击 Next 按钮，显示 MySQL 安装成功界面，如图 1-22 所示。

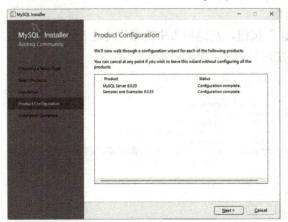

图 1-21　查看 Samples and Examples 的状态

图 1-22　MySQL 安装成功界面

20）单击 Finish 按钮，完成 MySQL 8.0.33 的安装过程。

3. 配置 Path 变量

MySQL 安装成功以后，需要对它的运行环境进行配置，配置成功后，再通过命令行窗口程序（cmd.exe）进行 MySQL 命令操作的时候会更方便快捷。下面以 Windows 11 系统为例介绍 MySQL 运行环境的配置。

1）在"此电脑"上单击右键，选择"属性"命令，如图 1-23 所示。

2）在"系统属性"对话框中切换到"高级"选项卡，如图 1-24 所示，单击"环境变量"按钮，打开"环境变量"对话框。

图 1-23 选择"属性"命令

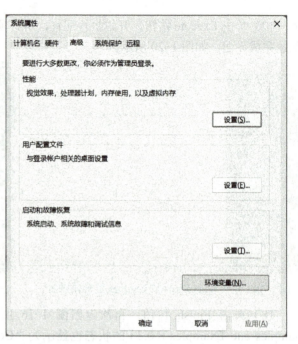

图 1-24 "系统属性"对话框-"高级"选项卡

3）在"环境变量"对话框中，选择"系统变量"列表框中的 Path 变量，如图 1-25 所示，单击"编辑"按钮，打开"编辑环境变量"对话框。

4）在"编辑环境变量"对话框中单击"新建"按钮，左侧列表中的最下方会出现一个空白行，把 MySQL 执行文件的路径复制并粘贴到该空白行即可，如图 1-26 所示。

图 1-25 "环境变量"对话框   图 1-26 把 MySQL 执行文件的路径添加到 Path 系统变量中

5）单击"确定"按钮，完成 MySQL 运行环境配置过程。

【任务总结】

在 Windows 平台下载和安装 MySQL，整个过程比较简单，但有三点需要注意：一是根据自己的系统版本和位数，选择合适的 MySQL 安装版本；二是在安装时设置的密码一定要牢记，忘记密码可能需要重新安装 MySQL；三是在安装过程中如果遇到错误或其他障碍，认真阅读弹出的窗口，根据提示查阅相关手册或资料解决问题。

1.2.2　任务 1-2　启动与停止 MySQL 服务

【任务描述】

尝试在 Windows 中启动与停止 MySQL 服务。
1）通过 Windows 系统服务管理器的"服务"。
2）在 Windows 命令行窗口中执行 DOS 命令。

1.2.2
任务 1-2 启动与停止 MySQL 服务

【任务分析与知识储备】

当 MySQL 安装完成后，只有成功启动 MySQL 服务器端的服务，用户才能通过 MySQL 客户端连接（登录）到 MySQL 服务器。可以通过 Windows 10 系统服务管理器的"服务"和在 Windows 命令行窗口中执行 DOS 命令这两种方法启动和停止 MySQL 服务。

【任务实施】

1. 通过 Windows 系统服务管理器启动和停止 MySQL 服务

1）右击桌面底部的"任务栏"，在弹出的快捷菜单中选择"任务管理器"命令，在打开的任务管理器窗口中，单击"服务"选项卡，再单击"打开服务"链接即可打开"服务"窗口。

2）在"服务"窗口中找到需要启动的 MySQL 服务，即"MySQL80"，如图 1-27 所示。单击鼠标右键，在弹出的快捷菜单中可选择完成 MySQL 各种操作的命令（启动、停止、暂停、重启动等）。

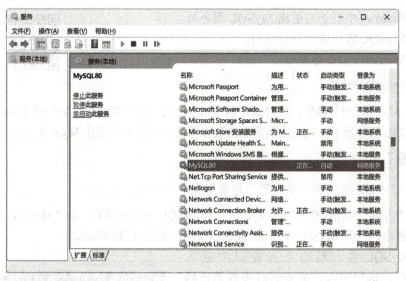

图 1-27　"服务"窗口

2. 在 Windows 命令行窗口中执行 DOS 命令启动和停止 MySQL 服务

1）通过快捷键〈Win+R〉打开"运行"对话框，在该对话框中输入"cmd"，单击"确定"按钮，打开 Windows 命令行窗口，如图 1-28 所示。

2）如要启动 MySQL 服务，则在 Windows 命令行窗口的命令提示符后输入"net start mysql80"命令，并按〈Enter〉键；如要停止 MySQL 服务，则输入"net stop mysql80"命令，并按〈Enter〉键。

通过执行 DOS 命令启动和停止 MySQL 服务的运行效果如图 1-29 所示。

图 1-28　Windows 命令行窗口

图 1-29　通过执行 DOS 命令启动和停止 MySQL 服务

【任务总结】

服务是一种在系统后台运行的应用程序，通常提供一些核心的操作功能，MySQL 可以作为服务在 Windows 操作系统中运行，而这里的 MySQL 服务即为 MySQL 数据库系统的核心，所有的数据库和数据表操作都是由它完成的。MySQL 服务的启动、停止等管理工作既可以在 Windows 的"服务"窗口中完成，也可以通过执行 DOS 命令完成。

1.2.3　任务 1-3　登录与退出 MySQL 服务器

【任务描述】

尝试在 Windows 中登录与退出 MySQL 服务器。
1）通过 MySQL 客户端命令行窗口。
2）通过 Windows 命令行窗口。

1.2.3 任务 1-3　登录与退出 MySQL 服务器

【任务分析与知识储备】

成功启动 MySQL 服务器后，用户就可以通过 MySQL 客户端命令行窗口或 Windows 命令行窗口登录到 MySQL 服务器了。在完成所需要的数据库操作后应及时退出 MySQL 服务器的连接。

【任务实施】

1. 通过 MySQL 客户端命令行窗口登录与退出 MySQL 服务器

1）选择"开始"菜单中的"MySQL"｜"MySQL Server 8.0"｜"MySQL 8.0 Command Line Client"命令，打开 MySQL 客户端命令行窗口，如图 1-30 所示。

2）在 MySQL 客户端命令行窗口中输入 MySQL 的密码，这里输入之前安装时设置的密码"root"，按〈Enter〉键，就可以以 root 用户身份登录 MySQL 服务器，如图 1-31 所示，会显示 MySQL 的登录欢迎信息，以及 MySQL 的命令交互提示符"mysql>"。

图 1-30　MySQL 客户端命令行窗口

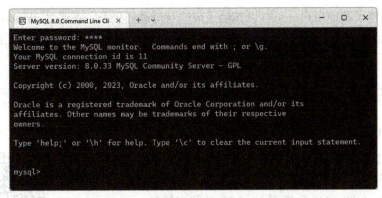

图 1-31　以 root 用户身份登录 MySQL 服务器

3）如果要退出 MySQL 服务器的连接，则在"mysql>"提示符后输入"quit"或"exit"命令即可。

2. 通过 Windows 命令行窗口登录与退出 MySQL 服务器

1）通过快捷键〈Win+R〉打开"运行"对话框，在该对话框中输入"cmd"，单击"确定"按钮，打开 Windows 命令行窗口。

2）在命令提示符后输入命令"mysql -uroot -p"，按〈Enter〉键后，输入正确的密码，这里输入之前安装时设置的密码"root"。如果密码验证正确，则会显示 MySQL 的登录欢迎信息，以及 MySQL 的命令交互提示符"mysql>"，如图 1-32 所示。

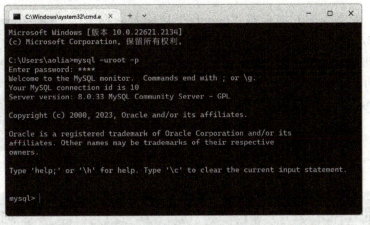

图 1-32　在 Windows 命令行窗口中登录 MySQL 服务器

【说明】连接 MySQL 服务器的完整命令格式为

mysql -h 服务器地址 -u 用户名 -p 密码 -P 端口号

如果之前没有配置 Path 环境变量，在输入命令"mysql -uroot -p"之前，还需要手动输入路径跳转到安装路径的 bin 目录下。

如果要退出 MySQL 服务器的连接，则在"mysql>"提示符后输入"quit"或"exit"命令即可，命令执行成功会显示"Bye"提示信息。

【任务总结】

这里讲述的两种登录和退出 MySQL 服务器的操作其实都是使用命令来实现的，不同的是通过 MySQL 客户端命令行窗口登录时，只能使用 root 用户身份。而通过 Windows 命令行窗口登录时，如果创建了其他用户，可以以其他用户的身份进行登录。在通过 Windows 命令行窗口登录时，可以通过配置 Path 环境变量来简化操作。另外，当安装了图形化管理工具以后，也可以通过图形化管理工具以更直观的方式来进行用户的登录与退出操作。

1.2.4 任务 1-4 试用 MySQL 客户端命令行窗口

【任务描述】

1.2.4 任务 1-4 试用 MySQL 客户端命令行窗口

在 MySQL 客户端命令行窗口中试用以下命令。

1）使用命令“SHOW DATABASES;”查看当前系统中的数据库。

2）使用命令“STATUS;”查看 MySQL 的状态信息。

3）使用命令“SELECT VERSION();”查看 MySQL 的版本信息。

4）使用命令“SELECT USER();”查看 MySQL 当前连接的用户名。

【任务分析与知识储备】

用户在 MySQL 客户端命令行窗口以 root 身份登录到 MySQL 服务器后，就可以在 MySQL 中使用“SHOW DATABASES;”“STATUS;”“SELECT VERSION();”等命令了。注意在输入时行末要加分号，按〈Enter〉键后提交并执行命令。

【任务实施】

1. 使用命令“SHOW DATABASES;”查看当前系统中的数据库

在 MySQL 的命令交互提示符“mysql>”后输入命令“SHOW DATABASES;”，按〈Enter〉键后执行该命令，会显示 MySQL 安装时系统自动创建的 4 个数据库和 2 个示例数据库，如图 1-33 所示。

```
mysql> SHOW DATABASES;
+--------------------+
| Database           |
+--------------------+
| information_schema |
| mysql              |
| performance_schema |
| sakila             |
| sys                |
| world              |
+--------------------+
6 rows in set (0.00 sec)
```

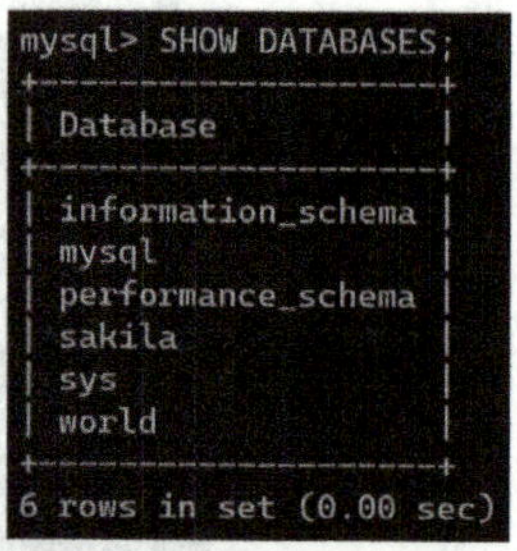

图 1-33 查看当前系统中的数据库

2. 使用命令“STATUS;”查看 MySQL 的状态信息

在 MySQL 的命令交互提示符“mysql>”后输入命令“STATUS;”，按〈Enter〉键后执行该命令，会显示 MySQL 的状态信息，如图 1-34 所示。

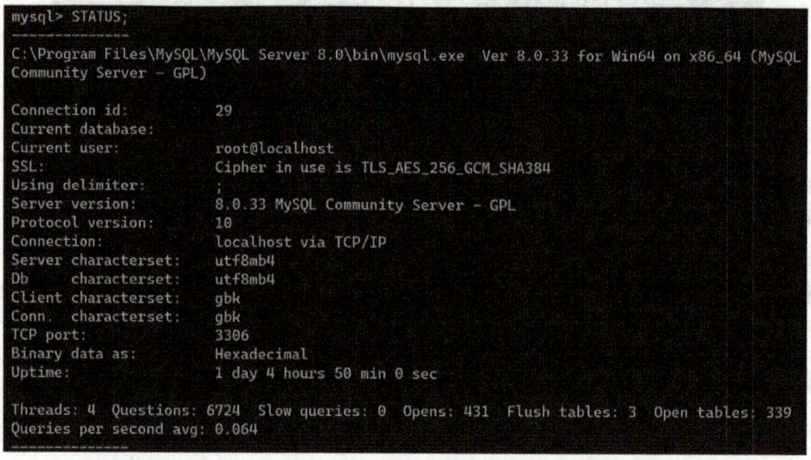

```
mysql> STATUS;
--------------
C:\Program Files\MySQL\MySQL Server 8.0\bin\mysql.exe  Ver 8.0.33 for Win64 on x86_64 (MySQL Community Server - GPL)

Connection id:          29
Current database:
Current user:           root@localhost
SSL:                    Cipher in use is TLS_AES_256_GCM_SHA384
Using delimiter:        ;
Server version:         8.0.33 MySQL Community Server - GPL
Protocol version:       10
Connection:             localhost via TCP/IP
Server characterset:    utf8mb4
Db     characterset:    utf8mb4
Client characterset:    gbk
Conn.  characterset:    gbk
TCP port:               3306
Binary data as:         Hexadecimal
Uptime:                 1 day 4 hours 50 min 0 sec

Threads: 4  Questions: 6724  Slow queries: 0  Opens: 431  Flush tables: 3  Open tables: 339
Queries per second avg: 0.064
--------------
```

图 1-34 查看 MySQL 的状态信息

3. 使用命令"SELECT VERSION();"查看 MySQL 的版本信息

在 MySQL 的命令交互提示符"mysql>"后输入命令"SELECT VERSION();",按〈Enter〉键后执行该命令,会显示 MySQL 的版本信息,如图 1-35 所示。

4. 使用命令"SELECT USER();"查看 MySQL 当前连接的用户名

在 MySQL 的命令交互提示符"mysql>"后输入命令"SELECT user();",按〈Enter〉键后执行该命令,会显示 MySQL 当前连接的用户名,如图 1-36 所示。

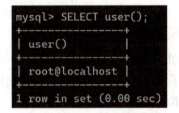

图 1-35　查看 MySQL 的版本信息　　图 1-36　查看 MySQL 当前连接的用户名

【任务总结】

命令行具有简洁、直接的特性,在日常的站点管理和数据库维护中,是管理员的好帮手。在这里,用户可以通过命令直指 MySQL 的核心,控制所有的数据库级、表级操作。但是,命令行界面对于初学者是有些晦涩难懂的,如果读者习惯使用图形化的操作页面,也可以安装 MySQL 图形化管理工具,方便数据库的操作与管理。

1.3　MySQL 图形化管理工具

MySQL 作为开源数据库,拥有丰富的客户端工具。除了 MySQL 客户端命令行窗口之外,还有很多图形化管理客户端工具,也能帮助用户完成对数据库及数据的操控。

1.3 MySQL 图形化管理工具

1.3.1　MySQL 图形化管理工具简介

MySQL 的图形化管理工具方便了数据库的操作与管理,常用的图形化管理工具有:Navicat、MySQL Workbench、phpMyAdmin、SQLyog、EMS SQL Manager for MySQL、MySQL-Front 等。本书采用的是 Navicat 图形化管理工具。

1. Navicat

Navicat 是一个 MySQL 数据库管理和开发工具,为数据库管理、开发和维护提供了直观而强大的图形界面,可以让用户以一种更为安全和容易的方式快速地创建、组织、存取和共享信息。Navicat 适用于 Microsoft Windows、Mac OS 及 Linux 多种平台,同时支持多个数据库系统(MySQL、SQL Server、Oracle)。

2. MySQL Workbench

MySQL Workbench 是图形化管理工具,基本功能都比较稳定,还在不断改进中,也是一种支持多种平台的工具。

3．phpMyAdmin

phpMyAdmin 是用 PHP 编写的，可以通过互联网控制和操作 MySQL。可以通过 phpMyAdmin 对数据库进行创建、复制、删除数据等操作。

4．SQLyog

SQLyog 是一个易于使用的、快速、简洁的图形化工具，它能够在任何地点有效地管理数据库。

5．EMS SQL Manager for MySQL

EMS SQL Manager for MySQL 是一款高性能的 MySQL 数据库服务器系统管理和开发工具。它提供了大量工具以满足富有经验的用户的所有要求，添加了精心设计的操作向导系统，以及富有艺术感的图形用户界面。

6．MySQL-Front

MySQL-Front 是一款小巧的管理 MySQL 的应用程序，主要特性包括多文档界面，语法突出，拖动方式的数据库和表格，可编辑/可增加/可删除的域，可编辑/可插入/可删除的记录，可显示的成员，可执行的 SQL 脚本，提供与外程序的接口，保存数据到 CSV 文件等。

1.3.2　任务 1-5　安装 MySQL 图形化管理工具 Navicat

【任务描述】

安装 MySQL 图形化管理工具 Navicat Premium。

【任务分析与知识储备】

Navicat 是一套快速、可靠且价格便宜的数据库管理工具，专为简化数据库的管理及降低系统管理成本而开发。它的设计符合数据库管理员、开发人员及中小企业的需要。它拥有直观的图形用户界面，让用户可以以安全并且简单的方式创建、组织、访问和共享 MySQL 数据库中的数据。

Navicat 包括多个产品，产品之一 Navicat for MySQL 是一套专为 MySQL 设计的高性能数据库管理及开发工具。它可以用于版本 3.21 及以上的 MySQL 数据库服务器，并支持大部分 MySQL 新版本的功能，包括触发器、存储过程、函数、事件、视图、管理用户等。另一种产品 Navicat Premium 是一个可多重连接的数据库管理工具，它可让用户以单一程序同时连接到 MySQL、Oracle、PostgreSQL、SQLite 及 SQL Server 数据库，使不同类型的数据库管理起来更加方便。本书采用 Navicat Premium（后文简称 Navicat）工具。

【任务实施】

1）双击运行安装包 navicat150_premium_cs_x64.exe，打开 Navicat 安装程序，如图 1-37 所示。

2）单击"下一步"按钮，进入授权许可证界面，选择"我同意"单选按钮，如图 1-38 所示。

图 1-37　安装 Navicat

图 1-38　同意版权许可

3）单击"下一步"按钮，分别设置安装路径和目录等参数，直到显示如图 1-39 所示的准备安装界面，单击"安装"按钮，安装 Navicat。

4）安装完成后，会显示如图 1-40 所示的完成安装界面，单击"完成"按钮，完成 Navicat 的安装。

图 1-39　准备安装界面　　　　　　　　　图 1-40　完成安装界面

【任务总结】

Navicat 的安装较为简单，安装过程中几乎不需要修改参数，使用默认参数即可。安装完成后，桌面会出现 Navicat Premium 的图标，双击图标即可打开 Navicat。

1.3.3　任务 1-6　试用 MySQL 图形化管理工具 Navicat

【任务描述】

在 MySQL 的图形化管理工具 Navicat 中完成以下操作。

1）使用 Navicat 新建名为"MySQL"的连接并打开。
2）查看系统数据库 mysql 中已有的数据表。
3）使用 Navicat 中的命令列界面。

【任务分析与知识储备】

图形化界面的客户端在登录和使用时都大同小异，Navicat 客户端在连接 MySQL 时需要指定以下参数。

1）连接名：是 Navicat 自己定义的连接 MySQL 服务器的名称。一个 MySQL 可能有不同用户访问它，不同用户因为权限不同，需要创建不同的连接。在系统开发时可能使用一个以上的 MySQL 服务器，操作不同的 MySQL 服务器也需要创建不同的连接。

2）主机名或 IP 地址：指定 MySQL 服务器对应的计算机。如果 MySQL 服务器就在本机上，主机名可以使用 localhost 或 IP 地址 127.0.0.1。如果 MySQL 服务器在当前计算机所在局域网上，就使用服务器的主机名或 IP 地址。

3）端口：在安装 MySQL 8.0 时，默认通过 TCP/IP 协议 3306 号端口访问 MySQL 服务器，所以指定端口号时要使用 3306。

【任务实施】

1. 使用 Navicat 新建名为"MySQL"的连接并打开

1）启动安装好的 Navicat 软件，在打开的 Navicat 软件界面左上角单击"连接"，在下拉菜单中选择"MySQL"，如图 1-41 所示，打开"MySQL-新建连接"对话框。

2）在对话框的"常规"选项卡中设置相应的连接参数，如图 1-42 所示，在"连接名"一栏中输入"MySQL"，然后分别设置主机名或 IP 地址、端口、用户名和密码。主机名或 IP 地址、端口、用户名可直接使用默认参数值，若设置了数据库连接密码，则要输入正确的密码，此处输入安装时设置的密码"root"。

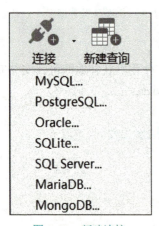

图 1-41　新建连接

图 1-42　设置参数

3）单击"确定"按钮，保存创建的新连接"MySQL"，如图 1-43 所示。此时，连接图标以灰色显示，表示连接还未打开。

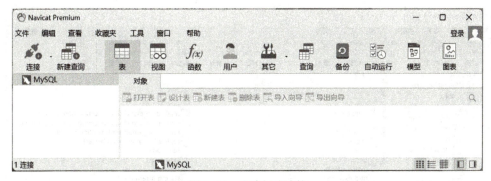

图 1-43　成功创建连接

2. 查看系统数据库 mysql 中已有的数据表

在 Navicat 的"文件"菜单中选择"打开连接"命令，或者直接双击新建的连接"MySQL"，则可以打开该连接。打开连接后，左侧的树形目录显示的是 MySQL 中已有的数据库。在数据库列表中找到"mysql"，双击数据库名，或者在数据库名上单击鼠标右键，在快捷菜单中选择"打开数据库"命令，即可打开系统数据库"mysql"，如图 1-44 所示。右侧对象窗格中显示的就是系统数据库 mysql 中已有的数据表。

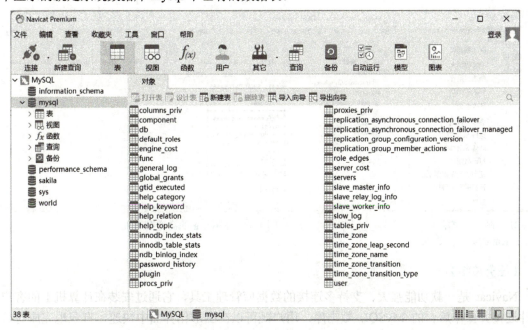

图 1-44　查看系统数据库 mysql 中已有的数据表

另外，单击数据库名下侧各数据库对象前的收展按钮可以展开或收起相应的列表，图 1-45 所示即为展开表对象以后的效果。

3. 使用 Navicat 中的命令列界面

在 Navicat 窗口左侧数据库列表的某数据库名上单击鼠标右键，在快捷菜单中选择"命令列界面"命令，如图 1-46 所示，就可以打开 Navicat 中的命令列界面。该命令列和客户端命令行窗口功能是一致的，便于输入相应的代码操作数据库，如图 1-47 所示。另外，选择"工具"菜单中的"命令列界面"选项，或者按快捷键〈F6〉，打开 Navicat 的命令列界面。

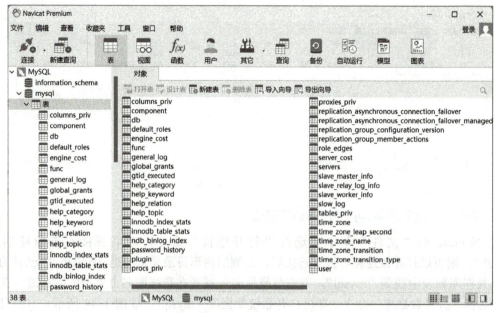

图 1-45　展开表对象

图 1-46　在快捷菜单中打开 Navicat 的命令列界面

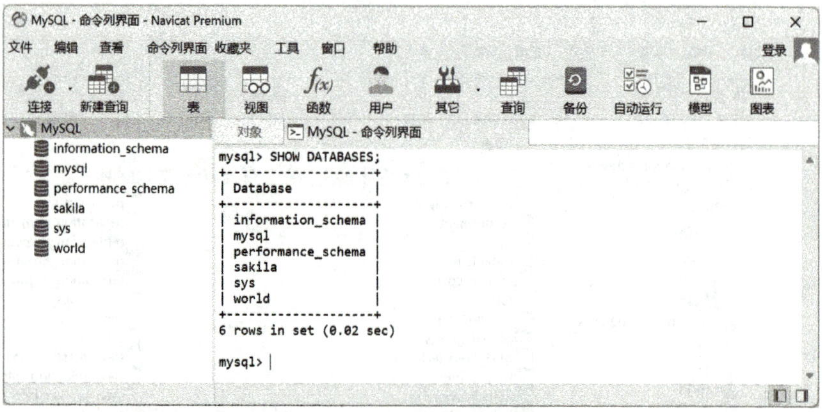

图 1-47　Navicat 的命令列界面

【任务总结】

Navicat 是一款功能强大、支持多连接的数据库管理工具,它通过安装在计算机上的客户端软件连接并操作后台的 MySQL 数据库,用户既可以在图形化界面中快速、直观地完成对数据库的操作,又可以在命令列界面中以命令的方式完成操作。

课后练习 1

一、选择题

1. 数据库系统的英文缩写是（　　）。

   A．DB　　　　　　B．DBS　　　　　　C．DBMS　　　　　　D．DATABASE

2. 在关系数据库中，表的行又称为（　　）。
   A．字段、属性　　　B．记录、元组　　　C．记录、关系　　　D．字段、关系
3. 在关系数据库中，表的列又称为（　　）。
   A．字段　　　　　　B．元组　　　　　　C．记录　　　　　　D．关系
4. MySQL 是目前流行的开放源代码的小型（　　）。
   A．数据库　　　　　　　　　　　　　　　B．数据库系统
   C．数据库管理系统　　　　　　　　　　　D．应用软件
5. 以下选项中（　　）是 MySQL 的主要特点。
   A．速度快　　　　　B．体积小　　　　　C．开放源代码　　　D．以上选项都是
6. 对于登录 MySQL 服务器的命令，如果 MySQL 服务器在本地计算机上，主机名可以是（　　）。
   A．local　　　　　　B．root　　　　　　C．localhost　　　　D．以上选项都是
7. 数据模型是数据库系统的基础。数据库系统中最经常使用的数据模型是（　　）。
   A．层次数据模型　　　　　　　　　　　　B．网状数据模型
   C．关系数据模型　　　　　　　　　　　　D．非关系数据模型
8. MySQL 服务名称为 MySQL80，停止 MySQL80 服务的指令是（　　）。
   A．MySQL STOP MySQL80　　　　　　　B．MySQL START MySQL80
   C．NET STOP MySQL80　　　　　　　　D．NET START MySQL80

二、填空题

1．数据库系统的三级模式结构是指数据库系统是由＿＿＿＿＿、＿＿＿＿＿和＿＿＿＿＿三级组成。

2．登录 MySQL 服务器的命令为 "mysql -u root -p"，命令中的 "mysql" 表示＿＿＿＿＿的命令，"-u" 表示＿＿＿＿＿，"root" 表示＿＿＿＿＿，"-p" 表示＿＿＿＿＿。

3．在命令行提示符 "mysql>" 后输入＿＿＿＿＿或＿＿＿＿＿命令即可退出 MySQL。

4．数据管理技术共经历了＿＿＿＿＿阶段、＿＿＿＿＿阶段和＿＿＿＿＿阶段三个发展阶段。

三、判断题

1．关系数据库中的数据是以二维表的形式存储的。　　　　　　　　　　　　　（　　）
2．数据库系统特点的是数据共享性高，数据冗余度也高。　　　　　　　　　　（　　）
3．数据库管理系统与数据库系统说的是同一概念。　　　　　　　　　　　　　（　　）
4．对于登录 MySQL 服务器的命令，如果 MySQL 服务器在本地计算机上，可以使用命令 mysql -h 127.0.0.1 -uroot -p。　　　　　　　　　　　　　　　　　　　　　　（　　）

四、操作题

1．在个人计算机中安装 MySQL 8.0 并配置 Path 环境变量，通过安装过程理解数据库有关配置。

2．安装图形化管理工具 Navicat，完成后熟悉 Navicat 的操作环境。

项目 2　创建与维护 MySQL 数据库

数据库是存储数据库对象的容器。MySQL 数据库由表、视图、索引、函数、存储过程、触发器等数据库对象组成。只有建立了数据库对象，才能建立并管理其中的其他数据对象。MySQL 对数据库的操作主要包括数据库的创建、选择、修改、查看、删除等。通过本项目的操作，可以掌握用图形化工具 Navicat 及用命令语句的方式对数据库进行创建与维护。

知识目标

1. 了解数据库设计的流程与步骤。
2. 熟悉 MySQL 字符集及其排序规则。
3. 掌握数据库的创建、修改、查看和删除操作。
4. 了解不同 MySQL 存储引擎的特点。

能力目标

1. 能结合项目规划对数据库设计的流程、步骤及实施计划进行策划。
2. 能够熟练使用 SQL 语句进行数据库的创建、修改、查看、删除等操作。
3. 能够熟练在 Navicat 或其他图形化管理工具中，进行数据库的创建、修改、查看、删除等操作。

素质目标

1. 培养数据科学素养和数据库设计规范意识。
2. 培养数据规划、设计与统筹能力。
3. 培养严谨的工作习惯与遵守工作规范的意识。
4. 培养善于思考、乐于探索问题和解决问题的习惯与能力。

知识导图

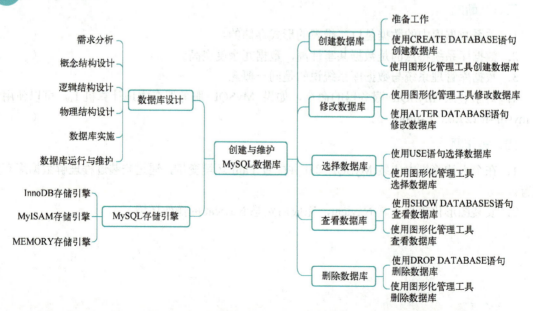

前导知识：数据库设计的基本方法和步骤

1. 认识数据库设计

数据库设计是指对于一个给定的应用场景，构造（设计）优化的数据库逻辑模式和物理结构，并据此建立数据库及其应用系统，使之能够有效地存储和管理数据，满足系统各类用户角色的应用需求，包括信息管理和数据操作要求。

数据库设计的目的是满足应用的功能需求和实现良好的数据库性能，其设计质量的优劣，直接影响到数据库的应用及应用过程中的维护。因此数据库设计的目标一是支撑应用场景中各类业务模块的数据操作需求，二是保证提供安全、可靠、高效的数据服务。早期还涉及数据的存储成本问题，如何用较少的存储空间完成数据的存储管理，现在随着存储技术的发展，对存储成本的要求逐渐弱化。

2. 了解数据库设计的方法

（1）手工试凑法

由于信息的结构复杂，应用环境多样，因此在相当长的一段时期内，数据库设计主要采用手工试凑法。但是，这种方法不仅对设计人员的经验和水平有很高要求，让数据库设计成为一种技艺而不是工程技术，还缺乏科学理论和工程方法的支持，使工程的质量难以保证，常常在数据库运行一段时间后发现各种问题，增加了系统维护代价。

（2）规范设计法

规范设计法中比较著名的有新奥尔良（New Orleans）方法。它将数据库设计分为 4 个阶段：需求分析（分析用户要求）、概念设计（信息分析和定义）、逻辑设计（设计实现）和物理设计（物理数据库设计）。规范设计法是基于数据库 E-R 图、第三范式（3NF）、抽象语法规范的设计方法，是在数据库设计的不同阶段支持、实现的具体技术和方法。规范设计法从本质上看仍然是手工设计方法，其基本思想是过程迭代和逐步求精。数据库系统是以数据为中心，进行信息查询、传播等操作的计算机系统，其设计既要满足用户需求，又要与给定的应用环境密切相关，因此数据库系统必须采用系统化、规范化的设计方法进行设计。

3. 掌握关系数据库设计思路

关系数据库设计思路可以遵循以下 6 个步骤：需求分析；概念结构设计；逻辑结构设计；物理结构设计；数据库实施；数据库运行与维护。

（1）需求分析

需求分析的任务如下。

1）了解原系统工作概况。

2）明确用户的各种需求。

3）确定新系统的功能。

需求分析的步骤如下。

1）深入调查：调查用户的信息要求、处理要求、安全性和完整性要求。

2）收集信息：需要用户的管理部门和数据库系统设计者紧密配合，收集相关信息和资料，为数据库系统的设计打下良好基础。

3）整理信息：把收集到的信息（如文件、图表、票据、笔记等）进行分析、整理，转化为下一设计阶段可用的信息。

4）评审：评审的目的在于确认某一阶段的任务是否全部完成，以免出现重大疏漏和错误。

【中国智慧】 《礼记·中庸》有云"凡事预则立，不预则废"，意思是：做任何事情，事前有准备就可以成功，没有准备就会失败。《礼记·经解》亦有"失之毫厘，谬以千里"之说。形容开头稍有一点微小的误差，结果可能会造成很大的错误。这充分说明前期规划的重要性，只有方向正确了，才能到达目的地。

（2）概念结构设计

概念结构设计的任务是在需求分析阶段产生的需求说明书的基础上，按照特定的方法将需求抽象为一个不依赖于任何具体机器的数据模型，即概念模型。概念模型使设计者的概念结构设计成为数据库设计的关键。

概念结构设计的典型方法是 E-R（Entity Relationship）方法，即用 E-R 图的形式来描述实体-联系模型。E-R 图直观易懂，能够比较准确地反映现实世界的信息联系，且能从概念上表示一个数据库的信息组织情况。E-R 图包含 3 个基本组成部分：实体、属性、联系。

实体是指客观世界存在的事物，可以是具体的人或物，也可以是抽象的概念。例如，有形的"学生""商品"，无形的"课程""职称"等都可以称为实体。E-R 图中用矩形框表示实体。

属性是指实体或联系具有的某一特征或性质。例如，"学生"实体可以由"学号""姓名""性别"等属性来描述，"课程"实体可以由"课程编号""课程名称""学分"等属性来描述。E-R 图中用椭圆表示实体的属性。

联系用来描述实体间或实体内部存在的关联关系或对应关系。联系的类型有 3 种：一对一联系（1∶1），一对多联系（1∶n），多对多联系（m∶n）。E-R 图中用菱形框表示实体间的联系。

实体与属性的划分原则如下。

1）现实世界的事物能作为属性对待的，尽量作为属性对待。

2）作为属性，不能再具有需要描述的性质。

3）属性必须是不可分的数据项，不能包含其他属性。

4）属性不能与其他实体具有联系。

完整的 E-R 图设计过程如下。

1）设计各个子系统的分 E-R 图。

2）消除冲突（属性冲突、命名冲突、结构冲突），进行集成。

3）设计基本 E-R 图。

（3）逻辑结构设计

逻辑结构设计是将概念结构设计阶段完成的概念模型，也就是 E-R 模型转换为关系模型。需要具体说明把原始数据进行分解、合并后重新组织起来的数据库全局逻辑结构，包括所确定的关键字和属性，重新确定的关系结构，以及各个关系之间的相互联系。

E-R 图向关系模型的转换原则如下。

1）实体型的转换：一个实体型转换为一个关系模式。

2）实体型间的 1∶1 联系：转换为一个独立的关系模式或与相连的任意一端对应的关系模

式合并。

3）实体型间的 1∶n 联系：转换为一个独立的关系模式或与 n 端对应的关系模式合并。

4）实体型间的 m∶n 联系：一个 m∶n 联系转换为一个关系模式。

5）三个或三个以上实体间的一个多元联系转换为一个关系模式。

6）具有相同码的关系模式可合并。

（4）物理结构设计

数据库物理结构设计是指根据数据库的逻辑结构来选定具体的关系数据库管理系统（如 Oracle、SQL Server、MySQL、Sybase 等）并设计和实施数据库的存储结构、存取方式等，即为一个给定的逻辑数据模型选取一个适合应用要求的物理结构。

物理结构依赖于给定的数据库管理系统和硬件系统，因此，设计人员必须充分了解所用关系数据库管理系统的内部特征、存储结构、存取方法。数据库的物理设计通常分为两步：①确定数据库的物理结构；②评价实施空间效率和时间效率。

确定数据库的物理结构包含下面 4 方面的内容。

- 确定数据的存储结构。
- 设计数据的存取路径。
- 确定数据的存放位置。
- 确定系统配置。

数据库物理设计过程中需要对时间效率、空间效率、维护代价和各种用户要求进行权衡，选择一个优化方案作为数据库物理结构。

（5）数据库实施

在完成数据库物理设计后，设计人员需要使用 RDBMS 提供的数据定义语言和其他实用程序，将数据库逻辑结构设计和物理结构设计的结果严格描述出来，成为 DBMS 可以接受的源代码，再经过调试产生目标模式，就可以组织数据入库了。数据库实施包含系列活动，如创建数据库、载入数据和测试数据库等。

（6）数据库运行与维护

经过测试和试运行后，数据库开发工作就基本完成了，可将其投入正式运行。数据库的生命周期也进入运行和维护阶段。

数据库是企业的重要信息资源，支持多种应用系统共享数据。为了让数据库高效、平稳地运行，适应应用环境及物理存储的不断变化，需要对数据库进行长期的维护，这也是设计工作的继续和完善。对数据库的维护工作主要由数据库管理员完成，其主要工作如下。

- 数据库的备份与恢复。
- 数据库的性能监控。
- 数据库的重组与重构。

2.1 创建数据库

创建数据库是指在系统磁盘上划分一块区域用于数据的存储和管理。创建数据库是表操作的基础，也是数据库管理的基础。连接到 MySQL 服务器以后，就可以创建数据库、数据表，并对数据表内容进行操作和管理了。在 MySQL 中，创建与查看数据库的方法主要有两种：一种是在

MySQL 图形化管理工具中实现，如 Navicat；另一种是在命令行管理工具中使用 SQL 语句实现。

- 使用 Navicat 图形化管理工具创建、查看数据库：其优点是简单直观。
- 使用 CREATE DATABASE 语句创建数据库：其优点是可以将创建数据库的脚本保存下来，以便在其他计算机上运行以创建相同的数据库；而且能更好地熟悉数据库的操作命令。执行 CREATE DATABASE 命令创建数据库时，既可以在 Navicat 图形化管理工具的命令列界面中执行，也可以在 MySQL 的客户端命令窗口中执行，还可以在 Windows 的命令行窗口程序（cmd）中执行。

2.1.1 任务 2-1 创建数据库前的准备工作

【任务描述】

根据对学生成绩管理系统应用单位的调查，已知该校学生人数为 20 000 人，共有 10 个教学系部，400 个教学班，平均每个班级开设 20 门课程。现要求完成为该系统创建一个 MySQL 数据库之前的准备工作。

2.1.1
任务 2-1 创建数据库前的准备工作

【任务分析与知识储备】

由于数据库是由存储在磁盘上的操作系统文件组成的，这些操作系统文件中存放了数据库中的所有数据和对象，因此在创建数据库之前必须先了解数据库文件的形式及存储方式，确定数据库的名称、所用字符集及排序规则。

1. MySQL 数据库文件

在数据库服务器中可以存储多个数据库文件，所以建立数据库时要设置数据库的文件名。在 MySQL 中，每个数据库都对应存放在一个与数据库同名的文件夹中，即 MySQL 的数据存储区以目录方式表示 MySQL 数据库。所以，数据库名必须符合操作系统文件夹的命名规则。另外，在默认情况下，Linux 系统下数据库名、表名的大小写是敏感的，而 Windows 系统下数据库名、表名的大小写是不敏感的。为了便于数据库在不同平台之间移植，在定义数据库名和表名时可以采用小写的方式。

可以将数据库看成一个存储数据对象的容器，这些数据对象包括表、视图、触发器、存储过程等，其中，表是最基本的数据对象，用以存放数据库的数据，一个数据库包含多个数据表。MySQL 数据库的各种数据以文件的形式保存在系统中；每个数据库的文件保存在以数据库名命名的文件夹中。

MySQL 配置文件（my.ini）中的 datadir 参数指定了数据库文件的存储位置。可以在配置文件中更改数据库文件的存储位置，但是需要把原存储位置上的系统数据库移动到新的存储位置，然后重启 MySQL 数据库服务器。数据库文件的默认存放位置为 C:\Program Files\MySQL\MySQL Server 8.0\data，如果要把数据库的存放位置修改为 D:\Mydata，就把 datadir 参数的设置值修改为 "D:\Mydata" 即可。

2. MySQL 数据库分类

MySQL 数据库分系统数据库和用户数据库两类。

MySQL 安装完成之后，将会在其 data 目录下自动创建 mysql、information_schema、performance_schema、sys 共 4 个系统数据库，可以使用 SHOW DATABASES 命令来查看当前服

务器上所有的数据库，其中 4 个系统数据库及其作用如表 2-1 所示。

表 2-1　MySQL 系统数据库

系统数据库名称	说明
mysql	是 MySQL 数据库服务器的核心数据库，主要负责存储数据库的用户、权限设置、关键字等 MySQL 自己需要使用的控制和管理信息。类似于 SQL Server 中的 master 数据库，不能删除该系统数据库，也不要轻易修改这个数据库里的表信息
information_schema	这是一个信息数据库，主要保存 MySQL 服务器维护的其他所有数据库的信息，如数据库名、数据库的表、访问权限、数据库表字段的数据类型、数据库索引的信息等
performance_schema	主要用于收集数据库服务器性能参数，可用于监控服务器在一个较低级别的运行过程中的资源消耗、资源等待等情况
sys	MySQL 5.7 中新引入一个系统数据库，所有的数据源来自 performance_schema，目标是把 performance_schema 的复杂度降低，让 DBA 能更好地阅读这个数据库里的内容，了解数据库的运行情况，解决性能瓶颈

MySQL 数据库服务器把有关数据库的信息存储在 mysql 和 information_schema 这两个系统数据库中，如果删除了系统数据库，MySQL 数据库服务器将无法正常工作。

用户数据库是用户根据实际应用需求创建的数据库，如学生成绩管理数据库、图书管理数据库、商品销售数据库、财务管理数据库等。在 MySQL 数据库管理系统中可以创建多个用户数据库。

3. MySQL 的字符集和排序规则

字符（Character）是人类语言最小的表义符号，例如"A""B"等。给定一系列字符，对每个字符赋予一个数值，用数值来代表对应的字符，这个数值就是字符的编码（Character Encoding）。给定一系列字符并赋予对应的编码后，所有这些"字符和编码对"组成的集合就是字符集（Character Set）。

字符序（Collation）是指在同一字符集内字符之间的比较规则。一个字符集包含多种字符序。MySQL 字符序的命名规则是：以字符序对应的字符集名称开头，以国家名居中（或以 general 居中），以 ci、cs 或 bin 结尾。ci 表示大小写不敏感，cs 表示大小写敏感，bin 表示按二进制编码值比较。

MySQL 服务器支持多种字符集。常见的字符集有 utf8mb4（默认字符集）、utf8、gbk、gb2312、big5 等。每个字符集至少包含一种排序，其中有一个为默认排序。

使用 MySQL 命令 "SHOW CHARACTER SET;" 即可查看当前 MySQL 服务器支持的字符集、字符集默认的字符序以及字符集占用的最大字节长度等信息，如图 2-1 所示。

以下是几个常用的字符集。

- latin1：支持西欧字符、希腊字符等。
- gbk：支持中文简体字符。
- big5：支持中文繁体字符。
- utf8：几乎支持世界所有国家的字符。
- utf8mb4：utf8 字符集的超集（默认字符集）。

【说明】utf8mb4 字符集是 MySQL 8.0 的默认字符集，在 MySQL 8.0.1 及更高版本中将 utf8mb4_0900_ai_ci 作为默认排序规则。utf8mb4 字符集是 utf8 字符集的超集，可兼容 4 字节的 Unicode。设计数据库时如果想要允许用户使用特殊符号，最好使用 utf8mb4 编码来存储，使得数据库有更好的兼容性，但是这样设计会导致耗费更多的存储空间。

```
mysql> SHOW CHARACTER SET;
+----------+-----------------------------------+---------------------+--------+
| Charset  | Description                       | Default collation   | Maxlen |
+----------+-----------------------------------+---------------------+--------+
| armscii8 | ARMSCII-8 Armenian                | armscii8_general_ci |      1 |
| ascii    | US ASCII                          | ascii_general_ci    |      1 |
| big5     | Big5 Traditional Chinese          | big5_chinese_ci     |      2 |
| binary   | Binary pseudo charset             | binary              |      1 |
| cp1250   | Windows Central European          | cp1250_general_ci   |      1 |
| cp1251   | Windows Cyrillic                  | cp1251_general_ci   |      1 |
| cp1256   | Windows Arabic                    | cp1256_general_ci   |      1 |
| cp1257   | Windows Baltic                    | cp1257_general_ci   |      1 |
| cp850    | DOS West European                 | cp850_general_ci    |      1 |
| cp852    | DOS Central European              | cp852_general_ci    |      1 |
| cp866    | DOS Russian                       | cp866_general_ci    |      1 |
| cp932    | SJIS for Windows Japanese         | cp932_japanese_ci   |      2 |
| dec8     | DEC West European                 | dec8_swedish_ci     |      1 |
| eucjpms  | UJIS for Windows Japanese         | eucjpms_japanese_ci |      3 |
| euckr    | EUC-KR Korean                     | euckr_korean_ci     |      2 |
| gb18030  | China National Standard GB18030   | gb18030_chinese_ci  |      4 |
| gb2312   | GB2312 Simplified Chinese         | gb2312_chinese_ci   |      2 |
| gbk      | GBK Simplified Chinese            | gbk_chinese_ci      |      2 |
| geostd8  | GEOSTD8 Georgian                  | geostd8_general_ci  |      1 |
| greek    | ISO 8859-7 Greek                  | greek_general_ci    |      1 |
| hebrew   | ISO 8859-8 Hebrew                 | hebrew_general_ci   |      1 |
| hp8      | HP West European                  | hp8_english_ci      |      1 |
| keybcs2  | DOS Kamenicky Czech-Slovak        | keybcs2_general_ci  |      1 |
| koi8r    | KOI8-R Relcom Russian             | koi8r_general_ci    |      1 |
| koi8u    | KOI8-U Ukrainian                  | koi8u_general_ci    |      1 |
| latin1   | cp1252 West European              | latin1_swedish_ci   |      1 |
| latin2   | ISO 8859-2 Central European       | latin2_general_ci   |      1 |
| latin5   | ISO 8859-9 Turkish                | latin5_turkish_ci   |      1 |
| latin7   | ISO 8859-13 Baltic                | latin7_general_ci   |      1 |
```

图 2-1 查看字符集

如果不同的应用需要不同的字符设置,可以根据具体需求选择设置方式。如果每个应用的字符集都不相同,则可为每个数据库单独指定字符集。如果大多数应用使用的是相同的字符集,则在启动或配置服务器时设置更方便。

【任务实施】

根据任务分析,现将学生成绩管理数据库的名称、所用字符集和排序规则确定如下。

1)数据库的名称为 studb。

2)数据库使用默认的字符集 utf8mb4 和默认的排序规则 utf8mb4_0900_ai_ci,数据库存放在系统默认的存储位置。

【任务总结】

在使用 MySQL 开发一个新的数据库应用系统时,首先要创建一个或多个数据库。在创建数据库之前,规划它在服务器上如何实现是非常重要的。这个规划包括命名数据库、确定在磁盘上的存放位置、选择所使用的字符集和排序规则等。

2.1.2 任务 2-2 使用图形化管理工具创建和查看数据库

【任务描述】

根据任务 2-1 的设计方案,现需要使用图形化管理工具 Navicat 创建学生成绩管理数据库 studb,并查看。

1)查看 MySQL 服务器主机中的数据库。

2.1.2
任务 2-2 使用
图形化管理工
具创建和查看
数据库

2）在 MySQL 数据库的默认存放路径下创建一个名为 studb 的数据库，使用默认的字符集 utf8mb4 和默认的排序规则 utf8mb4_0900_ai_ci。

【任务分析与知识储备】

在图形化管理工具中通过提示来创建和查看数据库是最简单的方法，适合初学者使用。

MySQL 数据库的命名规则如下。

- 不能与其他数据库重名。
- 不能使用 MySQL 关键字作为数据库名。
- 数据库名由任意字母、阿拉伯数字、下画线"_"和"$"组成，但不能使用单独的数字。
- 在默认情况下，Windows 下数据库名、表名的大小写是一样的，而在 Linux 下数据库名、表名的大小写是有区别的。

【说明】MySQL 中可以使用中文来命名数据库名、表名和字段名，但在实际应用中，为了避免乱码或者其他不必要的错误，建议使用英文或拼音的小写字母，使用下画线"_"做分隔符。

【任务实施】

1. 查看 MySQL 服务器主机中的数据库

打开图形化管理工具 Navicat，双击已创建的连接对象 MySQL，或者在连接 MySQL 上单击鼠标右键，在弹出的快捷菜单中选择"打开连接"命令，可查看当前 MySQL 数据库服务器中的数据库列表，如图 2-2 所示。

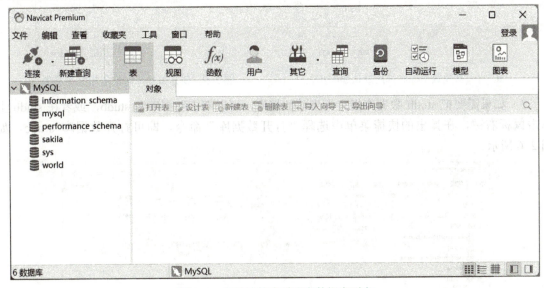

图 2-2　打开连接查看现有数据库列表

2. 创建学生成绩管理数据库 studb

1）在已打开的连接 MySQL 上单击鼠标右键，或者在任意数据库名上单击鼠标右键，在弹出的快捷菜单中选择"新建数据库"命令，如图 2-3 所示，显示"新建数据库"对话框。

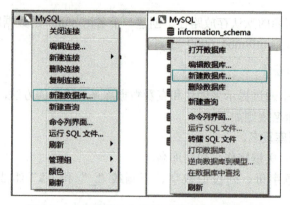

图 2-3　在快捷菜单中选择"新建数据库"命令

2）在"新建数据库"对话框中，在"数据库名"文本框中输入"studb"。保留"字符集"和"排序规则"的默认值（即对字符集和排序规则不进行设置），如图 2-4 所示；或者如图 2-5 所示，在"字符集"下拉列表框中选择"utf8mb4"，在"排序规则"下拉列表框中选择"utf8mb4_0900_ai_ci"，确定相关设置后，单击"确定"按钮，即可完成数据库的创建。

图 2-4　新建数据库时选用默认字符集

图 2-5　新建数据库时选用指定字符集

3）如果需要把 studb 数据库指定为当前数据库，可以双击数据库名 studb，或者在 studb 上单击鼠标右键，在弹出的快捷菜单中选择"打开数据库"命令，即可打开数据库 studb，如图 2-6 所示。

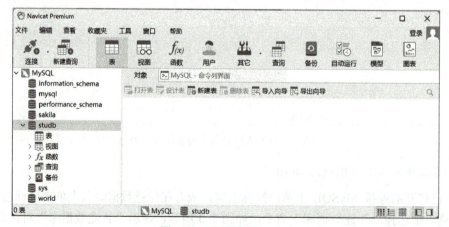

图 2-6　打开数据库 studb

【任务总结】

在 MySQL 中创建数据库时，可以为数据库设置数据库名、字符集及排序规则等属性。但在实际应用中，除数据库名必须由用户指定外，其他属性均可采用 MySQL 的默认设置，另外，数据库创建成功后，其对应的数据库文件夹存放在 MySQL 的默认数据文件夹中。

2.1.3　任务 2-3　使用 CREATE DATABASE 语句创建数据库

【任务描述】

练习使用 CREAE DATABASE 语句创建数据库。

1）在 MySQL 客户端命令行窗口创建一个名为 stu 的数据库。

2）在 Windows 命令行窗口中创建一个名为 student 的数据库，指定其字符集为 utf8mb3，排序规则为 utf8mb3_general_ci。

3）在 Navicat 的命令列界面中创建一个名为 student 的数据库，指定其字符集为 utf8mb3，排序规则为 utf8mb3_general_ci，创建时使用 IF NOT EXISTS 关键字。

【任务分析与知识储备】

创建数据库需要具有数据库 CREATE 的权限，在 MySQL 中，root 用户拥有最高的权限，因此使用 root 用户的身份登录 MySQL 数据库服务器后，就可以创建数据库了。使用 SQL 语句 CREAE DATABASE 创建数据库的效率较高，也是经常使用的方法。

1．SQL 语言简介

（1）SQL 语言的产生与发展

SQL（Structured Query Language，结构化查询语言）是 1974 年提出的一种介于关系代数和关系演算之间的语言，1986 年被确定为关系型数据库管理系统国际标准语言，即 SQL86。随着其标准化的不断进行，从 1992 年发布的 SQL-92 标准，到 1999 年发布的 SQL:1999 标准，再到 2008 年发布的 SQL:2008 标准都得到了广泛的应用。如 Oracle、MySQL、SQL Server、Access 等流行的关系型数据库管理系统都采用了 SQL 语言标准。

（2）SQL 语言的组成

SQL 语言包含以下 4 个部分。

- 数据定义语言（Data Definition Language，DDL）：包括 CREATE、ALTER、DROP 语句。
- 数据操纵语言（Data Manipulation Language，DML）：包括 INSERT、UPDATE、DELETE 语句。
- 数据查询语言（Data Query Language，DQL）：即 SELECT 语句。
- 数据控制语言（Data Control Language，DCL）：包括 GRANT、REVOKE 等语句。

（3）SQL 语言的主要特点

- SQL 语言类似于自然语言，简洁易用，主要有 9 个动词。
- SQL 语言是一种非过程语言，即用户只要提出"做什么"，不必关心"如何做"，也不必了解数据的存取路径，这不但大大减轻了用户负担，还有利于提高数据的独立性。
- SQL 语言是一种面向集合的语言，不仅查找结果可以是元组的集合，而且一次插入、更新、删除操作的对象也可以是元组的集合。

- SQL 语言既是自含式语言，又是嵌入式语言，可独立使用，也可嵌入到宿主语言中，在两种不同使用方式下，SQL 语法结构基本上是一致的。
- SQL 语言综合统一，集数据定义、数据操纵、数据管理的功能于一体，语言风格统一，可以独立完成数据库的全部操作。

2. CREATE DATABASE 的语法格式

MySQL 提供了创建数据库的命令 CREATE DATABASE，其语法格式为：

```
CREATE {DATABASE|SCHEMA} [IF NOT EXISTS] <数据库名>
[DEFAULT CHARACTER SET <字符集名>]
[DEFAULT COLLATE <排序规则名>];
```

1）DATABASE | SCHEMA 表示选择其一即可，CREATE DATABASE 和 CREATE SCHEMA 含义相同，均为创建数据库的意思，实际应用中常使用前者。

2）IF NOT EXISTS 为可选项，用于在创建数据库之前判断即将创建的数据库名是否存在。如果不存在，则创建该数据库。如果已经存在同名的数据库，则不创建任何数据库。如果存在同名数据库，并且没有指定 IF NOT EXISTS，则会出现错误提示。

3）DEFAULT CHARACTER SET 子句用于指定默认的数据库字符集；DEFAULT COLLATE 子句用于指定默认的数据库排序规则。如果省略这两个参数，则数据库采用默认的字符集和排序规则。

格式说明：

1）在本书的语法格式中，"{ }"表示若干项的组合；竖线"|"表示在列出的若干项中选择一项；"[ ]"表示可选项；"< >"表示需要用户命名或选择的项；对于多个选项或参数，列出前面一个选项或多个选项，使用"…"表示可有多个选项或参数；[,…n]表示前面的项可重复 n 次。

2）MySQL 中的 SQL 语句是不区分字母大小写的，但在实际应用开发中，SQL 语句的关键字通常采用大写，而数据库名、表名和字段名通常采用小写。因此本书正文中的 SQL 语句关键字统一采用大写形式。

3）在 MySQL 中，每一条 SQL 语句都以";"作为结束标志。在输入 SQL 语句时，所有的标点符号都是英文输入状态下的标点符号，中文标点符号将不会被识别。

【任务实施】

1. 在 MySQL 客户端命令行窗口中创建 stu 数据库

1）在"开始"菜单中打开 MySQL 客户端命令行窗口。

2）在"Enter password:"之后，输入正确的密码，这里输入安装 MySQL 时设置的密码"root"，如图 2-7 所示。当窗口中命令提示符变为"mysql>"时，表示已经成功登录到 MySQL 服务器。

```
Enter password: ****
```

图 2-7　在 MySQL 客户端命令行中输入密码

3）在"mysql>"后面输入并执行如下命令语句创建 stu 数据库，如图 2-8 所示。确认输入无误后按〈Enter〉键执行命令语句。

```
CREATE  DATABASE  stu;
```

2. 在 Windows 命令行窗口中创建 student 数据库，指定其默认字符集和排序规则

1）通过快捷键〈Win+R〉打开“运行”对话框，如图 2-9 所示，在该对话框中输入“cmd”，单击“确定”打开 Windows 命令行窗口。

```
mysql> CREATE  DATABASE  stu;
Query OK, 1 row affected (0.00 sec)
```

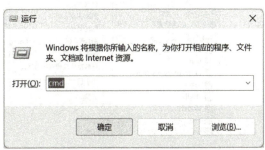

图 2-8　创建 stu 数据库

图 2-9　“运行”对话框

2）在命令提示符后输入命令“mysql -uroot -p”，按〈Enter〉键后，输入正确的密码，这里输入安装 MySQL 时设置的密码“root”。当窗口中显示 MySQL 的命令提示符“mysql>”时，表示已经成功登录到 MySQL 服务器，如图 2-10 所示。

```
Microsoft Windows [版本 10.0.22621.1992]
(c) Microsoft Corporation。保留所有权利。

C:\Users\aolia>mysql -uroot -p
Enter password: ****
Welcome to the MySQL monitor.  Commands end with ; or \g.
Your MySQL connection id is 25
Server version: 8.0.33 MySQL Community Server - GPL

Copyright (c) 2000, 2023, Oracle and/or its affiliates.

Oracle is a registered trademark of Oracle Corporation and/or its
affiliates. Other names may be trademarks of their respective
owners.

Type 'help;' or '\h' for help. Type '\c' to clear the current input statement.

mysql>
```

图 2-10　登录 MySQL 服务器

3）在“mysql>”后面输入并执行如下创建 student 数据库的命令语句，确认输入无误后按〈Enter〉键执行命令语句。如果执行语句新建数据库成功，则会出现提示信息“Query OK, 1 row affected…”，表示名为“student”的数据库已创建成功，如图 2-11 所示。

```
CREATE  DATABASE  student
DEFAULT  CHARACTER  SET  utf8mb3
DEFAULT  COLLATE  utf8mb3_general_ci;
```

```
mysql> CREATE  DATABASE  student
    -> DEFAULT  CHARACTER  SET  utf8mb3
    -> DEFAULT  COLLATE  utf8mb3_general_ci;
Query OK, 1 row affected, 2 warnings (0.01 sec)
```

图 2-11　在 Windows 命令行窗口中创建 student 数据库

3. 在 Navicat 中创建 student 数据库，指定其默认字符集和排序规则

1）打开图形化管理工具 Navicat，双击打开已创建的连接对象 MySQL，选择"工具"菜单中的"命令列界面"命令，如图 2-12 所示，或者使用快捷键〈F6〉，打开 Navicat 的命令列界面。

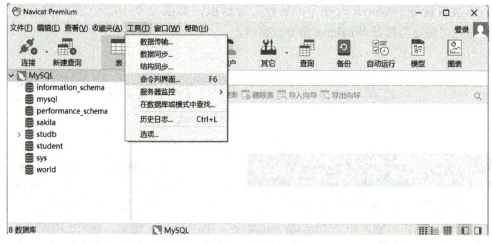

图 2-12　打开 Navicat 的命令列界面

2）在"mysql>"后面输入并执行如下创建 student 数据库的命令语句，确认输入无误后按〈Enter〉键执行命令语句。执行语句后出现运行成功的提示信息"Query OK, 1 row affected(0.00 sec)"，如图 2-13 所示。

图 2-13　在命令列界面中创建 student 数据库

```
CREATE DATABASE IF NOT EXISTS student
DEFAULT CHARACTER SET utf8mb3
DEFAULT COLLATE utf8mb3_general_ci;
```

【小贴士】IF NOT EXISTS 的作用是判断即将新建的数据库名是否存在，如不存在，则直接创建该数据库；如已存在同名的数据库，则不创建任何数据库。在上个例子中已经创建了一个名为"student"的数据库，而且本例中又使用了相同的数据库名"student"，因为在创建语句中使用了 IF NOT EXISTS，所以系统并没有再新建数据库，只是返回了一条提示信息。

【任务总结】

使用 SQL 语句创建与查看数据库的效率较高，也是工作中较常使用的方法。输入 SQL 语句时必须使用英文的标点符号，且每一条 SQL 语句都以";"作为结束标志，虽然 MySQL 不区分大小写，但输入的 SQL 语句要尽量符合 MySQL 语法规范，关键字采用大写。

2.2　修改数据库

创建数据库后，修改数据库的相关参数，可以在图形化管理工具 Navicat 中完成，也可以使用 ALTER DATABASE 语句。

2.2.1 任务 2-4 使用图形化管理工具修改数据库

【任务描述】

在图形化管理工具 Navicat 中把 student 数据库的字符集修改为 gbk，排序规则修改为 gbk_chinese_ci。

2.2.1
任务 2-4 使用图形化管理工具修改数据库

【任务分析与知识储备】

可以在数据库属性中修改数据库的字符集和排序规则，但数据库名无法修改。

【任务实施】

1）打开图形化管理工具 Navicat，双击打开已创建的连接对象 MySQL，在数据库 student 上单击鼠标右键，在快捷菜单中选择"编辑数据库"命令，如图 2-14 所示，打开"编辑数据库"对话框。

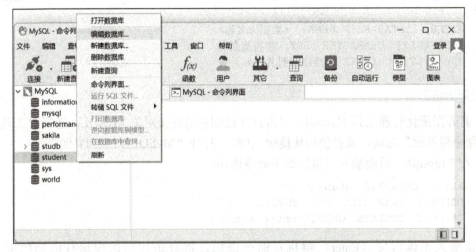

图 2-14 通过快捷菜单打开"编辑数据库"对话框

2）在"编辑数据库"对话框中的"字符集"下拉列表框中选择"gbk"，在"排序规则"下拉列表框中选择"gbk_chinese_ci"，确定相关设置后，单击"确定"按钮，即可完成数据库参数的修改，如图 2-15 所示。

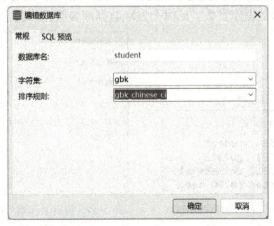

图 2-15 在"编辑数据库"对话框中修改"字符集"和"排序规则"

【任务总结】

在"编辑数据库"对话框中只能修改数据库的字符集和排序规则,如果是刚创建好的空数据库要修改名字,可以采用删除该数据库后再重新创建新数据库的方式实现。

2.2.2 任务2-5 使用 ALTER DATABASE 语句修改数据库

【任务描述】

在 MySQL-命令列界面中对 student 数据库进行以下操作:将数据库的字符集修改为 gb2312,排序规则修改为 gb2312_chinese_ci。

【任务分析与知识储备】

创建数据库后,如果需要修改数据库的参数,可以使用 ALTER DATABASE 命令,其语法格式为:

```
ALTER  {DATABASE|SCHEMA}  <数据库名称>
[[DEFAULT]  CHARACTER  SET <字符集名>|
[DEFAULT]  COLLATE  <排序规则名>];
```

【任务实施】

1)打开图形化管理工具 Navicat,双击打开已创建的连接对象 MySQL,选择"工具"菜单中的"命令列界面"选项,或者使用快捷键〈F6〉,打开"MySQL-命令列界面"。

2)在"mysql>"后面输入并执行如下命令语句:

```
ALTER  DATABASE  student
DEFAULT  CHARACTER  SET  gb2312
DEFAULT  COLLATE  gb2312_chinese_ci;
```

确认输入无误后按〈Enter〉键执行命令语句。执行语句后出现运行成功的提示信息"Query OK, 1 row affected(0.00 sec)",如图 2-16 所示,表示数据库参数已修改成功。

3)在数据库 student 上单击鼠标右键,在快捷菜单中选择"编辑数据库"命令,打开"编辑数据库"对话框,查看数据库参数是否已修改。如果发现要修改的参数未能及时更新,可以在数据库名上单击鼠标右键,在快捷菜单中选择"刷新"命令;或者在快捷菜单中选择"关闭数据库"命令后重新查看数据库参数,此时会发现数据库参数已修改,如图 2-17 所示。

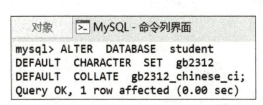

图 2-16 在命令列界面中修改 student 数据库参数

图 2-17 打开"编辑数据库"对话框查看修改结果

【任务总结】

修改数据库与创建数据库的命令相似，需要修改什么内容，修改对应的"字符集"和"排序规则"参数即可，不需要修改的部分可省略不写。为了避免不支持中文字符串查询或者发生中文字符串乱码等问题，要选用支持中文的字符集。另外，命令中的"CHARACTER SET"可以缩写为"CHARSET"。

2.3 选择、查看与删除数据库

创建好数据库后，可以使用 USE 语句选择当前数据库，可以使用 SHOW DATABASES 语句查看已有数据库，还可以使用 SHOW CREATE DATABASE 语句查看已有数据库的建库信息。当数据库及其中的数据失去利用价值后，为了释放被占用的磁盘空间，可以使用 DROP DATABASE 语句删除数据库。

2.3.1　任务 2-6　使用语句方式选择与查看数据库

【任务描述】

1）在 Navicat 的命令列界面中使用 USE 语句选择数据库 student。

2）在 Navicat 的命令列界面中使用 SHOW DATABASES 语句查看当前数据库服务器中有哪些数据库。

3）在 Navicat 的命令列界面中使用 SHOW CREATE DATABASE 语句查看数据库 student 的建库信息。

2.3.1
任务 2-6　使用语句方式选择与查看数据库

【任务分析与知识储备】

1）使用命令语句创建数据库后，新创建的数据库不会自动成为当前选择的数据库，需要使用 USE 命令来指定当前数据库，语法格式为：

　　USE　<数据库名>；

USE 命令语句用于在 MySQL 中指定某数据库为当前数据库，使后面所有命令语句都应用于当前数据库，直到退出数据库操作。

USE 命令语句也可以实现从一个数据库切换到另一个数据库的功能。

2）使用 SHOW DATABASES 语句可以查看数据库服务器中已存在的数据库，语法格式为：

　　SHOW　DATABASES　[LIKE　'模式匹配串']；

其中，LIKE 子句是可选项，限制语句只输出名称与指定模式匹配串相匹配的数据库。模式匹配串可以包含 SQL 通配符"%"和"_"，前者表示任意多个字符，后者表示任意单个字符。如果未指定 LIKE 子句，则显示当前服务器上所有数据库的列表。

3）如果要查看已有数据库的相关信息，例如，MySQL 版本号、默认字符集等信息，可使用 SHOW CREATE DATABASE 语句，语法格式为：

　　SHOW　CREATE　DATABASE　<数据库名>；

【任务实施】

1. 使用 USE 语句选择数据库 student

1）打开图形化管理工具 Navicat，双击打开已创建的连接对象 MySQL，选择"工具"菜单中的"命令列界面"命令，或者使用快捷键〈F6〉，打开 Navicat 的命令列界面。

2）在"mysql>"后面输入"USE student;"，按〈Enter〉键执行命令语句，如图 2-18 所示，提示"Database changed"，表示已经选择数据库 student 为当前数据库。

```
mysql> USE student;
Database changed
```

图 2-18　使用 USE 命令选择数据库

2. 使用 SHOW DATABASES 语句查看当前数据库服务器中有哪些数据库

在命令列界面中"mysql>"后面输入"SHOW DATABASES;"命令，按〈Enter〉键执行，可以查看当前数据库服务器中有哪些数据库，如图 2-19 所示。可以观察到除了 4 个系统数据库和 2 个示例数据库外，还有之前创建的两个用户数据库 studb 和 student。

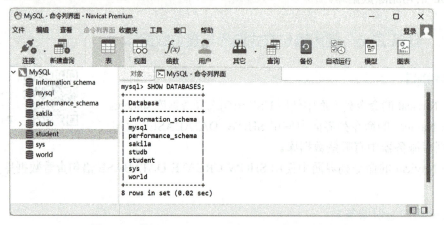

图 2-19　使用 SHOW DATABASES 语句查看数据库

3. 使用 SHOW CREATE DATABASE 语句查看数据库 student 的建库信息

在命令列界面中"mysql>"后面输入"SHOW CREATE DATABASE student;"命令，按〈Enter〉键执行，可以查看 student 数据库的建库信息，如图 2-20 所示。可以观察到，虽然创建 student 数据库的时候指定的字符集是 utf8mb3，但因为后来使用命令把字符集修改为 gb2312，所以返回结果显示 student 数据库目前的字符集信息是 gb2312。

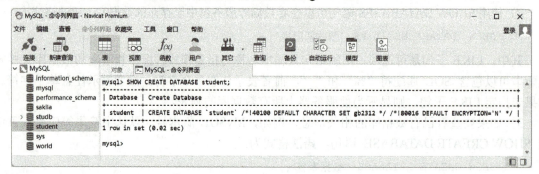

图 2-20　查看数据库 student 的建库信息

【任务总结】

数据库是存放数据库对象的容器，而在 MySQL 数据库管理系统中又存在多个数据库，那么在操作数据库对象之前，首先需要确定该数据库对象属于哪一个数据库，即在对数据库对象操作之前，一定要使用 USE 命令指定哪个数据库为当前数据库。使用 SHOW DATABASES 语句时要注意使用的是 DATABASE 的复数形式 DATABASES。

2.3.2　任务 2-7　删除数据库

【任务描述】

1）使用图形化管理工具 Navicat 删除数据库 student。

2）在命令列界面中使用 DROP DATABASE 语句删除数据库 student，在命令中使用 IF EXISTS。

2.3.2
任务 2-7　删除数据库

【任务分析与知识储备】

不再需要某个数据库时，可以使用语句 DROP DATABASE 语句删除，语法格式为：

```
DROP DATABASE [IF EXISTS] <数据库名>;
```

如果使用 IF EXISTS 子句，则在删除数据库之前先进行判断；如果该数据库名对应的数据库存在，则进行删除操作。如果没有使用 IF EXISTS 子句，并且要删除的数据库在 MySQL 中不存在，系统就会出现错误提示。

【任务实施】

1. 使用 Navicat 删除数据库 student

1）打开图形化管理工具 Navicat，双击打开已创建的连接对象 MySQL，在数据库 student 上单击鼠标右键，在快捷菜单中选择"删除数据库"命令，如图 2-21 所示，打开"确认删除"对话框。

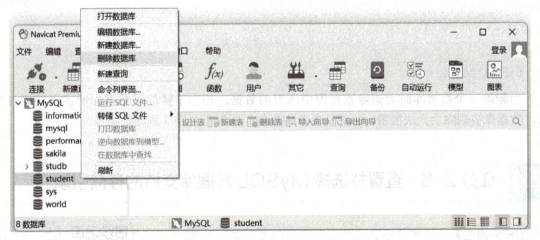

图 2-21　在快捷菜单中选择"删除数据库"命令

2）在"确认删除"对话框中单击"删除"按钮，即可删除数据库 student，如图 2-22 所示。

2. 使用 DROP DATABASE 语句删除数据库 student

1）打开图形化管理工具 Navicat，双击打开已创建的连接对象 MySQL，选择"工具"菜单中的"命令列界面"命令，或者使用快捷键〈F6〉，打开 Navicat 的命令列界面。

2）在"mysql>"后面输入以下语句删除数据库，按〈Enter〉键执行命令语句，如图 2-23 所示。

```
DROP DATABASE IF EXISTS student;
```

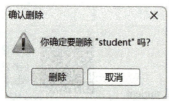

图 2-22　确认删除数据库 student

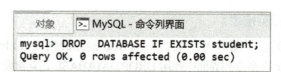

图 2-23　使用 DROP DATABASE 语句删除数据库

3）在使用命令删除数据库后，如果左侧导航窗格中依然显示被删除的数据库 student，可以在任意数据库上单击鼠标右键，在快捷菜单中选择"刷新"命令，就会观察到刷新的结果中已经没有数据库 student 了，如图 2-24 所示。

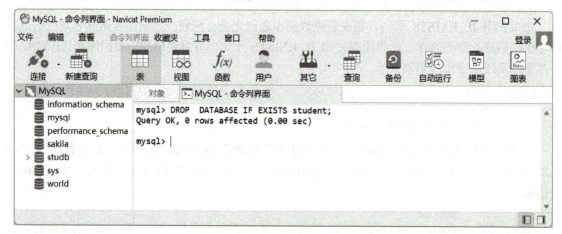

图 2-24　刷新后查看删除结果

【任务总结】

当删除一个数据库时会删除数据库中所有的数据，相当于释放了数据库所占用的磁盘空间，数据库被删除后无法撤销，只能从备份中恢复，所以不要轻易删除数据库。

2.4　任务 2-8　查看并选择 MySQL 数据库支持的存储引擎

【任务描述】

1）查看 MySQL 数据库支持的存储引擎类型。
2）根据实际需要选择合适的存储引擎。

【任务分析与知识储备】

MySQL 数据库存储引擎是指在 MySQL 数据库中，用于存储、管理和访问数据的程序模块，是数据库底层软件组件和重要组成部分，决定了数据库的性能和功能。数据库的存储引擎决定了数据在计算机中的存储方式。Oracle 和 SQL Server 等数据库管理系统中只有一种存储引擎，所有数据存储管理机制都是一样的。但是 MySQL 提供了多种存储引擎，如 InnoDB、MyISAM 和 MEMORY 等。不同的存储引擎提供不同的存储机制、索引技巧、锁定水平等功能，使用不同的存储引擎还可以获得特定的功能。为了适应不同的工作需求，MySQL 使用不同的存储引擎对数据进行管理和操作。可以在具体开发时根据实际需要来选择存储引擎，以提高 MySQL 数据库管理系统的使用效率和灵活性。

在 MySQL 中，存储引擎是基于表的。同一个数据库，不同的表，存储引擎可以不同。

【任务实施】

1. 使用 Show Engines 语句查看 MySQL 数据库支持的存储引擎类型

1）打开图形化管理工具 Navicat，双击打开已创建的连接对象 MySQL，选择"工具"菜单中的"命令列界面"命令，或者使用快捷键〈F6〉，打开 Navicat 的命令列界面。

2）在"mysql>"后面输入"SHOW ENGINES;"，按〈Enter〉键执行命令语句，查看 MySQL 数据库支持的存储引擎类型，如图 2-25 所示。

```
mysql> SHOW ENGINES;
+--------------------+---------+----------------------------------------------------------------+--------------+------+------------+
| Engine             | Support | Comment                                                        | Transactions | XA   | Savepoints |
+--------------------+---------+----------------------------------------------------------------+--------------+------+------------+
| MEMORY             | YES     | Hash based, stored in memory, useful for temporary tables      | NO           | NO   | NO         |
| MRG_MYISAM         | YES     | Collection of identical MyISAM tables                          | NO           | NO   | NO         |
| CSV                | YES     | CSV storage engine                                             | NO           | NO   | NO         |
| FEDERATED          | NO      | Federated MySQL storage engine                                 | NULL         | NULL | NULL       |
| PERFORMANCE_SCHEMA | YES     | Performance Schema                                             | NO           | NO   | NO         |
| MyISAM             | YES     | MyISAM storage engine                                          | NO           | NO   | NO         |
| InnoDB             | DEFAULT | Supports transactions, row-level locking, and foreign keys     | YES          | YES  | YES        |
| ndbinfo            | NO      | MySQL Cluster system information storage engine                | NULL         | NULL | NULL       |
| BLACKHOLE          | YES     | /dev/null storage engine (anything you write to it disappears) | NO           | NO   | NO         |
| ARCHIVE            | YES     | Archive storage engine                                         | NO           | NO   | NO         |
| ndbcluster         | NO      | Clustered, fault-tolerant tables                               | NULL         | NULL | NULL       |
+--------------------+---------+----------------------------------------------------------------+--------------+------+------------+
11 rows in set (0.02 sec)
```

图 2-25 查看 MySQL 支持的存储引擎

2. 选择合适的存储引擎

不同存储引擎有各自的特点，适应不同的需求。在实际工作中，选择一个合适的存储引擎是一个比较复杂的问题。每种存储引擎都有自己的优缺点，不能笼统地说谁比谁好。为了提升性能，数据库开发人员应该选择合适的存储引擎。

MySQL 常用的存储引擎是 InnoDB、MyISAM 和 MEMORY。

1）InnoDB：支持事务处理，支持外键，支持崩溃修复能力和并发控制。如果对事务的完整性要求比较高（比如银行），要求实现并发控制（比如售票），那选择 InnoDB 有很大的优势。如果需要频繁地执行更新、删除操作，也可以选择 InnoDB，因为它支持事务的提交（commit）和回滚（rollback）。

2）MyISAM：插入数据快，空间和内存使用比较低，如果表主要是用于插入新记录和读出记录，那么选择 MyISAM 能实现处理高效率。如果应用的完整性、并发性要求比较低，也可以使用 MyISAM。

3）MEMORY：所有的数据都在内存中，数据的处理速度快，但是安全性不高。如果需要很快的读写速度,对数据的安全性要求较低,可以选择 MEMORY。它对表的大小有要求,不能建立太大的表。

> 【小贴士】同一个数据库也可以使用多种存储引擎的表。对于事务处理要求比较高的表,可以选择 InnoDB;对于查询要求比较高的表,可以选择 MyISAM;对用于查询的临时表,可以选择 MEMORY。

通过分析,学生成绩管理数据库 studb 需要使用外键来保证数据的完整性与一致性,存储过程 InnoDB 支持外键,所以确定 studb 的存储引擎为 InnoDB。因为 InnoDB 也是 MySQL 8.0 默认的存储引擎,所以在创建表时使用默认参数即可。

【任务总结】

MySQL 提供了多个不同的存储引擎,包括处理事务安全表的引擎和处理非事务安全表的引擎。在 MySQL 中,不需要在整个服务器中使用同一种存储引擎,针对具体的应用需求,可以对数据库中的各个表使用不同的存储引擎。MySQL 支持的存储引擎有:InnoDB、MyISAM、MEMORY、CSV、Archive、Blackhole、Federated、NDB 等。可以使用 SHOW ENGINES 语句查看系统所支持的引擎类型。

课后练习 2

一、选择题

1. 以下创建数据库的语句正确的是(   )。
   A. CREATE mytest
   B. CREATE TABLE mytest
   C. DATABASE mytest
   D. CREATE DATABASE mytest
2. 查看系统中可用字符集的命令是(   )。
   A. SHOW CHARACTER SET
   B. SHOW COLLATION
   C. SHOW CHARACTER
   D. SHOW SET
3. 删除数据库的命令是(   )。
   A. DELETE DATABASE 数据库名
   B. ALTER DATABASE 数据库名
   C. DROP TABLE 数据库名
   D. DROP DATABASE 数据库名
4. 查看系统中有哪些数据库,可以使用以下(   )命令。
   A. SHOW DATABASES;
   B. SHOW DATABASE;
   C. SHOW TABLES;
   D. SHOW TABLE;
5. 下列属于 MyISAM 存储引擎的特点是(   )。
   A. 支持外码
   B. 将表中所有数据都存放在内存中
   C. 高速存储和检索
   D. 支持事务
6. 修改数据库的命令是(   )。
   A. CREATE
   B. ALTER
   C. UPDATE
   D. DROP
7. 在创建数据库时添加(   )语句,可以在创建的数据库名已存在时防止程序报错。
   A. USE 数据库名
   B. IF NOT EXISTS 数据库名

  C．IF EXISTS 数据库名　　　　　　D．SHOW CREATE DATABASE 数据库名
 8．MySQL 中所有的系统级信息存储在（　　）数据库中。
  A．master　　　B．model　　　C．tempdb　　　D．mysql

二、填空题

 1．查看 MySQL 所支持的存储引擎的 MySQL 命令是_____。
 2．存储引擎是 MySQL 中用于处理数据的核心模块，常见的存储引擎包括 InnoDB、MyISAM 等。默认情况下，MySQL 8.0 使用的是_____存储引擎。
 3．如果不知道要删除的数据库是否存在，需要在命令中加入_____关键字。
 4．使用 CREATE DATABASE 语句创建数据库之后，该数据库不会自动成为系统当前数据库，需要使用_____语句来指定。
 5．创建数据库 test 的命令是_____。

三、判断题

 1．在 MySQL 自带的系统数据库中，mysql 数据库存储了系统的权限信息。（　　）
 2．在 MySQL 中，一个数据库中的表必须使用同一种存储引擎。（　　）
 3．如果数据库比较简单，可以在数据库设计步骤中省略"需求分析"这一环节。（　　）
 4．MySQL 数据库一旦创建成功，就无法修改数据库名。（　　）
 5．查看数据库建库信息的语句是"SHOW CREATE DATABASE;"。（　　）
 6．删除数据库时，需要有数据库的 DELETE 权限。（　　）

项目 3　创建与维护 MySQL 数据表

数据表是数据库的基本组成元素，由记录（行）和字段（列）组成的二维结构用于储存数据。数据库由表结构和表内容组成，先建立表结构，然后才能输入数据。数据表结构设计主要包括字段名称、字段类型和字段属性的设置。在关系数据库中，为了确保数据的一致性和完整性，在创建表时除了必须指定字段名称、字段类型和字段属性外，还需要使用约束、索引、主键和外键等功能属性。

知识目标

1. 掌握 MySQL 数据类型。
2. 掌握约束的概念、种类和使用场合。
3. 掌握创建、查看、修改、删除表的方法。
4. 掌握数据操纵语句的基本语法，实现数据的存储和管理。

能力目标

1. 能够根据需求设计 MySQL 数据库表结构。
2. 能够熟练进行 MySQL 数据表的创建与管理操作。
3. 能够编写 SQL 语句实现 MySQL 数据表的增、删、查、改等基本操作。
4. 能够通过数据分析和应用场景，提高设计和操作 MySQL 数据表的能力。

素质目标

1. 提升数据思维和计算思维能力。
2. 提高数据管理与分析的实践能力。
3. 增强安全意识和信息保护意识。
4. 培养责任意识与担当精神。
5. 培养批判性思维和创新素质。

知识导图

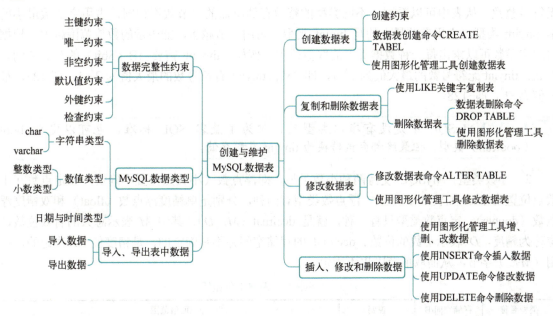

前导知识:MySQL 的数据类型及数据完整性约束

在数据库中,数据表是最重要的数据库对象,以记录(行)和字段(列)组成的二维结构存储数据。一个完整的表包括表结构和表数据两部分组成,先建立表结构,然后才能输入数据。

1. MySQL 的数据类型

数据表由多个字段构成,创建表时,需要为每张表的每个字段确定数据类型,以便限制或允许该列中存储的数据。例如:某列中存储的数据为数字,则该列对应的数据类型就应该为数值类型。MySQL 数据库使用不同的数据类型存储数据,数据类型的选择主要根据数据值的内容、大小、精度来选择。MySQL 提供的数据类型主要包括数值类型、字符串类型、日期与时间类型和特殊类型 4 种。

(1)数值类型

数值类型包括整数类型和小数类型。

1)整数类型:MySQL 主要提供 5 种整数类型,即 tinyint、smallint、mediumint、int、bigint,如表 3-1 所示,这些整数类型所占的字节数依次增加,存储的范围也依次增加。

表 3-1 整数类型及其取值范围

类型名称	存储空间/B	说明	取值范围(有符号)	范围(无符号)
tinyint	1	微整型	$-128 \sim 127$ $(-2^7 \sim 2^7-1)$	$0 \sim 255$ $(0 \sim 2^8-1)$
smallint	2	小整型	$-32\ 768 \sim 32\ 767$ $(-2^{15} \sim 2^{15}-1)$	$0 \sim 65\ 535$ $(0 \sim 2^{16}-1)$
mediumint	3	中整型	$8\ 388\ 608 \sim 8\ 388\ 607$ $(-2^{23} \sim 2^{23}-1)$	$0 \sim 16\ 777\ 215$ $(0 \sim 2^{24}-1)$
int	4	整型	$-2\ 147\ 483\ 648 \sim 2\ 147\ 483\ 647$ $(-2^{31} \sim 2^{31}-1)$	$0 \sim 4294\ 967\ 295$ $(0 \sim 2^{32}-1)$
bigint	8	大整型	$\pm 9.22 \times 10^{18}$ $(-2^{63} \sim 2^{63}-1)$	$0 \sim 1.84 \times 10^{19}$ $(0 \sim 2^{64}-1)$

整数类型的数，默认情况下既可以表示正整数又可以表示负整数，此时称为有符号整数，如果只希望表示零和正整数，可以使用无符号关键字 unsigned 对整数类型进行修饰，此时称为无符号整数。从表中可以看到，不同类型的整数存储所需的字节数不相同，占用字节数最小的是 tinyint 类型，占用字节最大的是 bigint 类型。占用字节越多，能表示的数值范围越大，根据占用字节数可以求出每一种数据类型的取值范围。例如，tinyint 需要 1B（8bit）的存储空间，那么，tinyint 无符号数的最大值为 2^8-1，即 255；tinyint 有符号数的最大值为 2^7-1，即 127，最小值为 -2^7，即 −128。

【说明】MySQL 中是没有布尔类型的，但为了兼容 SQL 标准，也可以定义 bool（boolean）类型，但最终都会被转换为 tinyint 类型存储。

2）小数类型：MySQL 支持两种小数类型，即浮点数（小数点位置不确定）和定点数（小数点位置确定），如表 3-2 所示。浮点数类型有两种，分别是单精度浮点数（float）和双精度浮点数（double），定点数类型只有一种，就是 decimal（M，D），其中 M 表示总共的有效位数，也称为精度，D 表示小数的位数。decimal 的存储空间并不是固定的，是精度值 M 决定的，占用（M+2）字节，从而取值范围也不固定。

表 3-2 小数类型及其取值范围

类型名称	存储空间/B	说明	取值范围
float	4	单精度浮点数	有符号值：−3.402 823 466E+38～−1.175 494 351E−38 无符号值：0 和 1.175 494 351E−38～3.402 823 466E
double	8	双精度浮点数	有符号值：−1.797 693 134 862 315 7E+308～−2.225 073 858 507 201 4E−308 无符号值：0 和 2.225 073 858 507 201 4E−308～1.797 693 1 34 862 3 1 5 7E+308
decimal(M，D)	M+2	定点数	由 M（整个数字的总有效位数，包括小数点左边和右边的位数，但不包括小数点和负号）和 D（小数点右边的位数）来决定，默认 M 为 10，D 为 0

如果存储精度较低的小数，则使用 float 类型，如果要求的存储精度较高，应使用 double 类型。浮点数类型（float 和 double）相对于定点数类型 decimal 的优势是，在长度一定的情况下，浮点数类型比定点数类型能表示更大的数据范围，其缺点是容易产生计算误差。decimal 在 MySQL 中是以字符串形式存储的，用于存储精度相对要求较高的数据（如货币、科学数据等）。两个浮点数据进行减法或比较运算时容易出现问题，如果进行数值比较，最好使用 decimal 类型。

（2）字符串类型

字符串类型用来存储字符串数据，MySQL 支持用以单引号或双引号包含的字符串，如 "MySQL"和'MySQL'表示的是同一个字符串。MySQL 支持的字符串类型如表 3-3 所示。

表 3-3 字符串类型

类型名称	存储空间	说明
char	0～255B	定长字符串
varchar	0～65 535B	变长字符串
tinytext	0～255B	短文本字符串
text	0～65 535B	一般文本数据
mediumtext	0～16 777 215B	中等长度文本数据
longtext	0～4 294 967 295B	长文本数据

（续）

类型名称	存储空间	说明
tinyblob	0～255B	不超过 255 个字符的二进制字符串
blob	0～65 535B	二进制形式的长文本数据
mediumblob	0～16 777 215B	二进制形式的中等长度文本数据
longblob	0～4 294 967 295B	二进制形式的极大文本数据
enum	枚举选项量：65 535	枚举：列只能赋值为某个枚举成员或 Null
set	元素数量：64	集合：列可以赋值为多个集合成员或 Null

常用的字符串类型包括以下几个。

1）定长字符串类型 char：通常定义成 char(n)的形式，n 表示字符串长度，n≤255。保存时若字符个数不足 n，则在右侧填充空格，以达到指定长度 n，查询之时再将空格去掉。所以，char 类型存储的字符串末尾不能有空格。用 SQL 语句定义表时，可不设置长度，默认 n 的值为 1。

2）变长字符串类型 varchar：通常定义成 varchar(n)的形式，n 表示定义的字符串长度，n≤65 535。保存时若实际字符个数为 L，则实际存储的字符串为 L 个字符和一个字符串结束符。varchar 类型在值保存和查询时不会删除尾部空格。用 SQL 语句定义表时，必须用（n）指定长度。将不同的字符串以 char(4)和 varchar(4)两种不同的类型存储，说明 char 和 varchar 之间的差别，如表 3-4 所示。

表 3-4 字符串类型

字符串值	char(4)	存储空间/B	varchar(4)	存储空间/B
'ab'	'ab '	4	'ab'	3
'abc'	'abc '	4	'abc'	4
'abcd'	'abcd'	4	'abcd'	5
'abcdefgh'	'abcd'	4	'abcd'	5

从对比结果可以看到，char(4)定义固定长度为 4 的字段时，无论存入的数据长度为多少，所占用的空间均为 4 字节；而 varchar(4)定义的字段所占的字节数为实际长度加 1，当超过允许的最大长度时，将超出部分丢弃。

3）文本类型：文本类型也是可变长度字符串类型，保存非二进制字符串，当保存或查询 text 类型的值时，不删除尾部空格。其存储空间需求取决于字符串值的实际长度，而不是最大可能尺寸。文本类型又分为 tinytext、text、mediumtext 和 longtext，不同种类的文本类型的存储空间和最大数据长度不同。

4）二进制大对象类型：用来存储可变数量的数据，如存放图片、声音、视频等，它又分为 tinyblob、blob、mediumblob 和 longblob，每种类型可容纳值的最大长度不同。

5）枚举类型 enum：enum 是一个字符串对象，列表中枚举出所有可能的值，enum 类型的字段在取值时只允许从枚举列表中取一个值，类似于单选按钮的功能。其语法格式为：<字段名> ENUM('值 1','值 2',…,'值 n')。例如，"性别"字段枚举定义 enum('男','女')，创建时成员就是枚举值，每个枚举值对应一个索引编号，其成员和对应索引编号如表 3-5 所示。

表 3-5 enum 类型"性别"的成员和索引编号

成员	索引编号
Null	Null
''	0
'男'	1
'女'	2

6）集合类型 set：与 enum 类型的不同之处在于，set 类型的字段在取值时允许在集合列表中取多个值，类似于复选按钮的功能。在需要取多个值的时候，例如要存储一个人的兴趣爱好时，适合使用 set 类型。enum 类型在枚举列表中最多可以包含 65 535 个元素，而 set 类型在集合中最多可以包含 64 个元素。

（3）日期与时间类型

MySQL 的日期与时间类型较为丰富，能表达多种格式的日期与时间信息，主要支持的日期时间型数据有 year、time、date、datetime 和 timestamp 共 5 种。MySQL 日期与时间类型数据与字符串的表示方法相同，需要用单引号或双引号括起来，每一个日期与时间类型都有相应的格式与合法的取值范围，如表 3-6 所示。

表 3-6 日期与时间类型

类型名称	日期格式	日期范围	存储空间/B	说明
year	yyyy	1901～2155	1	年份值
time	hh:mm:ss	-838:59:59～838:59:59	3	时间值或持续时间
date	yyyy-mm-dd	1000-01-01～9999-12-3	3	日期值
datetime	yyyy-mm-dd hh:mm:ss	1000-01-01 00:00:00～9999-12-31 23:59:59	8	混合日期和时间值
timestamp	yyyy-mm-dd hh:mm:ss	1970-01-01 00:00:01 utc～2038-01-1 903:14:07 utc	4	混合日期和时间值，时间戳

【说明】如果只需要存储年份，则使用 year 类型即可；如果只记录时间，只需使用 time 类型即可；如果同时需要存储日期和时间，则可以使用 datetime 或 timestamp 类型，存储范围较大的日期最好使用 datetime 类型。timestamp 类型具有 datetime 类型不具备的属性，默认情况下，当插入一条记录但并没有给 timestamp 类型字段指定具体的值时，MySQL 会把 timestamp 字段设置为当前的时间。因此当需要同时插入记录和当前时间时，使用 timestamp 类型更方便。

timestamp 与 datetime 类型除了存储空间和支持的范围不同外，还有一个最大的区别：datetime 在存储日期数据时，按实际输入的格式存储，即输入什么就存储什么，与时区无关。timestamp 值的存储是以 utc（协调世界时）格式保存的，存储时对当前时区进行转换，检索时再转换回当前时区，即查询时，根据当前时区的不同，显示的时间值是不同的。

（4）特殊类型

MySQL 还支持一些特殊的数据类型，如空间数据类型和 JSON 类型。

1）空间数据类型是一种特殊的数据类型，它允许在数据库中存储和查询地理空间数据。MySQL 根据开放式地理信息系统协会（Open GIS Consortium，OGC）的定义，提供空间数据的数据类型、空间函数进行数据操作。常用的空间数据类型包括 point（点）、linestring（线）、polygon（多边形）、geometry 等，其中 geometry 是通用的几何值类型，可以存储任何点、线和多边形值。

2）JSON 类型：MySQL 从 5.7.8 版本后引入了 JSON 数据类型以及 JSON 函数，可以有效地访问 JSON 格式的数据。

2. 数据完整性约束

数据完整性约束指的是为防止不符合约束的数据进入数据库，在用户对数据进行插入、修改、删除等操作时，DBMS 自动按照一定的约束条件对数据进行监测，使不符合规范的数据无法进入数据库,以确保数据库中存储的数据正确、有效、相容。

【中国智慧】《孟子·离娄章句上》:"不以规矩,不能成方圆。"比喻为人做事,没有法规的制约,就难入正轨,强调了规范的重要性。同样的道理,数据库管理中也需要规则和约束,去帮助数据库管理员更好地管理数据库。而作为学校的学生和国家的公民,我们每个人首先都要遵守社会规则和法律法规,才能成就自己较高的职业素质和道德规范。

关系数据库有 4 类完整性约束:实体完整性、域完整性、参照完整性和用户自定义完整性,如表 3-7 所示。

表 3-7 数据完整性约束类型与实现方法

数据完整性约束类型	含义	实现方法
实体完整性 (Entity Integrity)	保证表中每一行数据在表中都是唯一的,即必须至少有一个唯一标识以区分不同的记录	主键约束、唯一约束、唯一索引等
域完整性 (Domain Integrity)	限定表中输入数据的数据类型与取值范围	默认值约束、检查约束、外键约束、非空约束、数据类型等
参照完整性 (Referential Integrity)	在数据库中进行添加、修改和删除数据时,要维护表间数据的一致性,即包含主键的主表和包含外键的从表的数据应对应一致	外键约束、检查约束、触发器(Trigger)、存储过程(Procedure)等
用户自定义完整性 (User-defined Integrity)	实现用户某一特殊要求的数据规则或格式	默认值约束、检查约束等

主要通过在表中添加主键约束、唯一约束、非空约束、默认值约束、外键约束和检查约束来实现数据完整性约束。

(1)主键约束(PRIMARY KEY)

主键约束是指在表中定义一个主键,它的值用于唯一标识表中的每一行数据。主键约束使用关键字 PRIMARY KEY 来实现,其值不能为 Null 值,也不能重复,以此来保证实体完整性,消除数据表冗余数据。一个数据表只能有一个主键约束(可以是由多个字段组成的复合主键),由于主键约束可保证数据的唯一性,因此经常对标识字段定义这种约束。例如,在"学生表"中,"学号"字段的取值唯一且非空,因此"学生表"的主键可设置为"学号"字段。可以在创建数据表时定义主键约束,也可以修改现有数据表的主键约束。

(2)唯一约束(UNIQUE)

一个数据表只能有一个主键,如果有多个字段或者多个字段组合都需要实施数据唯一性,就可以采用唯一约束。可以对一个数据表定义多个唯一约束,唯一约束允许为 Null 值,但每个唯一约束字段只允许存在一个 Null 值。例如,在"课程表"中,为了避免课程名称重复,就可以将"课程名称"字段设置为唯一约束。

(3)非空约束(NOT NULL)

指定为 NOT NULL 的字段不能输入 Null 值,Null 值不同于零、空格或者长度为 0 的字符串,数据表中出现 Null 值通常表示值未知或未定义。例如,在"学生表"中,可以为"姓名"字段设置非空约束,避免出现姓名为空的情况。在创建数据表时,默认情况下,如果在数据表中不指定非空约束,那么数据表中所有字段都可以为空。

(4)默认值约束(DEFAULT)

默认值约束用来约束当数据表中的某个字段不输入值时,自动为其添加一个已经设置好的值。DEFAULT 约束定义的默认值仅在执行 INSERT 操作插入数据时生效,一个字段最多有一个默认值,其中包括 Null 值。例如,可以将"学生表"中的"性别"字段设置默认值(DEFAULT)约束,默认值设置为"男",如果向学生表插入一条新的学生记录时没有为性别字段赋值，那么系统会自动为这个字段赋值为"男"。

（5）外键约束（FOREIGN KEY）

外键约束保证了数据库中各个数据表中数据的一致性和正确性。将一个数据表的一个字段或字段组合定义为引用其他数据表的主键字段，则引用该数据表主键字段的这个字段或字段组合就称为外键。被引用的数据表称为主键约束表，简称为主表；引用表称为外键约束表，简称为从表。可以在创建数据表时直接创建外键约束，也可以对现有数据表中的某一个字段或字段组合添加外键约束。

（6）检查约束（CHECK）

检查约束用于检查输入数据的取值是否有效，只有符合检查约束的数据才能输入。在一个数据表中可以创建多个检查约束，在一个字段上也可以创建多个检查约束，只要它们不相互冲突即可。MySQL 不直接支持检查约束，在 MySQL 中需要用触发器来实现检查约束。

3.1 创建数据表及其约束

在数据库中，数据表是最重要、最基本的操作对象，是数据存储的基本单位。数据表被定义为列的集合，数据在数据表中是按照行和列的格式来存储的，每一行代表一条记录，每一列代表记录中的一个域，称为字段。

在创建完数据库之后，接下来的工作就是创建数据表。所谓创建数据表，指的是在已经创建好的数据库中建立新表。创建数据表的过程是规定数据列的属性的过程，同时也是实施数据完整性（包括实体完整性、域完整性和参照完整性等）约束的过程。

3.1.1 任务 3-1 分析并设计数据表的结构及约束

【任务描述】

根据对学生成绩管理数据库 studb 功能的分析，在数据库中设计了 3 张数据表，分别是学生表 student、课程表 course 和成绩表 score，现要求为学生成绩管理数据库 studb 中的各个表设计逻辑结构及约束。

3.1.1
任务 3-1 分析并设计数据表的结构及约束

【任务分析与知识储备】

在创建表之前，应该先确定各表的逻辑结构，也就是表中都有哪些字段，这些字段的名称、数据类型及其长度，以及是否要使用约束或其他限制。

1. 数据表的逻辑结构及约束

表的逻辑结构主要是指表拥有哪些字段及这些字段所具有的特性，这些特性具体如下。

1）每个字段的名称、数据类型及其长度、精度、小数位数。
2）是否允许为 Null 值。
3）哪些列为主键，哪些列为外键。
4）是否要使用及何时使用约束、默认值或其他限制。
5）需要在哪些字段上建立索引及索引的类型。

2. 表中字段的属性

表中字段的属性如表 3-8 所示。

表 3-8 字段的属性

字段的属性	含义
NULL	字段可包含 Null 值，Null 通常表示未知、不可用或将在以后添加的数据。如果一个字段允许为 Null 值，则向数据表中输入记录值时可以不为该字段赋予具体值
NOT NULL	字段不允许包含 Null 值，即向数据表中输入记录值时必须赋予该字段的具体值
DEFAULT	默认值
PRIMARY KEY	主键
AUTO_INCREMENT	自动递增，适用于整数类型，在 MySQL 中设置为 AUTO_INCREMENT 约束的字段初始值是 1，每新增一条记录，字段值自动加 1。一个数据表只能有一个字段使用 AUTO_INCREMENT 约束
UNSIGNED	无符号
CHARACTER SET<字符集名>	指定一个字符集

【任务实施】

1. 分析各表中数据的特征，确定相应的数据类型

分析学生成绩管理数据库 studb 中 3 张表（学生表 student、课程表 course 和成绩表 score）中数据的特征，部分数据见表 3-9～表 3-11，结合 MySQL 支持的数据类型，确定表中各字段的数据类型。

表 3-9 学生表 student 的部分数据

学号（sno）	姓名（sname）	性别（sex）	出生日期（birthday）	系别（dept）	班级（class）
23000101	范紫嫣	女	2004/3/31	信息工程系	22 大数据 1
23000102	冯媛媛	女	2004/4/13	信息工程系	22 大数据 1
23000103	高兴甜	女	2005/2/9	信息工程系	22 大数据 1
23000104	葛湘嫒	女	2005/1/7	信息工程系	22 大数据 1
23000105	贾一帆	男	2005/8/29	信息工程系	22 大数据 1
23000201	井若若	女	2005/8/4	信息工程系	22 大数据 2
23000202	李梦格	男	2005/9/17	信息工程系	22 大数据 2
23000203	李文慧	女	2005/7/25	信息工程系	22 大数据 2
23000204	刘灿灿	男	2005/1/20	信息工程系	22 大数据 2
23000205	齐甜甜	女	2005/2/5	信息工程系	22 大数据 2
23001101	路一笑	男	2005/8/25	信息工程系	22 软件 1
23001102	时璐	女	2005/2/2	信息工程系	22 软件 1
23001103	孙慧慧	女	2005/9/22	信息工程系	22 软件 1
23001104	张静雯	女	2005/9/2	信息工程系	22 软件 1
23001105	张文阁	男	2005/6/19	信息工程系	22 软件 1
23002101	董福喜	男	2004/8/31	信息工程系	22 计算机 1
23002102	董凯	男	2004/2/16	信息工程系	22 计算机 1
23002103	洪图	男	2004/3/5	信息工程系	22 计算机 1
23002104	侯佳昊	男	2004/1/18	信息工程系	22 计算机 1
23002105	李正雨	女	2004/6/20	信息工程系	22 计算机 1
23002106	刘浩	男	2004/2/5	信息工程系	22 计算机 1

表 3-10 课程表 course 的部分数据

课程编号（cno）	课程名称（cname）	考核类型（ctype）	学分（credit）	备注（remark）
1001	信息技术	选修	3	
1002	应用数学	必修	3	
1003	创业教育	必修	3	
1004	音乐鉴赏	选修	2	
1005	美术鉴赏	选修	2	
1006	中华优秀传统文化	选修	3	
1007	思想道德与法治	必修	4	
1008	体育	必修	3	
1101	MySQL 数据库应用	必修	5	
1102	JavaScript 技术	必修	4	
1103	Python 程序设计	必修	4	

表 3-11 成绩表 score 的部分数据

序号（id）	学号（sno）	课程编号（cno）	成绩（grade）	学生所得学分（stu_credit）
1	23000101	1001	88	3
2	23000101	1002	60	3
3	23000101	1004	88	2
4	23000101	1101	74	5
5	23000101	1102	86	4
6	23000102	1001	74	3
7	23000102	1002	89	3
8	23000102	1004	92	2
9	23000102	1101	97	5
10	23000102	1102	99	4
11	23000103	1001	69	3
12	23000103	1002	65	3
13	23000103	1004	92	2
14	23000103	1101	89	5
15	23000103	1102	78	4
16	23000104	1001	88	3
17	23000104	1002	62	3
18	23000104	1005	64	2
19	23000104	1101	65	5
20	23000104	1102	65	4
21	23000105	1001	82	3
22	23000105	1002	65	3
23	23000105	1005	55	0
24	23000105	1101	92	5
25	23000105	1102	74	4
26	23000201	1001	91	3
27	23000201	1002	67	3

（续）

序号（id）	学号（sno）	课程编号（cno）	成绩（grade）	学生所得学分（stu_credit）
28	23000201	1005	76	2
29	23000201	1101	69	5
30	23000201	1102	91	4
31	23000203	1001	60	3
32	23000203	1002	60	3
33	23000203	1004	88	2
34	23000203	1101	74	5
35	23000203	1102	91	4
36	23000204	1001	89	3
37	23000204	1002	73	3
38	23000204	1004	74	2

分析数据后按照数据类型对数据进行分类汇总，如表 3-12 所示。

表 3-12 学生表 student 的逻辑结构

数据类型		字段（列）名称
数值型	整数	学分（credit）、成绩（grade）、学生所得学分（stu_credit）、序号（id）（自动递增、无符号数）
字符型	固定长度	学号（sno）、课程编号（cno）
	可变长度	姓名（sname）、系别（dept）、班级（class）、课程名称（cname）、备注（remark）
日期与时间型		出生日期（birthday）
枚举型		性别（sex）、考核类型（ctype）

2．设计表结构及约束

根据分析好的数据类型，结合对数据完整性的要求，合理选择主键、外键、唯一、默认值等约束，确定学生成绩管理数据库 studb 中 3 张表（学生表 student、课程表 course 和成绩表 score）的逻辑结构如表 3-13～表 3-15 所示。

表 3-13 学生表 student 的逻辑结构

字段名	数据类型	长度	是否允许为空	约束	注释
sno	char	10	否	主键	学号
sname	varchar	20	否		姓名
sex	enum ('男','女')		是	默认值为'男'	性别
birthday	date		是		出生日期
dept	varchar	20	是		系别
class	varchar	20	是		班级

表 3-14 课程表 course 的逻辑结构

字段名	数据类型	长度	是否允许为空	约束	注释
cno	char	6	否	主键	课程编号
cname	varchar	20	否		课程名称
ctype	enum ('必修','选修')		是		考核类型
credit	tinyint		是		学分
remark	varchar	100	是		备注

表 3-15　成绩表 score 的逻辑结构

字段名	数据类型	长度	是否允许为空	约束	注释
id	int（自动递增、无符号数）		否	主键	序号
sno	char	10	否	外键（引用 student 表 sno）	学号
cno	char	6	否	外键（引用 course 表 cno）	课程编号
grade	tinyint		否		成绩
stu_credit	tinyint		是		学生所得学分

【任务总结】

数据表设计主要包括字段名称、数据类型和字段属性的设置。在关系数据库中，为了确保数据的一致性和完整性，在创建表时除了必须指定字段名称、数据类型和字段属性外，还需要使用约束、索引、主键和外键等功能属性来保证数据的完整性。

3.1.2　任务 3-2　使用图形化管理工具创建数据表

【任务描述】

根据任务 3-1 中学生表 student 表结构的设计，使用图形化管理工具 Navicat 在 studb 数据库中创建学生表 student。

3.1.2
任务 3-2　使用图形化管理工具创建数据表

【任务分析与知识储备】

创建数据库以后，选定这个新创建的数据库作为当前默认的数据库，然后就可以在该数据库中创建数据表了。

根据任务 3-1 中的分析和设计，学生表 student 中包括 6 个字段：

① 学号字段 sno，定长字符串型，长度为 10，主键，不允许为空值；
② 姓名字段 sname，变长字符串型，长度为 20，不允许为空值；
③ 性别字段 sex，enum 类型，值只能取"男"和"女"这两个值之一，并且设置了默认值为"男"；
④ 出生日期字段 birthday，date 类型，采用默认长度；
⑤ 系别字段 dept，变长字字符型，长度为 20；
⑥ 班级字段 class，变长字符串型，长度为 20；
在表设计窗口中可以分别设置各字段的参数并保存表结构。

【任务实施】

1）打开图形化管理工具 Navicat，双击打开已创建的连接对象 MySQL，再双击数据库名 studb，打开数据库。

2）如图 3-1 所示，在"表"上单击鼠标右键，在快捷菜单中选择"新建表"命令，或者直接单击"新建表"按钮，打开表设计窗口。如图 3-2 所示，表设计窗口中的"名"就是数据表的字段名，"类型"是字段值的类型，"不是 null"用来设置该字段中的值是否可以为空；可以单击"添加字段"按钮为表新增字段，并设置各字段参数。

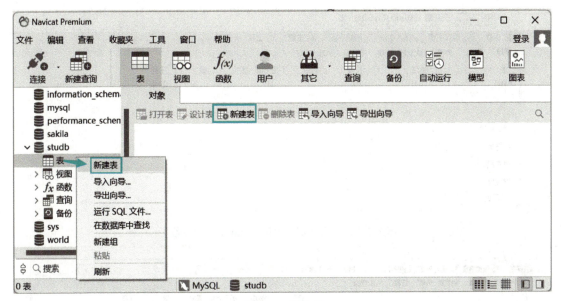

图 3-1 新建表

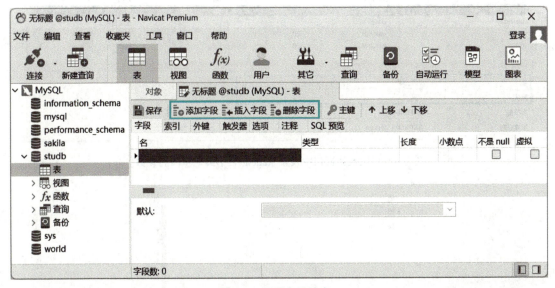

图 3-2 打开表设计窗口

3）在表设计窗口中单击"名"输入栏，输入学号字段的字段名"sno"，在"类型"输入栏下拉列表中选择"char"，在"长度"输入栏中输入"10"，选中"不是 null"复选框设置非空值的约束，单击"键"输入栏后该栏会出现一个钥匙图标，说明选择该字段为主键约束字段，在"注释"输入栏可输入相应的注释，如图 3-3 所示。

4）在表设计窗口的工具栏中单击"添加字段"按钮，添加空白字段，按照类似方法，继续设置表中其他字段的参数，如图 3-4 所示。由于性别字段 sex 采用了 enum 类型，因此还需要在下方的"值"输入栏中输入所有可能的取值，方法是单击"值"输入栏后面的"…"按钮，在弹出的对话框中添加"男"和"女"这两个值，如图 3-5 所示。另外，性别字段 sex 设置了默认值为"男"，所以还需要在下方的"默认"输入栏中输入"男"这个值。

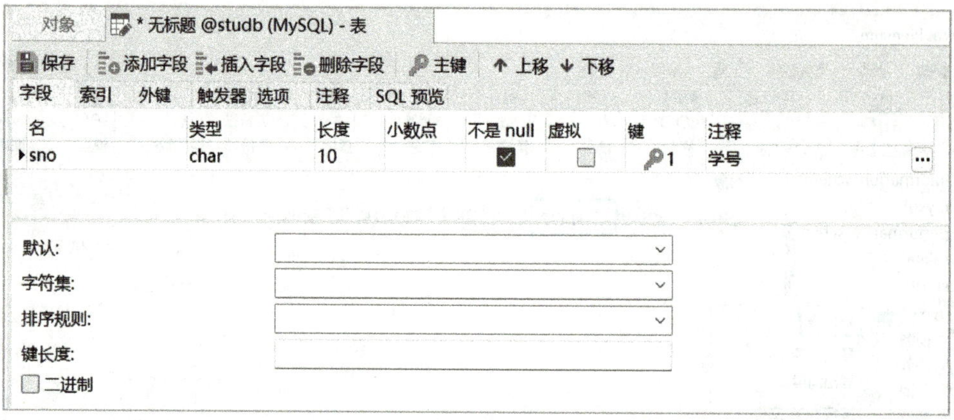

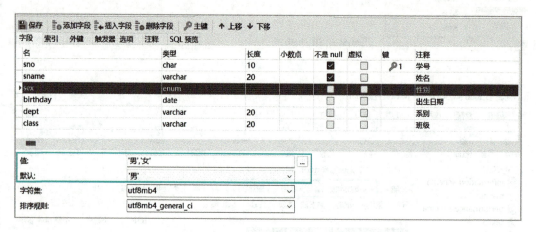

图 3-3　在表设计窗口中设置 sno 字段的参数

图 3-4　在表设计窗口中设置 student 表中其他字段的参数

图 3-5　为 sex 字段设置所有可能的取值

5）如有需要，还可以切换到其他选项卡中设置"索引""外键""触发器"等，如图 3-6 所示。而切换到"SQL 预览"选项卡后，可以查看系统根据刚才的操作自动生成的创建 student 表的 SQL 命令，如图 3-7 所示。

图 3-6 其他选项卡

图 3-7 查看 SQL 预览

6)所有参数设置完毕后,单击"保存"按钮,或者选择"文件"菜单中的"保存"命令,或者使用快捷键〈Ctrl+S〉,弹出"表名"对话框,如图 3-8 所示,输入"student"后单击"确定"按钮保存表结构,完成表的创建。

7)表创建完成后,可以在左侧树形目录中 studb 数据库中查看新创建的 student 表,如图 3-9 所示。

图 3-8 保存表名为 student   图 3-9 查看新建的 student 表

【小贴士】一个表中只能有一个主键,因此,在设置主键时,如果是复合主键,则需要同时选中复合主键包括的全部字段名后,再设置主键,此时复合主键包括的所有字段后都会出现钥匙图标,但并不代表表中存在多个主键。

【任务总结】

由于使用的是图形化管理工具 Navicat,所有的操作都是在图形化界面中完成的,虽然效率没有用命令语句那么高,但是比用语句创建表要直观得多,对帮助初学者理解 MySQL 数据库中的数据表还是非常有效果的。

3.1.3 任务 3-3 使用 CREATE TABLE 语句创建数据表

【任务描述】

根据任务 3-1 中各表结构的设计,使用 CREATE TABLE 语句在 studb 数据库中创建数据表。

3.1.3
任务 3-3 使用 CREATE TABLE 语句创建数据表

1）在 Navicat 的命令列界面中，使用命令创建学生表 student（sno，sname，sex，birthday，dept，class），设置学号字段 sno 为主键，学号字段 sno、姓名字段 sname 不允许为空，性别字段 sex 为 enum 类型，默认值为"男"。

2）在 Navicat 的查询窗口中，使用命令创建课程表 course（cno，cname，ctype，credit，remark），设置课程编号字段 cno 为主键，课程编号字段 cno、课程名称字段 cname 不允许为空，考核类型字段 ctype 为 enum 类型。

3）在 Navicat 的查询窗口中，使用命令创建成绩表 score（id，sno，cno，grade，stu_credit），设置序号字段 id 为主键、自动增长、无符号数，设置除 stu_credit 字段之外的所有字段都不允许为空。

【任务分析与知识储备】

数据表属于数据库，在创建数据表之前，应该使用语句"USE <数据库名>"指定创建表的操作是在哪个数据库中进行，如果没有选择数据库，则会抛出"NO DATABASE SELECTED"的错误提示。

1. CREATE TABLE 语句的语法格式

在 Navicat 的命令列界面中，创建数据表使用 CREATE TABLE 语句，其语法格式为：

```
CREATE TABLE[IF NOT EXISTS]<表名>  (
<字段名 1>,<数据类型>[<列级别约束条件>][<默认值>],
<字段名 2>,<数据类型>[<列级别约束条件>][<默认值>]
[,<表级别约束条件>]
)[存储引擎] [表字符集];
```

语法说明：

1）数据表的名称不区分大小写，必须符合 MySQL 标识符的命名规则，不能使用 SQL 语言中的关键字。

2）字段（列）定义包括指定名称和数据类型，有的数据类型需要指定长度 n，并用括号括起来。如果创建多个字段，要用半角逗号","分隔。

3）IF NOT EXISTS：若在创建数据表前加这个判断，则只有该表目前尚不存在时才执行 CREATE TABLE 命令，避免出现重复创建数据表的情况。

4）列级别约束和表级别约束条件的约束效果相同，主要包括主键约束、外键约束、非空约束、唯一约束和默认值约束等。但是书写位置不同，列级别约束直接跟在字段定义后面，而表级别约束是在所有字段定义结束后，用逗号与字段定义分开，作为独立项定义的约束。

5）存储引擎、表字符集主要涉及表数据如何存储，一般不必指定，采用默认值即可。

2. 创建数据表的同时定义约束

（1）定义主键约束的语法格式

在创建数据表时设置主键约束，既可以为数据表中的一个字段设置主键，又可以为数据表中的多个字段设置复合主键。但不论使用哪种方法，在一个数据表中只能有一个主键。

1）在定义字段的同时指定一个字段为主键的语法格式为：

```
<字段名><数据类型> PRIMARY KEY [默认值]
```

2）在定义完所有字段之后指定一个字段为主键的语法格式为：

```
[CONSTRAINT <约束名>] PRIMARY KEY (<字段名>)
```

3）在定义完所有字段之后指定多个字段为组合主键的语法格式为：

  [CONSTRAINT <主键约束名>] PRIMARY KEY(<字段名 1>,<字段名 2>,…<字段名 N>)

当主键是由多个字段组成的复合主键时，不能直接在这些字段名后面声明列级别主键约束，而要把主键定义为表级别主键约束。

（2）定义外键约束的语法格式

  [CONSTRAINT <外键约束名称>] FOREIGN KEY(<字段名 1>[,<字段名 2>,…]) REFERENCES <主表名>(<主键字段 1>[,<主键字段 2>,…])

外键用来在两个表的数据之间建立连接，它可以是一列或者多列。一个表可以有一个或多个外键。外键对应的是参照完整性，一个表的外键可以为空值，若不为空值，则每一个外键值必须对应另一个表中主键的某个值。

（3）定义非空约束的语法格式

  <字段名> <数据类型> NOT NULL

对于使用了非空约束的字段，如果用户在添加数据时没有指定值，数据库系统会报错。

（4）定义唯一约束

唯一约束与主键约束的主要区别：一个数据表中可以有多个字段声明为唯一约束，但只能有一个字段声明为主键；声明为主键的字段不允许为空值，声明为唯一约束的字段允许空值的存在，但是只能有一个空值。唯一约束通常设置在主键以外的其他字段上。唯一约束创建后，系统会默认将其保存到索引中。

在定义完字段之后直接指定唯一约束的语法格式为：

  <字段名><数据类型> UNIQUE

在定义完所有字段之后指定唯一约束的语法格式为：

  [CONSTRAINT <唯一约束名>] UNIQUE(<字段名>)

（5）定义默认值约束

  <字段名> <数据类型> DEFAULT <默认值>

在 DEFAULT 关键字后面为该字段设置默认值，如果默认值为字符类型，则用半角单引号括起来。

（6）定义字段值自动增长

如果要在数据表中插入新记录时自动生成字段的值，则可以通过 AUTO_INCREMENT 关键字来实现。在 MySQL 中，AUTO_INCREMENT 的初始值是 1，每新增一条记录，字段值自动加 1。一个表只能有一个字段使用 AUTO_INCREMENT，且该字段必须为主键或主键的一部分。设置为 AUTO_INCREMENT 约束的字段可以是任何整数类型。定义 AUTO_INCREMENT 约束的语法格式为：

  <字段名><数据类型> AUTO_INCREMENT

【任务实施】

1. 创建学生表 student

1）由于在任务 3-2 中已经创建了一个名为 student 的数据表，再创建同名数据表会冲突，这里先删除 student 表，如图 3-10 所示（在表名上单击右键，在快捷菜单中选择"删除表"命令），再练习用命令的方式重新创建学生表 student。

2）打开图形化管理工具 Navicat，双击打开已创建的连接对象 MySQL，选择"工具"菜单中的"命令列界面"命令，或者使用快捷键〈F6〉，打开命令列界面，在命令列界面输入命令"use studb;"，选择 studb 为当前数据库，如图 3-11 所示。

图 3-10　删除学生表 student　　　　　　　　图 3-11　选择 studb 为当前数据库

3）在"mysql>"后面输入并执行如下命令语句创建学生表 student，确认输入无误后按〈Enter〉键执行命令语句。执行语句后出现运行成功的提示信息"Query OK, 0 rows affected"，如图 3-12 所示。

```
CREATE TABLE student (
    sno char(10) NOT NULL COMMENT '学号' PRIMARY KEY,
    sname varchar(20) NOT NULL COMMENT '姓名',
    sex enum('男','女') NULL DEFAULT '男' COMMENT '性别',
    birthday date NULL COMMENT '出生日期',
    dept varchar(20) NULL COMMENT '系别',
    class varchar(20) NULL COMMENT '班级'
);
```

图 3-12　在 Navicat 的命令列界面中创建学生表 student

2. 创建课程表 course

1）打开图形化管理工具 Navicat，双击打开已创建的连接对象 MySQL，再双击数据库名打开数据库 studb。单击"新建查询"按钮，如图 3-13 所示，打开查询窗口，此查询窗口的当前可用数据库为 studb。

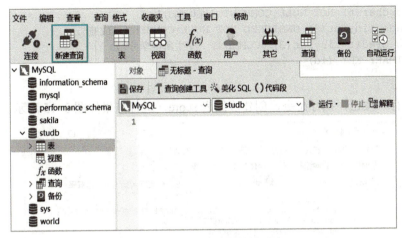

图 3-13　在 Navicat 中新建查询窗口

2）在查询窗口中输入以下命令：

```
CREATE TABLE course  (
  cno char(6)  NOT NULL COMMENT '课程编号' PRIMARY KEY ,
  cname varchar(20)  NOT NULL COMMENT '课程名称',
  ctype enum('必修','选修') COMMENT '考核类型',
  credit tinyint(4) COMMENT '学分',
  remark varchar(100) COMMENT '备注'
  );
```

单击"运行"按钮，执行命令，创建课程表 course，运行结果如图 3-14 所示。

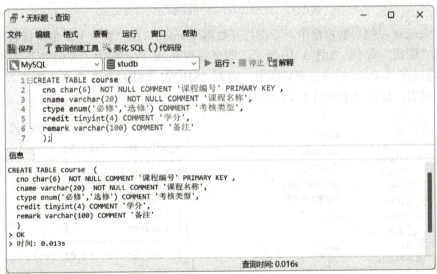

图 3-14　在查询窗口中创建课程表 course

3. 创建成绩表 score

1）在查询窗口中输入以下命令：

```
CREATE TABLE score  (
  id int(10) UNSIGNED NOT NULL AUTO_INCREMENT COMMENT '序号',
  sno char(10) NOT NULL COMMENT '学号',
```

```
    cno char(6) NOT NULL COMMENT '课程编号',
    grade tinyint(3) UNSIGNED NOT NULL COMMENT '成绩',
    stu_credit tinyint(3)  COMMENT '学生所得学分',
    PRIMARY KEY (id)
);
```

单击"运行"按钮，执行命令，创建成绩表 score，运行结果如图 3-15 所示。

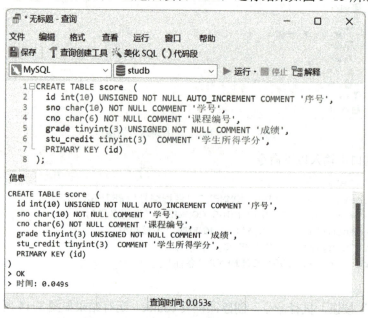

图 3-15　在查询窗口中创建成绩表 score

2）在 Navicat 左侧导航窗格中，双击打开数据库 studb，在"表"上单击鼠标右键，选择快捷菜单中的"刷新"命令，如图 3-16 所示，即可看到 studb 数据库中已经创建了三张表。

3）也可以在 Navicat 的命令列界面中，输入"SHOW TABLES;"命令，查看 studb 数据库中已有的数据表，运行结果如图 3-17 所示。

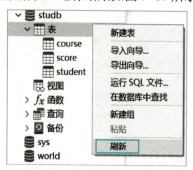

图 3-16　刷新后查看 studb 数据库中用命令创建的表

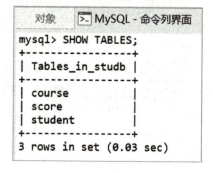

图 3-17　使用 SHOW TABLES 命令查看 studb 数据库中已有的数据表

【任务总结】

表是重要的数据库对象，表的创建需要定义表的名称、字段名称、每个字段的数据类型、长度以及约束。约束包括是否允许空值（NOT NULL）、设置自增属性（AUTO_INCREMENT）、设置索引（UNIQUE）、设置主键（PRIMARY KEY）等。用 CREATE TABLE 命令创建表时，应注意字段名和数据类型等参数的设置，并合理选用约束。

3.2 复制和删除数据表

在 MySQL 中，除新建数据表之外，还可以通过复制数据库中已有表的结构和数据的方法创建一个数据表。当不再需要某个表时，可以把它删除。

3.2.1 任务 3-4 复制数据表

【任务描述】

3.2.1 任务 3-4 复制数据表

在图形化管理工具 Navicat 中，练习复制数据表的操作。

1）使用 Navicat 复制数据表 student，生成一张新的数据表 student_copy1。

2）使用 CREATE TABLE…LIKE 语句复制数据表 student，生成一张新的数据表 student_copy2。

【任务分析与知识储备】

在 MySQL 中，可以用 Navicat 或者使用 CREATE TABLE…LIKE 语句完成复制数据表的操作。

复制数据表使用 CREATE TABLE…LIKE 语句，其语法格式为：

```
CREATE TABLE <新表名> LIKE <旧表名>;
```

可以把旧表的表结构、索引、默认值等都复制到新表中。

【任务实施】

1. 使用 Navicat 复制数据表 student

打开图形化管理工具 Navicat，双击打开已创建的连接对象 MySQL，再次双击数据库列表中的 studb，打开该数据库。在数据表对象中的"student"上单击鼠标右键，在快捷菜单中选择"复制表"|"结构和数据"命令，如图 3-18 所示，即可复制出数据表 student_copy1。

2. 使用命令复制数据表 student

在查询窗口中输入以下命令：

```
CREATE TABLE student_copy2 LIKE student;
```

单击"运行"按钮，执行命令，复制出数据表 student_copy2，运行结果如图 3-19 所示。

【小贴士】使用图形化管理工具方式复制表时，如果选择的是"结构和数据"，则可以把数据表的结构和表中存储的数据一并复制到新表中；如果选择的是"仅结构"，则只复制表结构，不会复制数据。而使用 CREATE TABLE…LIKE 语句复制表时，仅能复制表结构。

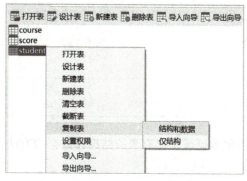

图 3-18　使用 Navicat 复制数据表

图 3-19　使用命令复制数据表

【任务总结】

使用 CREATE TABLE … LIKE 语句复制表时，表的表结构、索引、默认值等都会复制到新表中。使用图形化管理工具复制表时，可以选择只复制表结构，也可以选择既复制表结构又复制表中数据。

3.2.2　任务 3-5　删除数据表

【任务描述】

在图形化管理工具 Navicat 中，练习删除数据表的操作。
1）使用 Navicat 删除数据表 student_copy1。
2）使用 DROP TABLE 语句删除数据表 student_copy2。

【任务分析与知识储备】

删除某个表时，可以用 Navicat 或者使用 DROP TABLE 语句完成删除表的操作。

删除数据表使用 DROP TABLE 语句，其语法格式为：

```
DROP TABLE [IF EXISTS] <表名>;
```

可选参数"IF EXISTS"用于在删除前判断删除的表是否存在，加上该参数后，在删除表的时候，如果表不存在，虽然 SQL 语句可以顺利执行，但是会发出警告（WARNING）。

1. 使用 Navicat 删除数据表 student_copy1

1）打开图形化管理工具 Navicat，双击打开已创建的连接对象 MySQL，再次双击数据库列表中的 studb，打开该数据库。在数据表列表中的"student_copy1"上单击鼠标右键，在快捷菜单中选择"删除表"命令（或者单击工具栏中的"删除表"按钮），如图 3-20 所示。

2）弹出"确认删除"提示对话框，单击"删除"按钮，即可完成对 student_copy1 的删除，如图 3-21 所示。

2. 使用命令删除数据表 student_copy2

在查询窗口中输入以下命令：

```
DROP TABLE student_copy2;
```

单击"运行"按钮，执行命令，即可删除数据表 student_copy2，运行结果如图 3-22 所示。

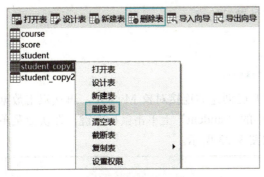

图 3-20　删除数据表

图 3-21　确定删除数据表 student_copy1

图 3-22　使用命令删除数据表 student_copy2

【任务总结】

删除一个表时，表中所有数据也会同时被删除，因此删除表时一定要慎重。

3.3　修改表结构

修改表结构主要包括添加新字段，删除原有字段，修改原有字段的字段名、数据类型，修改表中约束等。

3.3.1　任务 3-6　使用图形化管理工具修改数据表

【任务描述】

3.3.1
任务 3-6　使用图形化管理工具修改数据表

在图形化管理工具 Navicat 中修改学生表 student 的表结构。

1）在学生表 student 中增加新字段 total_credits，用来存储学生的总学分。

2）为成绩表 score 的学号字段 sno 创建基于学生表 student 学号字段 sno 的外键。

3）删除创建的外键。

【任务分析与知识储备】

可以在表设计窗口中添加字段、插入字段、删除字段；可以修改某字段的名称、数据类型、长度；还可以修改默认值、非空、主键、外键等约束。

【任务实施】

1. 在学生表 student 中增加新字段 total_credits

1）打开图形化管理工具 Navicat，双击打开已创建的连接对象 MySQL，再次双击数据库列表中的 studb，打开该数据库。在数据表对象中的"student"上单击鼠标右键，在快捷菜单中选择"设计表"命令，即可打开表设计窗口，如图 3-23 所示。

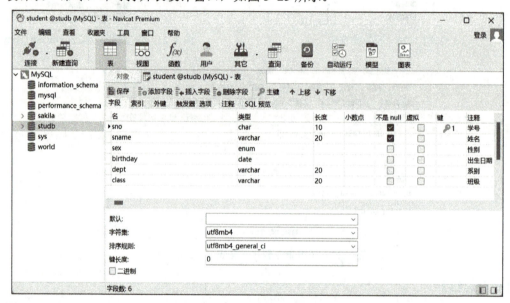

图 3-23 打开表设计窗口

2）单击工具栏中的"添加字段"按钮，在最后一行新增一个字段 total_credits，设置数据类型为 tinyint、无符号数，注释填写为"总学分"，如图 3-24 所示。确定相关设置后，单击工具栏中的"保存"按钮，保存对表所做的修改。

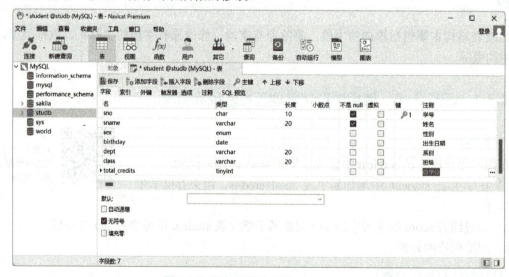

图 3-24 添加总学分字段 total_credits

2. 为成绩表 score 的学号字段 sno 创建外键

1）打开图形化管理工具 Navicat，双击打开已创建的连接对象 MySQL，再次双击数据库列表中的 studb，打开该数据库。在数据表对象中的"score"上单击鼠标右键，在快捷菜单中选择"设计表"命令，打开表设计窗口。单击"外键"，切换到"外键"选项卡。

2）在"外键"选项卡中设置"字段"栏为本表中需要创建外键的字段 sno，"被引用的模式"为数据库 studb，"被引用的表（父）"为 student，父表中"被引用的字段"为 sno，其他参数保留默认设置，如图 3-25 所示，创建基于 student 数据表 sno 字段的外键，若没有为外键命名，系统自动生成一个外键名"score_ibfk_1"。

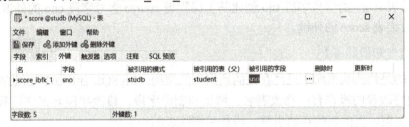

图 3-25　为 score 表的 sno 字段创建外键

3. 删除外键 score_ibfk_1

选中外键，单击"删除外键"按钮，在弹出的"确认删除"对话框中单击"删除"按钮，删除外键。再单击"保存"按钮，保存对表结构的修改，如图 3-26 所示。

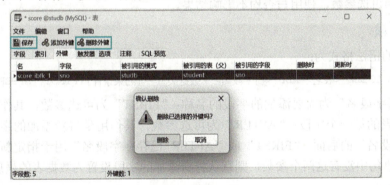

图 3-26　删除外键

【任务总结】

在表设计窗口中修改表结构与新建表时的操作非常类似，需要特别注意的是，修改完参数以后，一定要单击工具栏中的"保存"按钮，对表结构的修改才生效。

在进行外键的创建时要注意两个表中对应字段的数据类型、长度要一致，编码格式也必须保持一致，否则将无法成功创建外键。

3.3.2　任务 3-7　使用 ALTER TABLE 语句修改数据表

【任务描述】

在学生成绩管理数据库 studb 的使用过程中，如果对某个表的结构不满意，需要进行表中字段和约束的改动，可以使用 ALTER

3.3.2
任务 3-7　使用
ALTER TABLE
语句修改数据表

TABLE 语句修改表结构。

1）使用 DESCRIBE 语句查看 student 表的结构。
2）在学生表 student 中添加地址字段 address，数据类型为 char(10)。
3）修改地址字段 address，设置数据类型为 varchar(30)。
4）修改地址字段 address 的位置，放置于性别字段 sex 之后。
5）删除地址字段 address。
6）为课程表 course 的课程名称字段 cname 添加唯一约束。
7）删除课程名称字段 cname 上的唯一约束。
8）为成绩表 score 的学号字段 sno 创建基于课程表 course 学号字段 cno 的外键。
9）删除成绩表 score 的外键。

【任务分析与知识储备】

修改表指的是修改数据库中已经存在的数据表的结构。MySQL 使用 ALTER TABLE 语句修改表。常用的修改表的操作有：修改表名、增加和删除字段、修改字段名或字段数据类型、修改字段的排列位置、更改表的存储引擎、添加和删除表的约束等。

1. 修改表名

修改表名的语法格式为：

```
ALTER TABLE <旧表名> RENAME[TO] <新表名>;
```

其中 TO 为可选参数，使用与否均不影响结果。

2. 添加字段

添加字段的语法格式为：

```
ALTER TABLE <表名> ADD <新字段名> <数据类型> [约束条件][FIRST| AFTER 已存在字段名];
```

其中，"新字段名"为需要添加的字段的名称；"FIRST"为可选参数，其作用是将新添加的字段设置为表的第一个字段；"AFTER"为可选参数，其作用是将新添加的字段添加到指定的"已存在字段名"的后面。"FIRST"或"AFTER 已存在字段名"用于指定新增字段在表中的位置，如果语句中没有这两个参数，则默认将新添加的字段设置为数据表的最后列。

3. 删除字段

删除字段是将数据表中的某个字段从表中移除，其语法格式为：

```
ALTER TABLE <表名> DROP <字段名>;
```

其中，"字段名"指需要从表中删除的字段的名称。

4. 修改字段的数据类型

修改字段的数据类型，就是把字段的数据类型改变成另一种数据类型，其具体的语法格式为：

```
ALTER TABLE <表名> MODIFY <字段名> <数据类型>;
```

其中，"字段名"指需要修改的字段的名称，"数据类型"指修改后字段的新数据类型。

5. 修改字段的排列位置

对于一个数据表来说，在创建的时候，字段在表中的排列顺序就已经确定了。但表的结构并不是完全不可以改变的，可以通过 ALTER TABLE 来改变表中字段的相对位置。其语法格式为：

```
ALTER TABLE <表名> MODIFY <字段 1> <数据类型> FIRST|AFTER <字段 2>;
```

其中,"字段 1"指要修改位置的字段;"数据类型"指"字段 1"的数据类型;FIRST 为可选参数,指将"字段 1"修改为表的第一个字段;"AFTER<字段 2>"指将"字段 1"插入到"字段 2"后面。

6. 修改字段名

修改字段名的语法格式为:

```
ALTER TABLE <表名> CHANGE <旧字段名> <新字段名> <新数据类型>;
```

其中,"旧字段名"指修改前的字段名;"新字段名"指修改后的字段名;"新数据类型"指修改后的数据类型,如果不需要修改字段的数据类型,可以将新数据类型设置成与原来一样即可,但数据类型不能为空。

CHANGE 也可以只修改数据类型,实现和 MODIFY 同样的效果,方法是将 SQL 语句中的"新字段名"和"旧字段名"设置为相同的名称,只改变"数据类型"。由于不同类型的数据在机器中存储的方式及长度并不相同,修改数据类型可能会影响到数据表中已有的数据记录。因此,当数据库表中已经有数据时,不要轻易修改数据类型。

7. 修改表的存储引擎

修改表的存储引擎的语法格式为:

```
ALTER TABLE <表名> ENGINE = <更改后的存储引擎名>;
```

8. 修改表的各类约束

1)添加主键约束的语法格式为:

```
ALTER TABLE <表名> ADD PRIMARY KEY(字段名 1,字段名 2,…);
```

2)删除主键约束的语法格式为:

```
ALTER TABLE <表名> DROP PRIMARY KEY;
```

3)添加外键约束的语法格式为:

```
ALTER TABLE <表名> ADD CONSTRAINT <外键约束名> FOREIGN KEY(外键字段) REFERENCES 关联表名(关联字段);
```

4)删除外键约束的语法格式为:

```
ALTER TABLE <表名> DROP FOREIGN KEY <外键约束名>;
```

5)添加唯一约束的语法格式为:

```
ALTER TABLE <表名> ADD CONSTRAINT <唯一约束名> UNIQUE(字段名);
```

6)删除唯一约束的语法格式为:

```
ALTER TABLE <表名> DROP INDEX <唯一约束名>;
```

【任务实施】

1. 使用 DESCRIBE 语句查看 student 表的结构

1)打开图形化管理工具 Navicat,双击打开已创建的连接对象 MySQL,选择"工具"菜单中的"命令列界面"命令,或者使用快捷键〈F6〉,打开命令列界面。

2)在"mysql>"后面输入"DESCRIBE student;"或"DESC student;"命令,查看学生表

student 的表结构，确认输入无误后按〈Enter〉键执行命令，运行结果如图 3-27 所示。

```
mysql> DESCRIBE student;
+---------------+------------------+------+-----+---------+-------+
| Field         | Type             | Null | Key | Default | Extra |
+---------------+------------------+------+-----+---------+-------+
| sno           | char(10)         | NO   | PRI | NULL    |       |
| sname         | varchar(20)      | NO   |     | NULL    |       |
| sex           | enum('男','女')  | YES  |     | 男      |       |
| birthday      | date             | YES  |     | NULL    |       |
| dept          | varchar(20)      | YES  |     | NULL    |       |
| class         | varchar(20)      | YES  |     | NULL    |       |
| total_credits | tinyint unsigned | YES  |     | NULL    |       |
+---------------+------------------+------+-----+---------+-------+
7 rows in set (0.04 sec)

mysql> DESC student;
+---------------+------------------+------+-----+---------+-------+
| Field         | Type             | Null | Key | Default | Extra |
+---------------+------------------+------+-----+---------+-------+
| sno           | char(10)         | NO   | PRI | NULL    |       |
| sname         | varchar(20)      | NO   |     | NULL    |       |
| sex           | enum('男','女')  | YES  |     | 男      |       |
| birthday      | date             | YES  |     | NULL    |       |
| dept          | varchar(20)      | YES  |     | NULL    |       |
| class         | varchar(20)      | YES  |     | NULL    |       |
| total_credits | tinyint unsigned | YES  |     | NULL    |       |
+---------------+------------------+------+-----+---------+-------+
7 rows in set (0.03 sec)
```

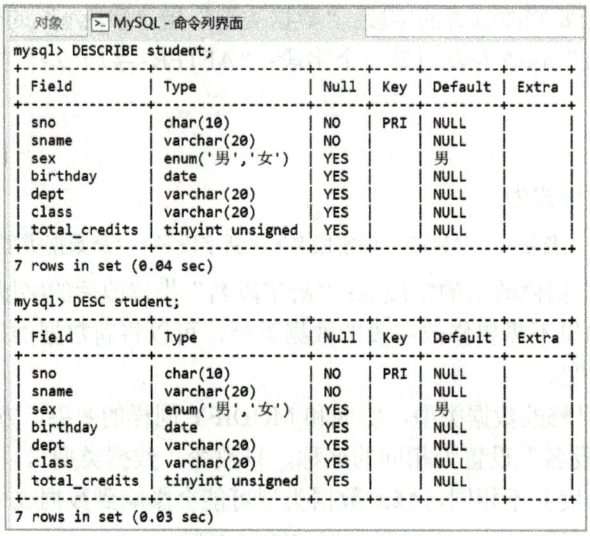

图 3-27　使用命令查看表结构

2. 在学生表 student 中添加地址字段 address

1）打开图形化管理工具 Navicat，双击打开已创建的连接对象 MySQL，再双击数据库名打开数据库 studb。单击 “新建查询” 按钮，打开查询窗口。

2）在查询窗口中输入以下命令：

```
ALTER TABLE student ADD address CHAR(10);
DESC student;
```

为学生表 student 添加地址字段 address，并用 DESC 命令查看添加字段以后的表结构，单击“运行”按钮执行命令，运行结果如图 3-28 所示。

Field	Type	Null	Key	Default	Extra
sno	char(10)	NO	PRI	(Null)	
sname	varchar(20)	NO		(Null)	
sex	enum('男','女')	YES		男	
birthday	date	YES		(Null)	
dept	varchar(20)	YES		(Null)	
class	varchar(20)	YES		(Null)	
total_credits	tinyint unsigned	YES		(Null)	
address	char(10)	YES		(Null)	

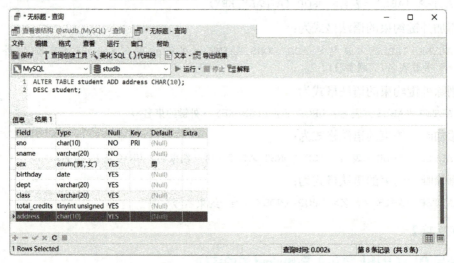

图 3-28　添加地址字段 address

3. 修改地址字段 address 的数据类型

1）打开图形化管理工具 Navicat，双击打开已创建的连接对象 MySQL，再双击数据库名打开数据库 studb。单击"新建查询"按钮,打开查询窗口。

2)在查询窗口中输入以下命令:

```
ALTER TABLE student MODIFY address VARCHAR(30);
DESC student;
```

修改地址字段 address 的数据类型为 varchar(30),并用 DESC 命令查看修改字段数据类型以后的表结构,单击"运行"按钮执行命令,运行结果如图 3-29 所示。

4. 修改地址字段 address 的位置

1)打开图形化管理工具 Navicat,双击打开已创建的连接对象 MySQL,再双击数据库名打开数据库 studb。单击"新建查询"按钮,打开查询窗口。

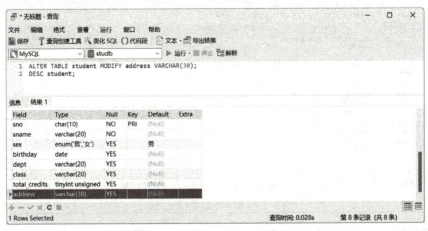

图 3-29 修改 address 的数据类型

2)在查询窗口中输入以下命令:

```
ALTER TABLE student MODIFY address VARCHAR(30) AFTER sex;
DESC student;
```

修改地址字段 address 的位置为性别字段 sex 之后,并用 DESC 命令查看修改字段位置以后的表结构,单击"运行"按钮执行命令,可以看到 address 字段的位置已改变。运行结果如图 3-30 所示。

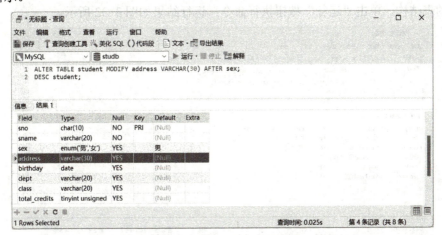

图 3-30 修改地址字段 address 的位置

5. 删除地址字段 address

1）打开图形化管理工具 Navicat，双击打开已创建的连接对象 MySQL，再双击数据库名打开数据库 studb。单击"新建查询"按钮，打开查询窗口。

2）在查询窗口中输入以下命令：

```
ALTER TABLE student DROP address;
DESC student;
```

删除地址字段 address，并用 DESC 命令查看删除字段以后的表结构，单击"运行"按钮执行命令，运行结果如图 3-31 所示。

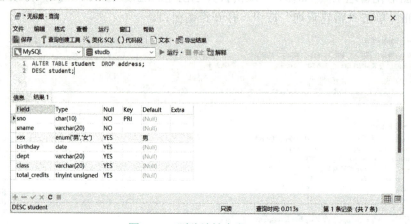

图 3-31　删除地址字段 address

6. 为课程表 course 的课程名称字段 cname 添加唯一约束

1）打开图形化管理工具 Navicat，双击打开已创建的连接对象 MySQL，再双击数据库名打开数据库 studb。单击"新建查询"按钮，打开查询窗口。

2）在查询窗口中输入以下命令：

```
ALTER TABLE course ADD CONSTRAINT u_cname UNIQUE(cname);
DESC course;
```

为课程表 course 的课程名称字段 cname 添加唯一值约束，并用 DESC 命令查看添加唯一值约束以后的表结构，单击"运行"按钮执行命令，运行结果如图 3-32 所示。

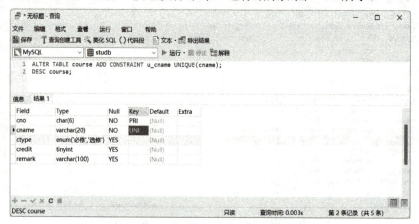

图 3-32　为课程名称字段 cname 添加唯一值约束

7. 删除课程名称字段 cname 上的唯一约束

1）打开图形化管理工具 Navicat，双击打开已创建的连接对象 MySQL，再双击数据库名打开数据库 studb。单击"新建查询"按钮，打开查询窗口。

2）在查询窗口中输入以下命令：

```
ALTER TABLE course DROP INDEX u_cname;
DESC course;
```

删除课程名称字段 cname 上的唯一约束，并用 DESC 命令查看删除唯一值约束以后的表结构，单击"运行"按钮执行命令，运行结果如图 3-33 所示。

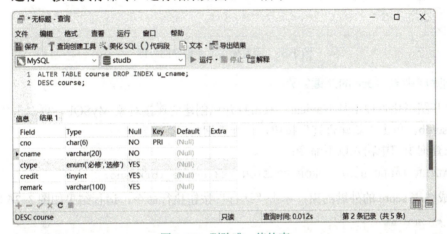

图 3-33　删除唯一值约束

8. 为成绩表 score 的学号字段 sno 创建外键约束

1）打开图形化管理工具 Navicat，双击打开已创建的连接对象 MySQL，再双击数据库名打开数据库 studb。单击"新建查询"按钮，打开查询窗口。

2）在查询窗口中输入以下命令：

```
ALTER TABLE score
ADD CONSTRAINT score_ibfk_sno FOREIGN KEY(sno) REFERENCES student(sno);
```

为成绩表 score 的学号字段 sno 创建基于学生表 student 学号字段 sno 的外键，单击"运行"按钮执行命令，运行结果如图 3-34 所示。

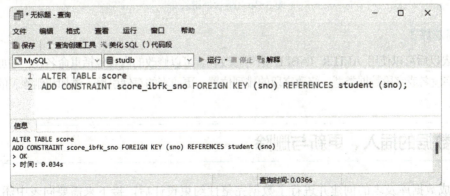

图 3-34　为成绩表的 sno 字段创建外键约束

3）在数据表对象中的"score"上单击鼠标右键，在快捷菜单中选择"设计表"命令，打开表设计窗口。单击"外键"，切换到"外键"选项卡，即可看到使用命令创建的外键 score_ibfk_sno，如图 3-35 所示。

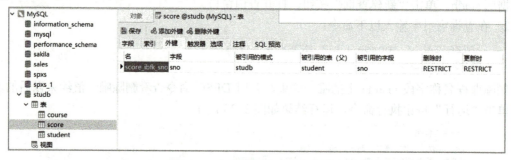

图 3-35　查看使用命令创建的外键

9. 删除成绩表 score 的外键约束

1）打开图形化管理工具 Navicat，双击打开已创建的连接对象 MySQL，再双击数据库名打开数据库 studb。单击"新建查询"按钮，打开查询窗口。

2）在查询窗口中输入以下命令：

```
ALTER TABLE score DROP FOREIGN KEY score_ibfk_sno;
```

删除成绩表 score 的外键约束，单击"运行"按钮执行命令，运行结果如图 3-36 所示。

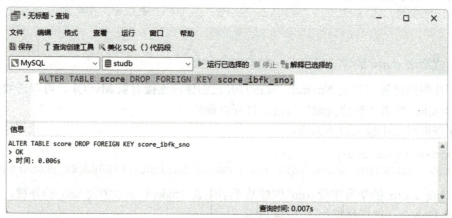

图 3-36　删除外键约束

【任务总结】

创建表以后可以使用 ALTER TABLE 语句修改表。可以修改的内容包括重命名表、增加和删除字段、修改字段名或字段数据类型、修改字段的排列位置、更改表的存储引擎、添加和删除表的约束等。

3.4　数据的插入、更新与删除

在完成数据库及表的创建并进行了数据完整性约束设计后，接下来需要向表中添加数据。对表中数据的操作包括插入数据、修改数据和删除数据，这些数据操作也称为数据更新。

在 MySQL 中，使用 SQL 语言中的 DML 语言来实现数据更新，其中主要通过 INSERT 语句来实现数据的插入，通过 UPDATE 语句来实现数据的修改，通过 DELETE 语句来实现数据的删除。

3.4.1 任务 3-8 使用图形化管理工具插入、修改和删除数据表记录

【任务描述】

在图形化管理工具 Navicat 中，对 student 表中的数据进行插入、修改和删除操作。

1）在学生表 student 中插入一条新记录。
2）修改新插入的记录。
3）删除记录。

3.4.1 任务 3-8 使用图形化管理工具插入、修改和删除数据表记录

【任务分析与知识储备】

根据任务 3-1 中表 3-9 提供的学生表 student 的数据实例，可以直接在表的数据编辑界面输入或修改学生信息。

1）一条记录输入或修改完毕后，通过在不同记录间切换光标，可以实现自动保存。
2）把光标移动到最后一条记录上，单击键盘上的向下方向键〈↓〉，即可增加一条新的空白记录。
3）选择一条或多条记录，单击鼠标右键，从快捷菜单中选择"删除记录"命令，即可删除一条或多条记录。
4）窗口左下角的 + − ✓ × 等按钮，也可以用来完成数据的添加、修改和删除操作。

【任务实施】

1）打开图形化管理工具 Navicat，双击打开已创建的连接对象 MySQL，再次双击数据库列表中的 studb，打开该数据库。双击打开数据表 student，进入 student 的数据编辑界面，单击左下角的"+"添加记录按钮，将会再新增加一条空白记录，将新记录的各项值"23052222，杨伊歆，女，2004-08-11，信息工程系，22 大数据 1"，一一对应地输入到各个输入栏中。确定输入数据后，再单击左下角的 ✓ 按钮确定输入，如图 3-37 所示。

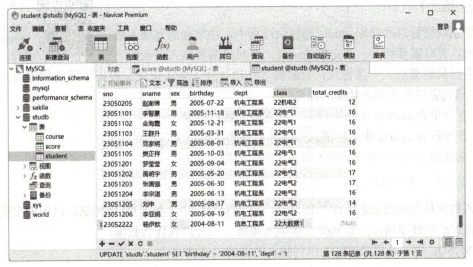

图 3-37 插入一条记录

2）如果要修改表中数据，直接进入该表的数据编辑界面，将光标定位在要更新的数据处进行修改，修改完成后，再单击左下角的√按钮即可。

3）如果要删除表中数据，直接进入该表的数据编辑界面，选择一条或多条记录，单击鼠标右键，从快捷菜单中选择"删除记录"命令，即可删除一条或多条记录，如图 3-38 所示。

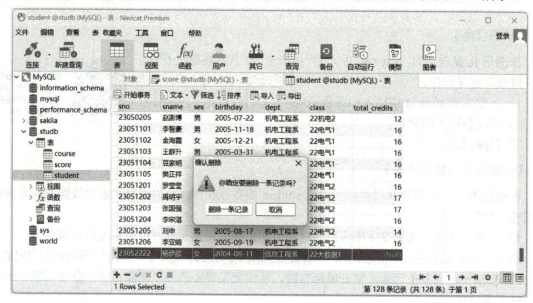

图 3-38　删除一条记录

【任务总结】

可以直接在要修改表的数据编辑界面中插入、修改或删除信息。在输入时要注意符合数据类型和长度的要求，如果表上定义了约束的话，还要考虑约束对表中数据操作的影响。

3.4.2　任务 3-9　使用 INSERT 语句向数据表中插入记录

【任务描述】

在学生成绩管理数据库 studb 的使用过程中，经常会遇到插入数据的情况。有时需要插入一条完整的记录，有时只需要插入记录的一部分；有时只需要插入一条记录，有时需要一次性插入多条记录。根据不同的使用场景，使用 INSERT 语句完成以下插入数据的操作。

3.4.2
任务 3-9　使用 INSERT 语句向数据表中插入记录

1）在学生表 student 中一次插入一条完整的数据记录。
2）在课程表 course 中一次插入一条非完整的数据记录。
3）在成绩表 score 中一次插入多条完整的数据记录。

【任务分析与知识储备】

插入数据是指向数据表中添加新记录，在 MySQL 中主要通过 INSERT 语句来实现。插入数据需要理清两件事情：一是向哪张表插入数据；二是插入什么数据。

在 MySQL 中，使用 INSERT 语句插入数据的语法格式为：

```
INSERT INTO 表名[(字段名1[,…字段名n])]
```

```
VALUES(值1[…,值n]);
```

语法说明：

1)"表名"用于指定要插入数据的表名。

2)"字段名"指定需要插入数据的字段名。若插入的是一条完整的记录，且 VALUES 子句后各数值的顺序与表中列的定义顺序一致，则字段名列表可以省略，直接采用"INSERT INTO 表名 VALUES(…)"即可。若插入的是一条非完整的记录，则字段名列表不能省略。

3) VALUES 子句用于指定所要插入的值，值与值之间用逗号隔开，值列表中数据的顺序要和列的顺序相对应。

【小贴士】向数据表插入记录时，不但要符合各字段数据类型的要求，还需要注意表中的主键约束、外键约束、非空约束以及唯一约束等要求，插入的数据只有满足表定义中的所有约束，才能成功插入。

字符型数据或日期与时间型数据需要用单引号括起来。

使用 INSERT 语句也可以一次性插入多行数据，即在 VALUES 子句后面加上多个表达式列表，并以逗号隔开。

【任务实施】

1. 使用 INSERT 语句在学生表 student 中插入一条完整记录

1)打开图形化管理工具 Navicat，双击打开已创建的连接对象 MySQL，再双击数据库名打开数据库 studb。单击"新建查询"按钮，打开查询窗口。

2)在查询窗口中输入以下命令：

```
INSERT INTO student
VALUES
( '23032222', '杨伊歆', '女', '2004-08-11', '信息工程系', '22大数据1', 20 );
```

在学生表 student 中插入一条完整记录，单击"运行"按钮执行命令，运行结果如图 3-39 所示。

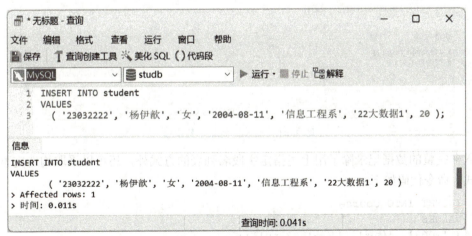

图 3-39 插入一条完整记录

3)插入命令运行成功后，可以打开学生表 student 查看结果，如图 3-40 所示。

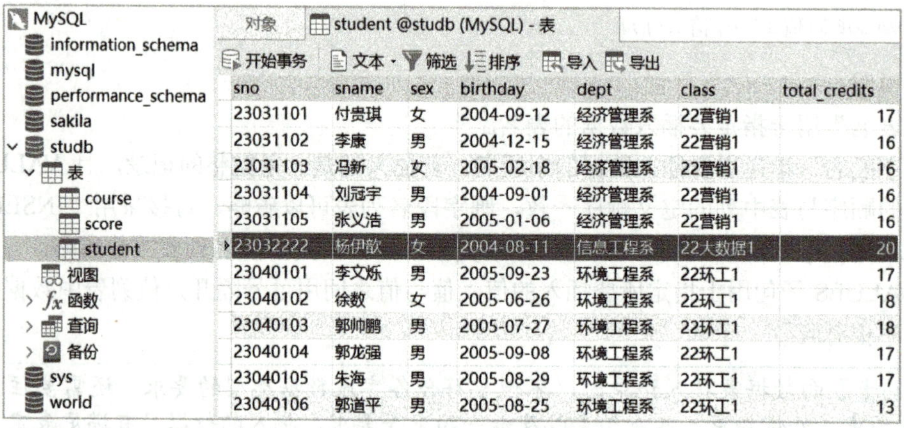

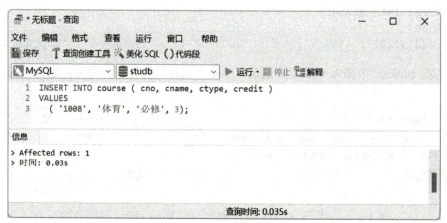

图 3-40　查看在 student 表中插入的数据

2. 使用 INSERT 语句在课程表 course 中插入一条非完整记录

1）打开图形化管理工具 Navicat，双击打开已创建的连接对象 MySQL，再双击数据库名打开数据库 studb。单击"新建查询"按钮，打开查询窗口。

2）在查询窗口中输入以下命令：

```
INSERT INTO course ( cno, cname, ctype, credit )
VALUES
    ( '1008', '体育', '必修', 3);
```

在课程表 course 中插入一条非完整记录，单击"运行"按钮执行命令，运行结果如图 3-41 所示。

图 3-41　插入一条非完整记录

插入非完整的数据记录除了用上述指定字段名列表的方式外，还可以采取构造完整数据记录的方式。命令代码如下：

```
INSERT INTO course
VALUES
    ( '1008', '体育', '必修', 3,null);
```

3）插入命令运行成功后，可以打开课程表 course 查看结果，如图 3-42 所示。

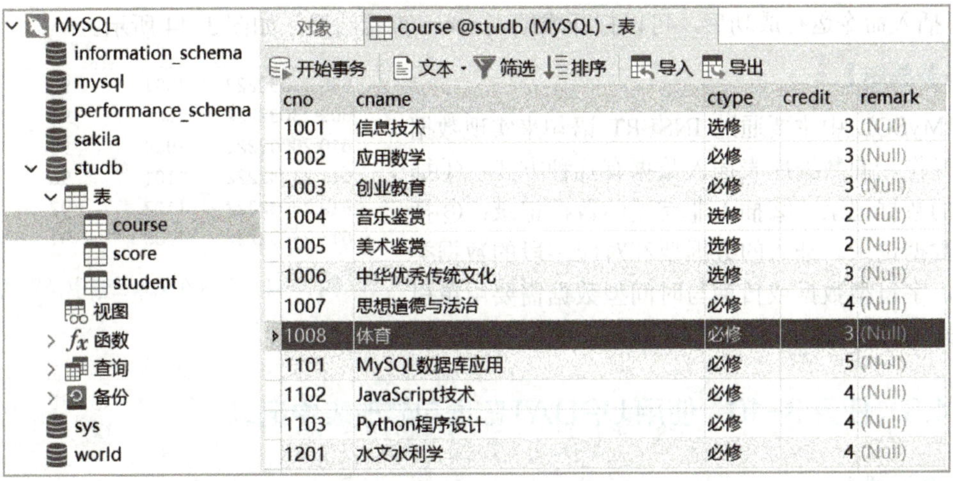

项目3 创建与维护 MySQL 数据表

图 3-42 查看在 course 表中插入的数据

3. 使用 INSERT 语句在成绩表 score 中一次插入多条成绩记录

1)打开图形化管理工具 Navicat，双击打开已创建的连接对象 MySQL，再双击数据库名打开数据库 studb。单击"新建查询"按钮，打开查询窗口。

2)在查询窗口中输入以下命令：

```
INSERT INTO score(sno,cno,grade)
VALUES
    ('23032222','1001', 93),
    ('23032222','1002', 92),
    ('23032222','1004', 95),
    ('23032222','1101', 96),
    ('23032222','1102', 92),
    ('23032222','1008', 91);
```

在成绩表 score 中一次插入多条记录，单击"运行"按钮执行命令，运行结果如图 3-43 所示。

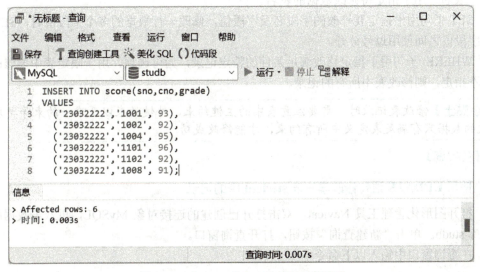

图 3-43 在 score 表中一次插入多条记录

3) 插入命令运行成功后，可以打开成绩表 score 查看结果，如图 3-44 所示。

【任务总结】

在 MySQL 中主要通过 INSERT 语句来实现数据的插入操作。向数据库表插入数据有几种方式：①插入完整的数据记录；②插入非完整的数据记录；③插入多条数据记录。插入的数据要和对应字段的数据类型匹配，字符型数据或日期与时间型数据需要用单引号括起来。

图 3-44　查看在 score 表中插入的数据

3.4.3　任务 3-10　使用 UPDATE 语句修改表中记录

【任务描述】

在学生成绩管理数据库 studb 的使用过程中，经常会遇到修改表中数据的情况。可以使用 UPDATE 语句完成以下修改数据的操作。

1）在学生表 student 中修改一条数据记录的多个字段。
2）成绩表 score 中一次修改符合条件的多条数据记录。

3.4.3
任务 3-10　使用 UPDATE 语句修改表中记录

【任务分析与知识储备】

在 MySQL 中，可以使用 UPDATE 语句对表中的一个或多个字段进行修改，修改时必须指定需要修改的字段，并且赋予新值。修改数据需要理清三件事：①对哪张表进行数据的修改（用 UPDATE 子句实现）；②对哪些字段进行修改（用 SET 子句实现）；③对哪些记录进行修改（用 WHERE 子句实现）。语法格式为：

```
UPDATE 表名
SET 字段名1=值1[,…字段名n=值n]
[WHERE 条件表达式]；
```

语法说明：

1)"表名"用于指定待修改数据的表名。

2) SET 子句用于指定要修改的字段名及字段值，修改一行数据的多个字段值时，SET 子句中每个字段值之间使用逗号分开。

3) WHERE 子句用于指定修改满足条件的特定记录，为可选项，用于限定表中要修改的记录。若不指定，则修改表中所有的记录。

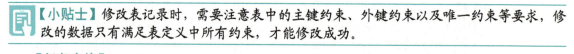

【小贴士】修改表记录时，需要注意表中的主键约束、外键约束以及唯一约束等要求，修改的数据只有满足表定义中所有约束，才能修改成功。

【任务实施】

1. 使用 UPDATE 语句修改学生表 student 中的记录

1）打开图形化管理工具 Navicat，双击打开已创建的连接对象 MySQL，再双击数据库名打开数据库 studb。单击"新建查询"按钮，打开查询窗口。

2）在查询窗口中输入以下命令：

```
UPDATE student
```

```
SET dept='水利工程系',class='22 水电 1'
WHERE sname='杨伊歆';
```

修改杨伊歆同学 dept 和 class 两个字段的值，单击“运行”按钮执行命令，运行结果如图 3-45 所示。

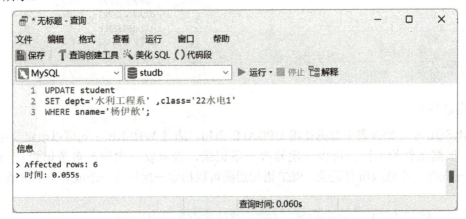

图 3-45 修改表记录

3）修改命令运行成功后，可以打开学生表 student 查看结果，如图 3-46 所示。

sno	sname	sex	birthday	dept	class	total_credits
23030201	岳欣慧	女	2005-07-25	经济管理系	22会计2	12
23030202	杜昕洋	男	2005-08-18	经济管理系	22会计2	12
23030203	谭书文	女	2005-06-20	经济管理系	22会计2	12
23030204	韩金磊	男	2005-09-11	经济管理系	22会计2	12
23030205	李硕	男	2005-05-26	经济管理系	22会计2	12
23030206	李环	女	2005-07-14	经济管理系	22会计2	13
23031101	付贵琪	女	2004-09-12	经济管理系	22营销1	17
23031102	李康	男	2004-12-15	经济管理系	22营销1	16
23031103	冯新	女	2005-02-18	经济管理系	22营销1	16
23031104	刘冠宇	男	2004-09-01	经济管理系	22营销1	16
23031105	张义浩	男	2005-01-06	经济管理系	22营销1	16
23032222	杨伊歆	女	2004-08-11	水利工程系	22水电1	20

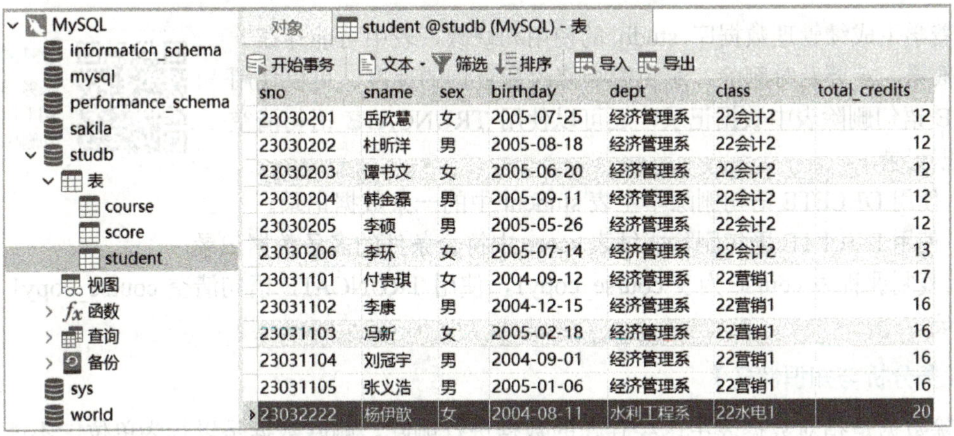

图 3-46 查看修改数据的结果

2．使用 UPDATE 语句修改成绩表 score 中的信息

1）打开图形化管理工具 Navicat，双击打开已创建的连接对象 MySQL，再双击数据库名打开数据库 studb。单击“新建查询”按钮，打开查询窗口。

2）在查询窗口中输入以下命令：

```
UPDATE score
SET grade=grade+2
WHERE sno='23032222';
```

把学号为“23032222”同学的成绩全部加 2 分，单击“运行”按钮执行命令，运行结果如图 3-47 所示。

3）修改命令运行成功后，可以打开成绩表 score 查看结果，如图 3-48 所示，对比图 3-44 可以看到，学号为 23032222 的同学全部课程的成绩都加了 2 分。

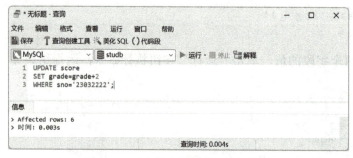

图 3-47 一次修改符合条件的多条记录　　　　图 3-48 查看一次修改多条记录的结果

【任务总结】

在 MySQL 中，修改表中数据使用 UPDATE 语句，通过 WHERE 子句可以限定要更新的数据记录。根据条件的不同，可以一次修改一条记录，也可以一次修改多条记录。当不指定 WHERE 子句时，会修改所有记录。SET 语句后面可以指定一次修改一个或多个字段值。

3.4.4　任务 3-11　使用 DELETE 语句删除表中记录

【任务描述】

随着学生成绩管理数据库 studb 的使用和修改，表中可能存在一些无用数据，需要及时删除，避免影响修改和查询的速度。可以使用 DELETE 语句删除表中数据记录，还可以使用 TRUNCATE 语句清空表中数据记录。

3.4.4
任务 3-11　使用 DELETE 语句删除表中记录

1）使用 DELETE 语句删除学生表 student 中的一条数据记录。

2）使用 DELETE 语句删除成绩表 score 中符合条件的多条数据记录。

3）复制课程表 course 为表 course_copy1，使用 TRUNCATE 语句清空 course_copy1 表中的数据记录。

【任务分析与知识储备】

删除数据是指对数据表中已经存在的数据进行删除。删除数据是以行为单位，不能只删除某个字段或者某几个字段的值。删除数据需要明确两件事情：①删除哪张表的数据，（用 DELETE FROM 子句实现）；②删除哪些记录（用 WHERE 子句实现）。

1. 使用 DELETE 语句删除表中数据记录

在 MySQL 中，删除特定数据记录使用 SQL 语句 DELETE FROM 实现，语法格式为：

```
DELETE FROM 表名
[WHERE 条件表达式];
```

语法说明：

1)"表名"用于指定要删除数据的表名。

2) WHERE 子句用于指定删除满足条件的特定记录，为可选项，用于限定表中要删除的记录。若不指定，则删除表中所有记录。

2. 使用 TRUNCATE 语句清空表中数据记录

在 MySQL 中，除了使用 DELETE 语句删除数据以外，使用 TRUNCATE 语句也可以清空表中的数据记录。语法格式为：

```
TRUNCATE [TABLE]表名;
```

语法说明：

1）TABLE 关键字可以省略。

2）无 WHERE 子句，原因在于 TRUNCATE 语句是清空表中的所有记录，不能删除特定数据记录，所以不需要 WHERE 子句指定特定记录。

【小贴士】DELETE 命令根据指定的 SQL 语句从表中删除单个、多个或所有记录；而 TRUNCATE 命令从表中清空数据，速度更快。

在功能方面，从逻辑上说，TRUNCATE 与"DELETE FROM 表名"语句作用相同，都是删除表中的所有记录。但是两者在物理上有所区别，TRUNCATE 语句不支持事务的回滚，即数据清空后无法恢复，而通过"DELETE FROM 表名"语句删除的数据可以恢复。

【任务实施】

1. 使用 DELETE 语句删除学生表 student 中的记录

1）打开图形化管理工具 Navicat，双击打开已创建的连接对象 MySQL，再双击数据库名打开数据库 studb。单击"新建查询"按钮，打开查询窗口。

2）在查询窗口中输入以下命令：

```
DELETE FROM student
WHERE sname='杨伊歆';
```

删除学生表 student 中"杨伊歆"同学的记录，单击"运行"按钮执行命令，运行结果如图 3-49 所示。

图 3-49 删除一条记录

3）删除命令运行成功后，可以打开学生表 student 查看结果，会发现"杨伊歆"同学的记录已经被删除。

2. 使用 DELETE 语句删除成绩表 score 中某同学的所有成绩记录

1）打开图形化管理工具 Navicat，双击打开已创建的连接对象 MySQL，再双击数据库名打开数据库 studb。单击"新建查询"按钮,打开查询窗口。

2)在查询窗口中输入以下命令:

```
DELETE FROM score
WHERE sno='23032222';
```

把学号为 23032222 同学的所有成绩记录都删除,单击"运行"按钮执行命令,运行结果如图 3-50 所示。

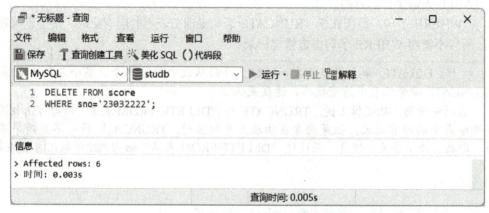

图 3-50　一次删除符合条件的多条记录

3)删除命令运行成功后,可以打开成绩表 score 查看结果,会发现学号为 23032222 的同学的所有成绩记录已经被删除。

3. 复制课程表 course 并使用 TRUNCATE 语句清空表中的数据记录

1)打开图形化管理工具 Navicat,双击打开已创建的连接对象 MySQL,再双击数据库名打开数据库 studb。

2)在 course 表上单击鼠标右键,从快捷菜单中选择"复制表"|"结构和数据"命令,如图 3-51 所示,即可复制出表 course_copy1。

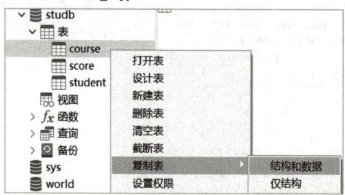

图 3-51　复制 course 表

3)单击"新建查询"按钮,打开查询窗口。在查询窗口中输入以下命令:

```
TRUNCATE course_copy1;
```

单击"运行"按钮执行命令,清空 course_copy1 表中的数据记录,运行结果如图 3-52 所示。

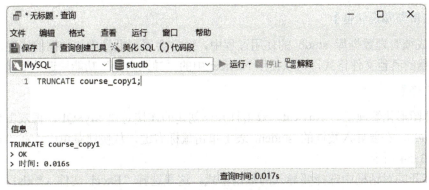

图 3-52　使用 TRUNCATE 命令清空表中数据

4）命令运行成功后，可以打开课程表 course 查看结果，如图 3-53 所示，表中数据已经被清空。

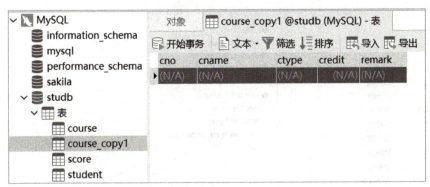

图 3-53　查看使用 TRUNCATE 命令清空数据的结果

【任务总结】

在 MySQL 中，删除表中数据使用 DELETE 语句。可以一次删除一条记录；也可以一次删除符合条件的多条记录；当不指定 WHERE 子句时，会删除表中所有记录。还可以采用 TRUNCATE 语句清空表中记录。

3.5　导入、导出 MySQL 数据表中的数据

MySQL 数据库中的数据可以导出为文本文件、Excel 文件、XML 文件或者 HTML 文件等，相应的文件也可以导入到 MySQL 数据库中。

3.5
导入、导出
MySQL 数据
表中的数据

3.5.1　任务 3-12　导入 MySQL 数据表中的数据

【任务描述】

使用 Navicat 中的 "导入向导" 功能，向学生表 student 中导入 Excel 文件 "23 大数据 1 班名单.xlsx" 中的数据。

【任务分析与知识储备】

在学生成绩管理数据库 studb 的使用过程中，经常会遇到批量增加数据的情况，如果已经有了这些数据的其他文件格式，可以使用 Navicat 中的"导入向导"功能快速地批量导入数据。

【任务实施】

1）打开图形化管理工具 Navicat，双击打开已创建的连接对象 MySQL，再双击数据库名打开数据库 studb，在要导入数据的 student 表上单击鼠标右键，从快捷菜单中选择"导入向导"命令，如图 3-54 所示。

2）在打开的对话框中选择要导入的数据格式，这里选择"Excel 文件（*.xls；*.xlsx）"选项，如图 3-55 所示。

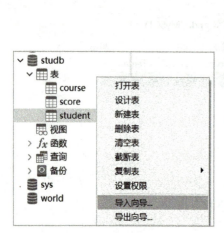

图 3-54　打开导入向导

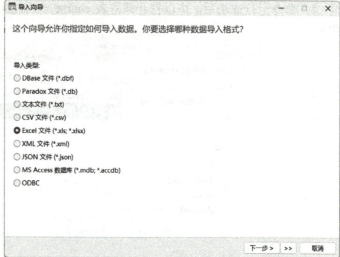

图 3-55　选择数据格式

3）单击"下一步"按钮，选择数据源为"23 大数据 1 班名单.xlsx"，目标表为"student"，如图 3-56 所示。

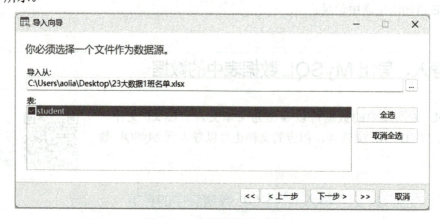

图 3-56　选择数据源和目标表

4）单击"下一步"按钮，为源定义附加选项，由于第一行为字段名，表中共有 5 行数据，根据 Excel 文件中记录个数，填写"最后一个数据行"的值为"6"，如图 3-57 所示。

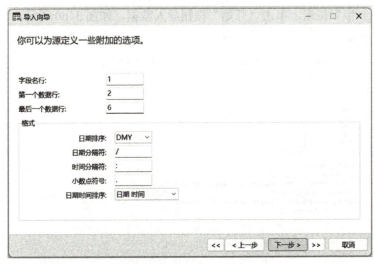

图 3-57　设置最后一个数据行的值

5）单击"下一步"按钮，设置字段映射，如图 3-58 所示。

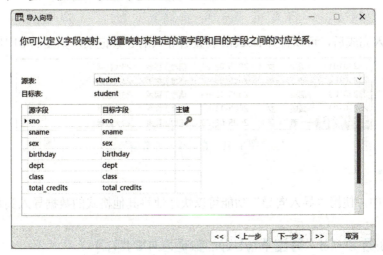

图 3-58　设置字段映射

6）单击"下一步"按钮，设置导入模式，如图 3-59 所示。这里都采用默认值。

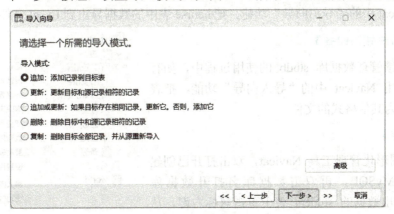

图 3-59　设置导入模式

7）单击"下一步"按钮，单击"开始"按钮导入数据，如图 3-60 所示。

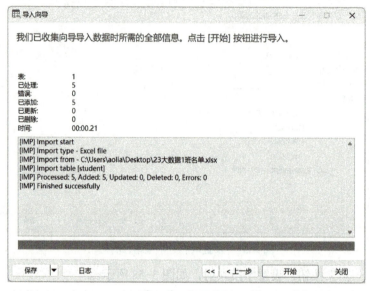

图 3-60　导入数据

8）数据导入完成后，可以打开 student 表查看导入的 5 条记录，如图 3-61 所示。

23230101	范清丽	女	2005-02-21	信息工程系	23大数据1	0
23230102	冯铮	男	2005-04-12	信息工程系	23大数据1	0
23230103	张甜甜	女	2005-12-09	信息工程系	23大数据1	0
23230104	李媛媛	女	2005-11-07	信息工程系	23大数据1	0
23230105	王一诺	男	2005-08-29	信息工程系	23大数据1	0

图 3-61　查看导入的数据

【任务总结】

在 MySQL 中，使用"导入向导"功能可以快速地将其他格式的数据导入到数据库中。

3.5.2　任务 3-13　导出 MySQL 数据表中的数据

【任务描述】

使用 Navicat 中的"导出向导"功能，把 course 表中的数据导出到 Excel 文件中。

【任务分析与知识储备】

在学生成绩管理数据库 studb 的使用过程中，如有需要，可以使用 Navicat 中的"导入向导"功能，把表中的数据导出为其他格式的文件。

【任务实施】

1）打开图形化管理工具 Navicat，双击打开已创建的连接对象 MySQL，再双击数据库名打开数据库 studb，在要导出数据的 student 表上单击鼠标右键，从快捷菜单中选择"导出向导"命令，如图 3-62 所示。

图 3-62　打开导出向导

2）在打开的对话框中选择要导出的数据格式，这里选择"Excel 数据表"，单击"下一步"按钮，选择数据源为"course"表，如图 3-63 所示。

图 3-63　选择数据源表

3）单击"下一步"按钮，设置要导出的字段，如图 3-64 所示，这里选择全部字段。

图 3-64　设置要导出的字段

4）单击"下一步"按钮，设置附加选项，如图 3-65 所示，这里采用默认值。

图 3-65　设置附加选项

5）单击"下一步"按钮，单击"开始"按钮导出数据，如图3-66所示。

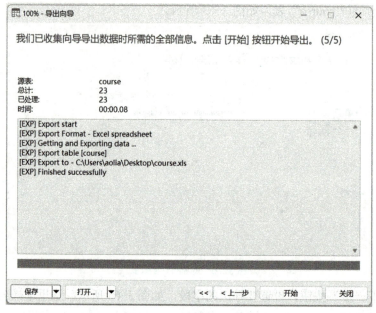

图 3-66　数据导出成功

6）数据导出完成后，可以打开生成的 Excel 格式的 course 表查看导出的数据，如图 3-67 所示，可以看到 course 表中所有的记录都导出到此 Excel 文件中了。

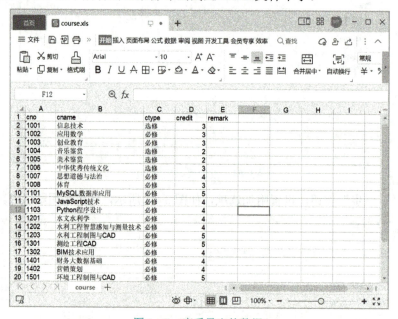

图 3-67　查看导出的数据

【任务总结】

在 MySQL 中，使用"导出向导"功能可以快速地将表中数据导出为其他格式的数据文件。

参 考 文 献

[1] 王珊，萨师煊. 数据库系统概论[M]. 5版. 北京：高等教育出版社，2015.
[2] 黄清. 全国计算机等级考试二级教程：MySQL 数据库程序设计[M]. 北京：高等教育出版社，2022.
[3] 郑阿奇. MySQL 实用教程[M]. 4版. 北京：电子工业出版社，2021.
[4] 鲁大林. MySQL 数据库应用与管理[M]. 2版. 北京：机械工业出版社，2021.
[5] 秦凤梅，丁允超，韩冬越. MySQL 网络数据库设计与开发[M]. 3版. 北京：电子工业出版社，2022.
[6] 徐丽霞，郭维树，袁连海. MySQL 8 数据库原理与应用：微课版[M]. 北京：电子工业出版社，2020.
[7] 赵晓侠，潘晟旻，寇卫利. MySQL 数据库设计与应用：慕课版[M]. 北京：人民邮电出版社，2022.

3．MySQL 授予用户权限时，在 GRANT 语句中，ON 子句使用（　　）表示所有数据库的所有数据表。

    A．ALL   B．*   C．*.*   D．@@

4．查看指定用户的权限信息可以使用（　　）语句。

    A．SELECT GRANT   B．GRANT

    C．SET GRANT   D．SHOW GRANT

5．以下（　　）是 MySQL 中 root 用户修改普通用户的密码的方法。

    A．使用 SET 语句修改

    B．使用 UPDATE 语句修改 MySQL 数据库的 user 数据表的密码字段值

    C．使用 GRANT 语句修改

    D．以上三者都是可选方法

6．MySQL 中使用（　　）语句回收权限。

    A．REVOKE   B．DROP USER

    C．DELETE   D．SHOW GRANT

二、填空题

1．MySQL 权限表分别是 user、db、table_priv、columns_priv、procs_priv 和 host，其中决定是否允许用户连接到服务器的权限表是_____，用于记录各个账号在各个数据库上的操作权限的权限表是_____，用于记录数据表级别的操作权限的权限表是_____，用于记录数据字段级别的操作权限的权限表是_____，用于记录存储过程和存储函数的操作权限的权限表是_____。

2．MySQL 中添加用户的方法主要有三种，分别是使用_____、_____和_____语句。

3．MySQL 授予用户权限时，在 GRANT 语句中，ON 子句使用_____表示所有数据库的所有数据表。

4．查看指定用户的权限信息可以使用_____语句查看，也可以使用 SELECT 语句查询_____数据表中各用户的权限。

迁移到另一个数据库系统。使用场景包括数据迁移、数据备份和数据分发等。

"运行 SQL 文件"是指将保存在文件中的 SQL 脚本应用到数据库中。运行 SQL 文件可以用于将之前导出的数据重新导入到数据库中，或者应用一组预定义的 SQL 语句来修改数据库结构或插入数据。使用场景包括数据备份、数据修改、数据验证等。

【任务实施】

1）打开 Navicat 集成开发环境，在 Navicat 中打开要转储的 studb 数据库。

2）选中数据库名并单击右键，在弹出的快捷菜单中选择"转储 SQL 文件"|"结构和数据"命令。

选择转储 SQL 文件后会弹出"另存为"对话框，将保存路径选择到"D:\"磁盘，并在"文件名"文本框中将文件名改为"studb02.sql"，单击"保存"按钮，转储 SQL 文件进度对话框如图 9-26 所示。

3）转储结束后，单击"关闭"按钮，在指定文件夹中可以找到转储后生成的 SQL 文件，如图 9-27 所示。

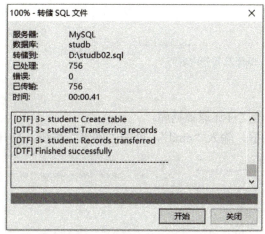

图 9-26　转储 SQL 文件进度对话框

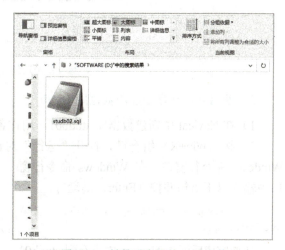

图 9-27　转储后生成的 SQL 文件

【任务总结】

"转储 SQL 文件"和"运行 SQL 文件"在不同的场景中都有广泛的应用，可以帮助用户更好地管理和维护数据库中的数据。

课后练习 9

一、选择题

1．MySQL 权限表存放在（　　）数据库里，由 mysql_install_db 脚本初始化。

　　A．user　　　　B．mysql　　　　　C．table_priv　　　D．Host

2．MySQL 权限表中用于记录数据表级别的操作权限的权限表是（　　）。

　　A．user　　　　B．columns_priv　　C．table_priv　　　D．proc_priv

mysqldump 命令的运行结果如图 9-23 所示。

用这条命令生成的 sql 文件不会将建库语句加入在里面，所以在导入该文件时要先建立好一个数据库再将其导入。如果要将建库命令一并生成的话，就要在数据库名前加上 "--database" 可选项，该可选项在一次备份多个数据库时为必需项。备份所有数据库则直接用 "-A" 代替数据库名。

备份生成的文件可以用记事本等文本工具打开查看。备份后的文件地址及部分内容如图 9-24 所示。

图 9-23　mysqldump 命令的运行结果

图 9-24　备份后的文件地址及部分内容

2. 使用 mysql 命令还原数据库 studb

1）在 Navicat 中新建数据库 studb01，用作备份文件还原数据库。

2）按〈Win+R〉组合键，打开"运行"对话框，输入"cmd"，单击"确定"按钮，打开 Windows 命令行窗口。在 Windows 命令行窗口中输入以下语句并按〈Enter〉键运行：

```
mysql -u root -p studb01 < D:\studb01.sql;
```

还原完成后可在 Navicat 中查看到 studb01 数据库的内容，如图 9-25 所示。

图 9-25　studb01 数据库的内容

【任务总结】

备份和恢复数据库的操作非常重要，好的备份方法和备份策略将会使得数据库中的数据更加高效和安全。在实际生产中，使用指令完成数据库的备份和恢复是必须熟练掌握的技能，应当予以重视。

9.5.3　任务 9-11　转储数据库

【任务描述】

使用 Navicat 转储数据库 studb 存为 studb02.sql 文件，将其保存在 "D:\" 磁盘中。

【任务分析与知识储备】

Navicat 中的 "转储 SQL 文件" 功能是指将数据库中的数据以 SQL 脚本的形式导出到一个文件中。转储 SQL 文件可以用于在数据库出现问题时恢复数据，或者将数据从一个数据库系统

2）使用 mysql 命令还原数据库 studb。

【任务分析与知识储备】

1. mysqldump 命令备份数据库

mysqldump 命令可以将数据库中的数据备份成一个文本文件，数据表的结构和数据将存储在生成的文本文件中。

（1）使用 mysqldump 命令备份单个数据库中所有的数据表

使用 mysqldump 命令备份单个数据库中所有数据表的基本语法格式为：

  mysqldump -u <用户名> -p <数据库名> > <备份文件名>；

（2）使用 mysqldump 命令备份单个数据库中指定的数据表

使用 mysqldump 命令备份单个数据库中指定数据表的基本语法格式为：

  mysqldump -u <用户名> -p <数据库名> <数据表名> > <备份文件名>；

语法说明：

如果需要指定多个数据表，则在数据库名的后面列出多个数据表名，并使用空格分隔。

（3）使用 mysqldump 命令备份多个数据库

使用 mysqldump 命令备份多个数据库的基本语法格式为：

  mysqldump -u <用户名> -p <数据库名 1> <数据库名 2> … > <备份文件名>；

语法说明：

多个数据库名之间使用空格分隔。备份完成后，备份文件中将会存储多个数据库的信息。

（4）使用 mysqldump 命令备份所有的数据库

使用 mysqldump 命令备份 MySQL 服务器中所有数据库的基本语法格式为：

  mysqldump -u <用户名> -p --all-databases> <备份文件名>；

语法说明：

备份完成后，备份文件中将会存储全部数据库的信息。

2. 使用 mysql 命令还原数据库

恢复数据库是备份数据库的反向操作——将 SQL 脚本文件还原成数据库中的内容。

使用 mysql 命令恢复数据库的基本语法格式为：

  mysql -u <用户名> -p <数据库名> < <备份文件名>；

【任务实施】

1. 使用 mysqldump 命令备份数据库 studb

按〈Win+R〉组合键，打开"运行"对话框，输入"cmd"，单击"确定"按钮，打开 Windows 命令行窗口。因为本机的 PATH 系统变量已配置，可以直接运行 mysqldump 命令。在 Windows 命令行窗口中输入以下语句并按〈Enter〉键运行：

  mysqldump -u root -p studb >D:\ studb01.sql；

如果数据库设置了密码，则会提示输入密码"Enter password："，输入完密码后在 D 盘会生成 studb01.sql 文件。如果没设置数据库密码，则直接生成 studb01.sql 文件到指定文件夹。

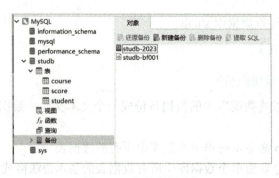

图 9-20　备份文件列表

此外，选中备份文件"studb-2023"并单击右键，在弹出的快捷菜单中选择"打开所在的文件夹"命令，可以打开备份文件所在的文件夹。

2. 使用 Navicat 还原数据库 studb

1）在 Navicat 中打开 studb 数据库，进入到备份界面。

2）在备份界面中选择备份文件"studb-2023"，单击"还原备份"按钮或直接双击备份文件，打开"studb-2023-还原备份"对话框，如图 9-21 所示。

3）在"studb-2023-还原备份"对话框中单击"还原"按钮就可以还原该数据库了，完成后将出现"100%-还原备份"对话框，如图 9-22 所示。

图 9-21　"studb-2023-还原备份"对话框

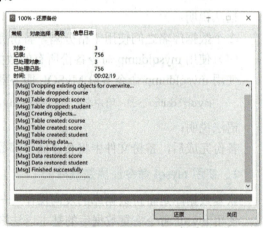

图 9-22　"100%-还原备份"对话框

至此，数据库备份还原完成。

【任务总结】

MySQL 数据库的备份及还原是工作生产中必不可少的操作技能，Navicat 提供了图形化的操作方法，能极大地提升数据库备份及还原的操作效率，读者须熟练掌握。

9.5.2　任务 9-10　使用命令备份和还原数据库

【任务描述】

1）使用 mysqldump 命令备份数据库 studb。

【任务实施】

1. 使用 Navicat 备份数据库 studb

1）打开 Navicat 集成开发环境，在 Navicat 中打开 studb 数据库。

2）在"备份"选项卡中单击"新建备份"按钮，打开"新建备份"对话框，然后在"常规"选项卡的"注释"文本框中输入要注释的内容，这里输入"studb 数据库备份"，如图 9-17 所示。

图 9-17 "新建备份"对话框

3）在"高级"选项卡中可以指定备份文件的文件名。勾选"使用指定文件名"复选框，然后在文本框中输入"studb-2023"作为备份文件的文件名，如图 9-18 所示。

4）单击"备份"按钮开始备份后，会自动切换到"信息日志"选项卡，并在备份过程中显示相关信息，如图 9-19 所示。

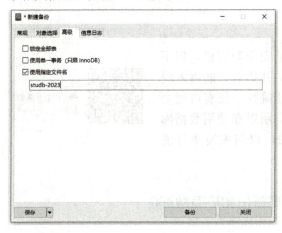 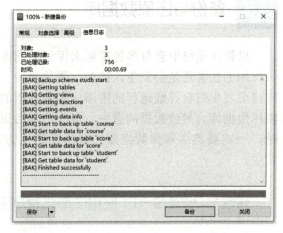

图 9-18 在"高级"选项卡中指定备份文件的文件名　　图 9-19 在"信息日志"选项卡中显示备份的相关信息

5）备份完成后，单击"保存"按钮，将会弹出"设置文件名"对话框，在文本框中输入文件名"studb-bf001"，单击"确定"按钮，随即会返回"新建备份"对话框，此时保存备份的操作已经完成了，可以将该对话框关闭。关闭对话框后可以看到在数据库的备份界面中将显示备份文件列表，如图 9-20 所示。

2. 使用 GRANT 命令给角色授予全局权限

创建角色后，在查询窗口中输入以下语句：

```
GRANT ALL ON *.* TO class_teachers@ 'localhost';
```

输入完成后，按〈Enter〉键完成角色权限授予。授权成功后的 MySQL 客户端命令行窗口如图 9-16 所示。

图 9-15　角色创建成功后的
MySQL 客户端命令行窗口

图 9-16　授权成功后的
MySQL 客户端命令行窗口

3. 使用 GRANT 命令将角色赋予用户 teacher01

角色权限授予完成后，在查询窗口中输入以下语句：

```
GRANT 'class_teachers ' TO 'teacher01'@'localhost';
```

输入完成后，按〈Enter〉键完成角色赋予。

【任务总结】

引入角色的目的是方便管理拥有相同权限的用户。恰当的权限设定，可以确保数据的安全性，这是至关重要的。因此使用命令完成角色管理相关操作是应熟练掌握的技能。

9.5 备份与还原数据库

尽管在系统中会有多种措施来保证数据库的安全和完整，但不可预知的伤害还是会发生，比如：硬件故障、软件错误、病毒入侵等情况发生时会导致运行的中断，影响数据的正确性，还有可能会破坏数据库，导致数据的丢失，造成严重后果。所以在使用数据库时，一定要熟练掌握数据库的备份及还原方法，以防突发事件的发生。

9.5
备份与还原数据库

9.5.1　任务 9-9　使用图形化管理工具备份和还原数据库

【任务描述】

学校须对现有数据库进行备份，以应对突发事件的发生。
1）使用 Navicat 完成对 studb 数据库的备份。
2）使用 Navicat 从备份中将 studb 数据库还原。

9.4 任务9-8 数据库角色管理

为了保证数据库的安全性，逐一设置用户的权限比较直观和方便。然而，如果数据库的用户数很多，则逐一设置权限的工作将会变得十分烦琐。自 MySQL 8.0 开始，引入了角色管理作为权限控制的一个重要组成部分，使得权限分配变得更加简单和高效。通过角色，可以将一组权限分配给一个或多个用户，而无须逐一设置。

在 MySQL 中，角色是权限的集合，可以为角色添加或移除权限，用户可以被赋予角色，同时也被授予角色包含的权限。对角色进行操作需要较高的权限，并且像用户账户一样，角色可以拥有授予和撤销的权限。

【任务描述】

1）使用 CREATE ROLE 命令创建角色 class_teacher。
2）使用 GRANT 命令给角色授予全局权限。
3）使用 GRANT 命令将角色赋予用户 teacher01。

【任务分析与知识储备】

1. 使用 CREATE ROLE 语句创建角色

CREATE ROLE 语句的语法格式为：

```
CREATE ROLE <角色名>@<主机>;
```

语法说明：

角色名的命名规则和用户名类似。如果<主机>省略，则默认为%，"角色名"不可省略，不可为空。

2. 使用 GRANT 语句给角色授权

使用 GRANT 语句给角色授权的语法格式为：

```
GRANT <权限名称>ON <对象名> TO <角色名>[@<主机>];
```

3. 使用 GRANT 语句将角色赋予用户

角色创建并授权后，要赋给用户并处于激活状态才能发挥作用。给用户分配角色可使用 GRANT 语句，语法形式如下：

```
GRANT <角色名> TO <用户名>@<主机>;
```

【任务实施】

1. 使用 CREATE ROLE 语句创建角色 class_teachers

启动 MySQL 8.1，在 MySQL 客户端命令行窗口中输入以下语句：

```
CREATE ROLE class_teachers@'localhost';
```

输入完成后，按〈Enter〉键完成角色的创建。角色创建成功后的 MySQL 客户端命令行窗口如图 9-15 所示。

【任务分析与知识储备】

可以使用 DROP USER 语句删除一个或多个用户，也可以用 DELETE 语句从 mysql 数据库的 user 表中删除用户记录的方式删除用户。

1）DROP USER 的语法格式为：

```
DROP USER <用户名>@<主机>;
```

语法说明：

DROP USER 语句可以删除一个或多个普通用户，各用户之间用逗号分隔。如果删除用户已经创建数据库对象，那么该用户将继续保留。使用者必须拥有 DROP USER 权限。

2）使用 DELETE 语句删除用户的命令格式如下：

```
DELETE FROM mysql.user WHERE User = <用户名> AND Host = <主机>;
```

语法说明：

使用 DELETE 语句删除用户时必须拥有 mysql.user 的 DELETE 权限。

【任务实施】

1. 使用 DROP USER 语句删除用户 teacher03

1）打开 Navicat 集成开发环境。

2）在 Navicat 中使用 root 用户身份连接 MySQL 中的 studb 数据库，新建查询，并输入以下语句：

```
DROP USER teacher03@'localhost';
```

输入完成后，单击"运行"按钮完成用户的删除。删除用户 teacher03 后的用户列表如图 9-13 所示。

2. 使用 DELETE 语句删除用户 teacher04

1）打开 Navicat 集成开发环境。

2）在 Navicat 中使用 root 用户身份连接 MySQL 中的 studb 数据库，新建查询，并输入以下语句：

```
DELETE FROM mysql.user WHERE User='teacher04' AND Host = 'localhost';
```

输入完成后，单击"运行"按钮完成用户的删除。删除用户 teacher04 后的用户列表如图 9-14 所示。

图 9-13　删除用户 teacher03 后的用户列表

图 9-14　删除用户 teacher04 后的用户列表

【任务总结】

数据库用户的删除主要有 DROP USER 语句和 DELETE 语句两种方法，应熟练掌握这两种方法。此外，Navicat 也提供了图形化的用户删除方法，有兴趣的同学可自行探索。

SET PASSWORD 语句可以修改用户的密码，如果语句中不加"[FOR <用户名>@<主机>]"可选项，则修改当前用户的密码。

3）使用 UPDATE 语句修改用户密码的语法格式为：

```
UPDATE mysql.user SET authentication_string = SHA1(<新密码>)
WHERE User = <用户名> AND Host = <主机>;
```

语法说明：

"新密码"保存在 user 表中 authentication_string 字段中。

【任务实施】

1. 使用 SET PASSWORD 语句修改用户 teacher02 的密码

1）打开 Navicat 集成开发环境。

2）在 Navicat 中使用 root 用户身份连接 MySQL 中的 studb 数据库，新建查询，并输入以下语句：

```
SET PASSWORD FOR teacher02@'localhost' =PASSWORD ('teacher2');
```

输入完成后，单击"运行"按钮完成密码的修改。用户 teacher02 的密码修改完成的界面如图 9-11 所示。

2. 使用 Navicat 修改用户 teacher03 的密码

1）打开 Navicat 集成开发环境。

2）在 Navicat 中使用 root 用户身份连接 MySQL 中的 studb 数据库，在工具栏中单击"用户"按钮，在"对象"窗格中选择"teacher03@localhost"用户，单击"编辑用户"按钮，在 teacher03@localhost 用户的"常规"选项卡中，在"密码""确认密码"文本框中分别重新输入 "teacher3""teacher3"，并单击"保存"按钮，用户密码修改完成后的界面如图 9-12 所示。

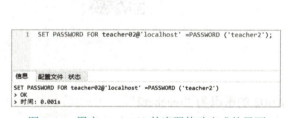
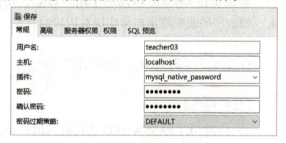

图 9-11　用户 teacher02 的密码修改完成的界面　　　图 9-12　用户密码修改完成后的界面

【任务总结】

数据库用户密码的修改是数据库使用过程中最常用的功能之一，使用不同语法对用户密码修改的方法应当熟练掌握。同时应掌握利用 Navicat 更高效地完成密码修改的相关操作。

9.3.2　任务 9-7　删除用户

【任务描述】

1）使用 DROP USER 语句删除用户 teacher03。

2）使用 DELETE 语句删除用户 teacher04。

2）在"MySQL-权限管理员"窗格"常规"选项卡中，展开 studb 中的"表"，选择 student 对象，单击"添加权限"按钮，在添加权限界面中，选择"'teacher03'@'localhost'"用户，再选中权限"Select""Insert"后的复选框并单击"确定"按钮，完成界面如图 9-10 所示。

2. 回收用户 teacher02 的相关权限

在"MySQL-权限管理员"窗格的"常规"标签中，展开 studb 中的"表"，选择 score 对象中的 grade 字段，单击"删除权限"按钮，即完成用户 teacher02 对 studb 数据库中的 score 数据表中 grade 字段的 UPDATE 权限删除。

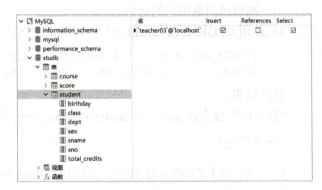

图 9-10　添加权限完成界面

【任务总结】

Navicat 在完成用户权限授予、查看及回收操作中，能给管理员提供便捷的操作方式，减少命令行指令操作带来的语法错误等问题，极大地提高初学者的任务完成效率，是一种需要熟练掌握的操作技能。

9.3　数据库用户管理

管理员在 MySQL 中添加了用户以后，可能需要对用户进行改名、修改密码或删除用户来实现对用户的管理。

9.3 数据库用户管理

9.3.1　任务 9-6　修改用户密码

【任务描述】

1）使用 SET PASSWORD 语句修改用户 teacher02 的密码为"teacher2"。
2）使用 Navicat 修改用户 teacher03 的密码为"teacher3"。

【任务分析与知识储备】

修改用户密码有以下几种方法。
1）使用 mysqladmin 命令修改用户密码的命令格式如下：

```
mysqladmin -u <用户名> [ -h <主机> ] -p password [ <新密码> ] ;
```

语法说明：

mysqladmin 是一条外部命令，必须在服务器端的"命令提示符"下执行。
2）SET PASSWORD 语句的语法格式为：

```
SET PASSWORD [ FOR <用户名>@<主机> ] = <新密码>;
```

语法说明：

输入完成后,单击"运行"按钮,使用 SELECT 查询显示的权限信息如图 9-7 所示。

2. 实现 teacher02 用户授权并查看

1)打开 Navicat 集成开发环境。

2)在 Navicat 中使用 root 用户身份连接 MySQL 中的 studb 数据库,新建查询,并输入以下语句:

```
GRANT UPDATE (grade) ON studb.score TO teacher02@'localhost';
```

输入完成后,单击"运行"按钮完成授权。

3)新建查询,并输入以下语句:

```
SHOW GRANTS FOR teacher02@'localhost';
```

单击"运行"按钮,使用 SHOW GRANTS 显示的权限信息如图 9-8 所示。

图 9-7 使用 SELECT 查询显示的权限信息 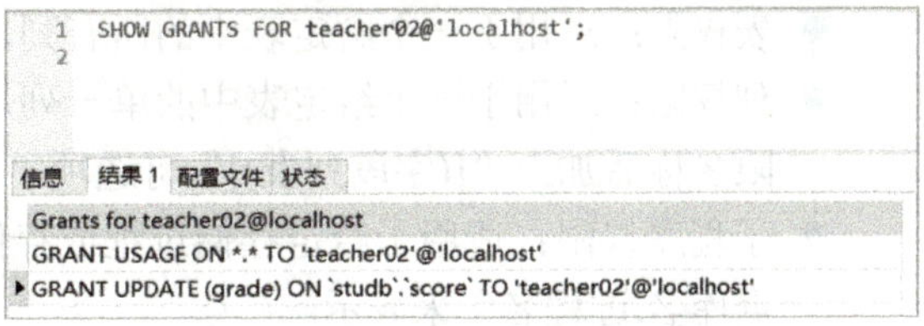   图 9-8 使用 SHOW GRANTS 显示的权限信息

【任务总结】

GRANT 语句可以结合不同的权限名称和对象名的搭配完成不同级别权限的授予,进而提升数据库安全性和维护效率。对已完成授权的用户,可以利用 SHOW GRANTS 语句和 SELECT 语句进行权限查询。

9.2.2 任务 9-5 在图形化管理工具中管理用户权限

【任务描述】

1)使用 Navicat 查看用户 teacher01 的权限,并授予用户 teacher03 对 studb 数据库的 student 数据表的 SELECT、INSERT 权限。

2)使用 Navicat 回收用户 teacher02 对 studb 数据库中的 score 数据表中 grade 字段的 UPDATE 权限。

【任务实施】

1. 查看用户 teacher01 的权限,并授予用户 teacher03 相关权限

1)在 Navicat 中使用 root 用户身份连接 MySQL 中的 studb 数据库,在工具栏中单击"用户"按钮,再在"对象"选项卡中单击"权限管理员"按钮,在"MySQL-权限管理员"窗格的"常规"选项卡中,单击列表中的"MySQL",可以看到用户 teacher01 的权限信息,如图 9-9 所示。

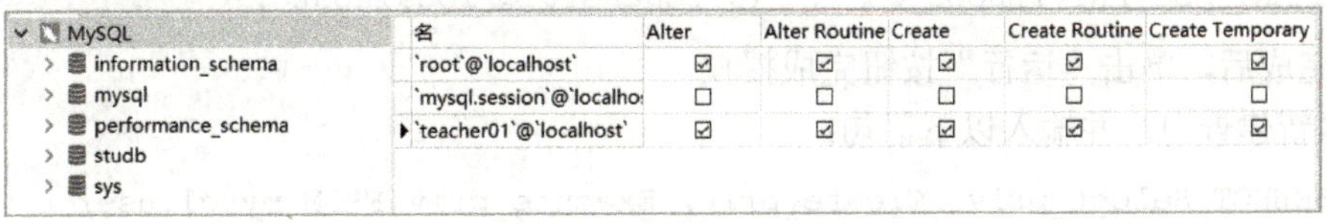

图 9-9 用户 teacher01 的权限信息

- SELECT：允许检索数据表。
- INSERT：允许在数据表中插入数据。
- DELETE：允许在数据表中删除数据。
- UPDATE：允许在数据表中更新数据。
- INDEX：允许在数据表中定义索引。
- CREATE VIEW：允许创建视图。
- EXECUTE：允许运行指定的存储过程。

2)"对象名"有以下权限级别。
- 全局权限：适用于一个给定服务器中的所有数据库，可以用"*.*"来表示。
- 数据库权限：适用于一个给定数据库中的所有数据库对象，可以用"数据库名.*"来表示。
- 表权限：适用于一个给定表中的所有列，可以用"数据库名.表名"来表示。
- 列权限：适用于一个给定表中的单一列，可以先用"数据库名.表名"来确定表，再在权限名称后加上"[(字段列表)]"可选项，如：SELECT(员工ID,姓名)。
- 子程序权限：适用于给定存储过程或存储函数，可以用"PROCEDURE FUNCTION 数据库名.过程名"来表示。

2. 查看用户权限

（1）使用 SHOW GRANTS 语句查看授权信息

SHOW GRANTS 语句的语法格式为：

```
SHOW GRANTS FOR <用户名>@<主机>；
```

（2）使用 SELECT 语句查看 mysql.user 表中用户的全局权限

使用 SELECT 语句查看用户权限的语法格式为：

```
SELECT <权限字段> FROM mysql.user
 [ WHERE User = <用户名> AND Host = <主机> ];
```

语法说明：

1）mysql.user 表可以查询到用户的全局权限。

2)"权限字段"中常用的权限字段有 Select_priv、Insert_priv、Create_priv、Execute_priv 等字段，mysql.db 中可以查询到用户的数据库权限。

【任务实施】

1. 实现 teacher01 用户授权并查看

1）打开 Navicat 集成开发环境。

2）在 Navicat 中使用 root 用户身份连接 MySQL 中的 studb 数据库，新建查询，并输入以下语句：

```
GRANT ALL PRIVILEGES ON *.* TO teacher01@'localhost';
```

输入完成后，单击"运行"按钮完成授权。

3）再新建查询，并输入以下语句：

```
SELECT Select_priv, Create_priv, Execute_priv FROM mysql.user
WHERE user='teacher01' And Host='localhost';
```

【任务总结】

在 MySQL 中添加新用户时也可以使用 GRANT 语句，两者用法基本一致。与 CREATE USER 语句不同的是，GRANT 语句不仅可以创建新用户，还可以在创建的同时对用户授权。此外需要注意的是，GRANT 语句在使用时不能省略权限名称及对象名，否则无法创建。

9.2 数据库用户权限管理

新添加的数据库用户不允许访问其他用户的数据库，也不能创建自己的数据库，只有在授予了相应的权限以后才能访问或创建数据库，为了 MySQL 服务器的安全，需要考虑以下内容。

9.2 数据库用户权限管理

1) 多数用户只需要能对数据表进行读、写操作，只有少数用户需要能创建、删除数据表。
2) 某些用户需要读、写数据而不需要修改数据。
3) 某些用户允许添加数据而不允许删除数据。
4) 管理员用户需要有管理用户的权力，而其他用户则不需要。
5) 某些用户允许通过存储过程来访问数据而不允许直接访问数据表。

9.2.1 任务 9-4 在命令行中管理用户权限

【任务描述】

根据学生成绩管理系统使用单位的要求，本系统将用户分为三级，分别对应教务部门工作人员、任课老师和在校学生。为保证各级用户的正常使用，现要对各级用户授予权限。

1) 使用 GRANT 语句授予用户 teacher01 所有全局权限，再使用 SELECT 语句查看 Select_priv、Create_priv、Execute_priv 权限字段。

2) 使用 GRANT 语句授予用户 teacher02 对 studb 数据库中的 score 数据表中 grade 字段的 UPDATE 权限。

【任务分析与知识储备】

1. 授予用户权限

GRANT 语句不仅是添加新用户的语句，还可以实现授权或修改用户密码的作用。GRANT 语句的语法格式为：

```
GRANT <权限名称> [<字段列表>] ON <对象名> TO <用户名>@<主机> [IDENTIFIED BY <新密码>] [WITH GRANT OPTION];
```

语法说明：
1)"权限名称"中常用的权限如下。
- ALL[PRIVILEGES]：除 GRANT OPTION 之外的所有简单权限。
- CREATE：允许创建数据表。
- ALTER：允许修改数据表。
- DROP：允许删除数据表。

单击"运行"按钮,完成用户的添加。运行无误后返回用户列表界面,发现用户添加成功,如图 9-5 所示。

【任务总结】

在 MySQL 中添加新用户时可以使用 CREATE USER 语句实现。因安全性较低,MySQL 8.0 中移除了 PASSWORD 函数,默认使用更安全的 caching_sha2_password 和 mysql_native_password 来自动处理哈希值密码。

图 9-5 用户 teacher03 添加成功

9.1.3 任务 9-3 使用 GRANT 语句创建用户

【任务描述】

练习使用 GRANT 语句完成 MySQL 用户的添加,并掌握 GRANT 语句和 CREATE UESR 语句的异同。

【任务分析与知识储备】

使用 GRANT 语句插入用户的语法格式为:

GRANT <权限名称> [<字段列表>] ON <对象名> TO <用户名>@<主机> [IDENTIFIED BY [PASSWORD] <新密码>] [WITH GRANT OPTION];

语法说明:

1) CREATE USER 语句可以用来添加用户,通过该语句可以在 user 权限表中添加一条新的记录,但是 CREATE USER 语句创建的新用户没有任何权限,还需要使用 GRANT 语句赋予用户权限。而 GRANT 语句不仅可以创建新用户,还可以在创建的同时对用户授权。

2) IDENTIFIED BY 关键字用于设置密码,如果设置的密码为哈希值,则在密码前添加 PASSWORD 关键字。

3) 使用 GRANT 语句可以同时创建多个用户,各用户之间使用半角逗号分隔。

其他参数的功能和含义与 CREATE USER 语句类似。

 注意:在 MySQL 8.0 之前的版本中,可以使用 GRANT 语句创建用户。

【任务实施】

1) 打开 Navicat 集成开发环境,使用 GRANT 语句创建新用户,用户名为"teacher04",密码为"teacher04"。

2) 在 Navicat 中使用"root"用户连接到 MySQL 中的 studb 数据库,新建查询,并输入以下语句:

GRANT ALL ON studb.* TO teacher04@'localhost' IDENTIFIED BY 'teacher04';

运行无误后返回用户列表界面验证,添加用户成功界面如图 9-6 所示。

图 9-6 添加用户 teacher04 成功界面

码为"teacher03"。

【任务分析与知识储备】

添加用户可以使用 CREATE USER、GRANT 和 INSERT 语句来实现。其中，CREATE USER 语句的语法格式为：

```
CREATE USER <用户名>@<主机> [IDENTIFIED BY [PASSWORD] [<密码>]];
```

语法说明：

1）使用 CREATE USER 语句可以创建一个或多个用户，用户之间用逗号分隔。

2）"主机"可以是主机名或 IP 地址，本地主机名可以使用 localhost，"%"表示一组主机。

3）字符"@"与前面的用户名之间，与后面主机名之间都不能有空格，否则用户创建不会成功。

4）IDENTIFIED BY 关键字用于设置用户的密码，如果指定用户登录不需要密码，则可以省略该选项，此时，MySQL 服务器使用内建的身份验证机制，用户登录时不用指定密码。

5）PASSWORD 关键字指定使用哈希值设置密码。密码的哈希值可以使用 PASSWORD()函数获取。

6）每添加一个 MySQL 用户，会在 mysql.user 数据表中添加一条新记录，但是新创建的用户没有任何权限，需要对其进行授权操作。

【任务实施】

1. 使用明文密码创建新用户

1）打开 Navicat 集成开发环境，使用 root 用户身份连接到 MySQL 中的 studb 数据库，新建查询，输入以下语句并执行：

```
CREATE USER teacher02@'localhost' IDENTIFIED BY 'teacher02';
```

2）运行无误后返回用户列表界面，发现用户 teacher02 添加成功，如图 9-3 所示。

2. 查询指定密码的哈希值，并使用哈希值密码完成用户创建

1）在 Navicat 中使用 root 用户身份连接到 MySQL 中的 studb 数据库，新建查询，并输入以下语句以查询指定密码的哈希值：

```
SELECT PASSWORD ('teacher03');--可在 MySQL 5.0 或 7.0 中测试
```

输入完成后，单击"运行"按钮，查出密码"teacher03"的哈希值，所得的哈希值结果如图 9-4 所示。

图 9-3 用户 teacher02 添加成功

图 9-4 "teacher03"的哈希值结果

2）新建查询，输入以下语句：

```
CREATE USER teacher03@'localhost' IDENTIFIED
BY PASSWORD '*41EA8490407E36D93DBB15E82490995392409759';
```

赋予了 MySQL 的所有权限。在对 MySQL 的实际操作中，通常需要创建不同层次要求的用户来确保数据的安全访问。

9.1.1　任务 9-1　使用图形化管理工具创建用户

【任务描述】

根据学校教务部门对学生成绩管理系统的使用需求，须新增多名用户以提升系统管理维护效率。现要求通过图形化管理工具 Navicat 完成新用户的创建，用户名为"teacher01"，密码为"teacher01"。

【任务分析与知识储备】

Navicat 在操作使用过程中可以减少 SQL 语句的使用，提升操作效率。因此学会使用 Navicat 完成用户创建是初学者应掌握的基本功。

【任务实施】

1）打开 Navicat 集成开发环境。

2）在 Navicat 中使用 root 用户身份连接 MySQL 中的 studb 数据库，在工具栏中单击"用户"按钮，在"对象"选项卡中单击"新建用户"按钮，在用户创建界面的"常规"标签中，在"用户名""主机""密码""确认密码"文本框中分别输入"teacher01""localhost""teacher01""teacher01"并单击"保存"按钮。用户创建界面如图 9-1 所示。

保存新建用户信息后返回到用户列表界面，在用户列表中出现新建用户 teacher01，如图 9-2 所示，表明用户已添加成功。

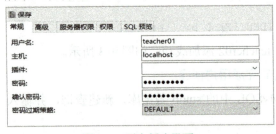

图 9-1　用户创建界面

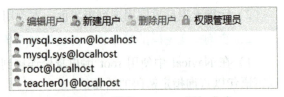

图 9-2　用户 teacher01 添加成功

【任务总结】

Navicat 可以快速地完成新用户的创建，在新用户创建功能上具有逻辑简单、操作便捷的特点，适合初学者在尚未熟练掌握 SQL 语句的使用方法时加以利用。

9.1.2　任务 9-2　使用 CREATE USER 语句创建用户

【任务描述】

使用 CREATE USER 语句完成 MySQL 新用户的创建，创建时分别使用明文密码和哈希值密码。

1）使用明文密码创建新用户，用户名为"teacher02"，密码为"teacher02"。

2）查询指定密码的哈希值，并使用哈希值密码完成用户创建。用户名为"teacher03"，密

前导知识：MySQL 权限表

MySQL 通过权限表来控制用户对数据库的访问，MySQL 数据库在安装时会自动安装多个数据库。MySQL 权限表存放在名称为 MySQL 的数据库当中。常用的权限表有 user、db、host、table_priv、columns_priv 和 procs_priv。

（1）user 权限表

user 权限表是 MySQL 中最重要的一个权限表。user 权限表中的列主要分为 4 部分：用户列、权限列、安全列和资源控制列，以下进行逐一介绍。

1）用户列：用户登录时通过表中的 host、user 和 authentication_string 这三个列判断连接的 IP 地址、用户名和密码是否存在于表中来通过身份验证或拒绝连接。

2）权限列：user 权限表中包含了多个以"_priv"结尾的字段，这些字段决定了该用户的权限，包括查询权限、插入权限、更新权限、删除权限等普通权限，也包括关闭服务器和加载用户等高级管理权限。

3）安全列：包括 ssl（加密）、x509（标识用户）开头的字段以及 plugin 和 authentication_string 字段（验证用户身份、授权的插件）等。

4）资源控制列：max（最大允许次数，0 表示无限制）开头的字段。

- max_questions：表示每小时允许执行查询数据库的次数。
- max_updates：表示每小时允许执行更新数据库的次数。
- max_connections：表示每小时允许执行连接数据库的次数。
- max_user_connections：表示单个用户同时连接数据库的个数。

（2）db、host 权限表

db、host 权限表均记录数据库级别的操作权限。db 权限表用以存储用户在各个数据库上的操作权限，它决定了哪些用户可以从哪些主机访问哪些数据库。

host 权限表是 db 权限表的扩展，配合 db 权限表对给定主机上的数据库级操作权限做更细致的控制。host 权限表使用的频率较少，只有想在 db 权限表的范围之内扩展一个条目时才会用到 host 权限表。

（3）table_priv 权限表

table_priv 权限表记录数据表级别的操作权限。table_priv 权限表与 db 权限表相似，不同之处是它用于数据表而不是数据库。

（4）columns_priv 权限表

columns_priv 权限表记录数据字段级别的操作权限。columns_priv 权限表的作用与 tables_priv 表类似，不同之处是它是针对某些表的特定字段的权限。

（5）procs_priv 权限表

procs_priv 权限表存储用户在存储过程和存储函数上的操作权限。

9.1 添加数据库用户

9.1 添加数据库用户

新安装的 MySQL 中只有一个名为 root 的用户。root 用户是安装服务器时由系统创建并被

项目 9 维护 MySQL 数据库的安全性

知识导图

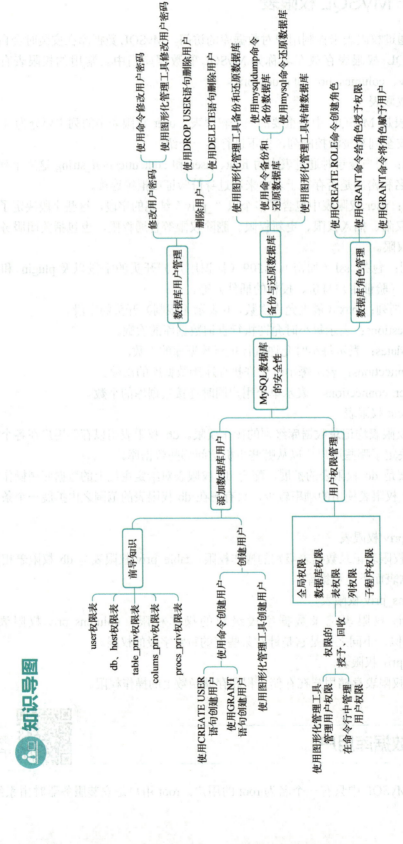

项目 9 维护 MySQL 数据库的安全性

对数据库安全性的维护可以有效保证对数据库的安全访问，防止数据被恶意泄露、修改或删除。MySQL 安全管理主要通过用户管理来实现。用户管理包括创建用户、用户授权和用户登录等。MySQL 安全系统非常灵活，可以通过命令或界面登录，用户权限也可以通过数据库、表、列及其他数据库对象的不同授权来实现，既能满足用户需求，又能限制用户权限。

知识目标

1. 了解 MySQL 权限表的基础知识。
2. 掌握创建和删除用户的方法。
3. 掌握普通用户和 root 用户的密码管理方法。

能力目标

1. 能正确使用 MySQL 数据库系统表。
2. 能使用 SQL 命令创建、删除、修改系统账户。
3. 能以管理员身份对普通账户进行管理。
4. 能完成数据库用户管理。
5. 能完成 MySQL 账户权限赋予和回收。
6. 能完成数据库角色管理操作。

素质目标

1. 培养数据科学素养和数据库设计规范意识。
2. 培养数据规划、设计与统筹能力。
3. 培养严谨的工作习惯与遵守工作规范的意识。
4. 培养团队协作意识。
5. 培养善于思考、乐于探索问题和解决问题的习惯与能力。

二、填空题

1. 创建触发器使用的语句为_____。
2. 创建触发器的语句中，使用_____关键字指定对于受触发事件影响的每一行，都要激活触发器的动作。
3. 触发器定义在一个表中，当在表中执行_____、_____或 DELETE 操作时被触发自动执行。
4. 删除触发器使用的语句为_____。
5. 通过命令查看触发器，可以使用_____语句。

三、判断题

1. 可以在同一张表上创建多个触发器。（　　）
2. 触发器可以调用将数据返回客户端的存储程序。（　　）
3. 触发器触发的事件包括：INSERT、UPDATE、DELETE、CREATE TABLE。（　　）
4. 修改触发器的命令是 ALTER TRIGGER。（　　）
5. 触发器既可以自动触发，也可以手动调用触发。（　　）

程序中如果包含 SELECT 语句，该 SELECT 语句不能返回结果集，同一个表不能创建两个相同触发时间、触发事件的触发程序。

课后练习 8

一、选择题

1. 当对表进行下列哪项操作时，触发器不会自动执行（　　）。
   A．SELECT　　　B．INSERT　　　C．UPDATE　　　D．DELETE
2. 下列关于 MySQL 中前触发器的说法，正确的是（　　）。
   A．在前触发器执行之后，再执行引发触发器执行的数据操作语句
   B．创建前触发器使用的选项是 FOR
   C．在一个表上只能定义一个前触发器
   D．在一个表上针对同一个数据操作只能定义一个前触发器
3. 设在 MySQL 中有如下定义触发器的语句：
   ```
   CREATE TRIGGER tr_update_stuscore
   AFTER UPDATE
   ON score
   FOR EACH ROW
       ……
   ```
   下列关于该触发器作用的说法，正确的是（　　）。
   A．在 score 表上定义了一个由数据更改操作引发的前触发型触发器
   B．在 score 表上定义了一个由数据更改操作引发的后触发型触发器
   C．在 score 表上定义了一个由数据增、删、改操作引发的后触发型触发器
   D．在 score 表上定义了一个由数据增、删、改操作引发的前触发型触发器
4. 以下对触发器的叙述中，不正确的是（　　）。
   A．触发器可以传递参数
   B．触发器是 SQL 语句的集合
   C．用户不能调用触发器
   D．可以通过触发器来强制实现数据的完整性和一致性
5. 创建触发器的命令是（　　）。
   A．CREATE TABLE　　　　　　B．CREATE TRIGGER
   C．CREATE ENGINE　　　　　D．CREATE VIEW
6. 删除触发器的命令是（　　）。
   A．ALTER　　　B．DELETE　　　C．DROP　　　D．REMOVE
7. 查看指定数据库中已存在的触发器语句、状态等信息，使用（　　）。
   A．ALTER TRIGGERS　　　　　B．SELECT TRIGGERS
   C．DISPLAY TRIGGERS　　　　D．SHOW TRIGGERS
8. 表示前触发使用的关键字是（　　）。
   A．FRONT　　　B．AFTER　　　C．AHEAD　　　D．BEFORE

【任务总结】

本任务通过图形化界面和命令两种方式查看数据库中有哪些触发器，练习触发器的查看操作。

8.2.2 任务 8-5 删除触发器

【任务描述】

在图形化管理工具 Navicat 中对 studb 数据库进行以下操作。

1）通过图形化界面删除 student 表中的触发器。

2）通过命令删除 student 表中的触发器。

【任务分析与知识储备】

触发器创建后，如果不需要了，可以使用 DROP TRIGGER 语句删除触发器。

DROP TRIGGER 语句的语法格式为：

```
DROP TRIGGER [IF EXISTS][<数据库名>.]<触发器名>;
```

【任务实施】

1. 通过图形化界面删除 student 表中的触发器

1）打开图形化管理工具 Navicat，双击打开已创建的连接对象 MySQL，在 studb 数据库的 student 表上单击鼠标右键，在快捷菜单中选择"设计表"命令。

2）在弹出的界面中选择"触发器"选项卡，即可看到 student 表中的触发器。

3）在想要删除的触发器前面单击鼠标右键，在快捷菜单中选择"删除触发器"命令，即可删除该触发器，如图 8-16 所示。

2. 通过命令删除 student 表中的触发器

1）在 Navicat 查询窗口中输入以下 SQL 语句：

```
DROP TRIGGER tr_insert_student;
```

执行程序，运行结果如图 8-17 所示。

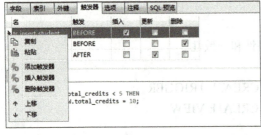

图 8-16 通过图形化界面删除 student 表中的触发器　　图 8-17 通过命令删除触发器 tr_insert_student

2）通过命令 SHOW TRIGGERS FROM studb 查看触发器，发现触发器 tr_insert_student 已被删除。

【任务总结】

本任务通过图形化界面和命令两种方式分别实现查看和删除触发器。需要注意的是，触发

【任务分析与知识储备】

本任务要求通过两种方式查看数据表中有哪些触发器：通过图形化界面查看时，只需学会如何查看即可；通过命令查看时，可以使用 SHOW TRIGGER 语句。

（1）以 SHOW TRIGGERS 语句方式查看触发器

SHOW TRIGGERS 语句的语法格式为：

```
SHOW TRIGGERS [FROM <数据库名>] [LIKE 'pattern'];
```

（2）以 SELECT 语句方式查看触发器

SELECT 语句的语法格式为：

```
SELECT * FROM Information_Schema.Triggers WHERE Trigger_Name=<触发器名>;
```

【任务实施】

1. 通过图形化界面查看 student 表中的触发器

1）打开图形化管理工具 Navicat，双击打开已创建的连接对象 MySQL，在 studb 数据库的 student 表上单击鼠标右键，在快捷菜单中选择"设计表"命令，如图 8-13 所示。

2）在弹出的界面中选择"触发器"选项卡，即可看到 student 表中的触发器，如图 8-14 所示。

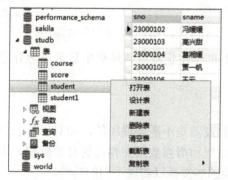

图 8-13　打开"设计表"选项　　图 8-14　通过图形化界面方式查看 student 表中的触发器

2. 通过命令查看 student 表中的触发器

在 Navicat 查询窗口中输入以下 SQL 语句：

```
SHOW TRIGGERS FROM studb LIKE 'student';
```

执行程序，运行结果如图 8-15 所示。

图 8-15　通过命令方式查看数据表中的触发器

```
ON student
FOR EACH ROW
BEGIN
    SET @info = '学分已更新';
END;
```

执行程序，运行结果如图 8-11 所示。

2）在 Navicat 查询窗口中输入以下 SQL 语句：

```
UPDATE student SET total_credits = total_credits + 1 WHERE sno = '23000102';
SELECT @info;
```

执行程序，将学号为 23000102 的学生记录中 total_credits 字段的值加 1，结果如图 8-12 所示。

图 8-11　创建触发器 tr_update_student

图 8-12　执行更新语句后输出结果

从图 8-12 可以看出，当更新完学号为 23000102 的学生记录后，结果中显示"学分已更新"的提示信息，说明触发器执行了。

【任务总结】

触发器是一个被指定关联到一个表的数据对象。触发器是不需要调用的，当对一个表的特别事件出现时，它就会激活。触发器是实现复杂数据处理和增强数据完整性的有效机制。本任务重点学习触发器的创建，根据任务要求创建不同类型的触发器以实现不同的功能。

8.2　查看及删除触发器

学会了如何创建触发器，如何知道数据库中到底有哪些触发器呢？当触发器不需要的时候，如何删除呢？本节重点学习触发器的查看及删除。

8.2 查看及删除触发器

8.2.1　任务 8-4　查看数据表中有哪些触发器

【任务描述】

在图形化管理工具 Navicat 中对 studb 数据库进行以下操作。

1）通过图形化界面查看 student 表中有哪些触发器。

2）通过命令查看 student 表中有哪些触发器。

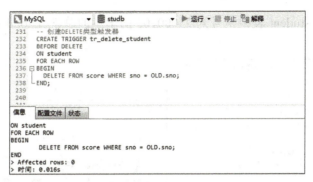

图 8-8　创建触发器 tr_delete_student

执行程序，删除学号为 23000101 的学生记录，然后查看 score 表中的数据，如图 8-9 和图 8-10 所示。

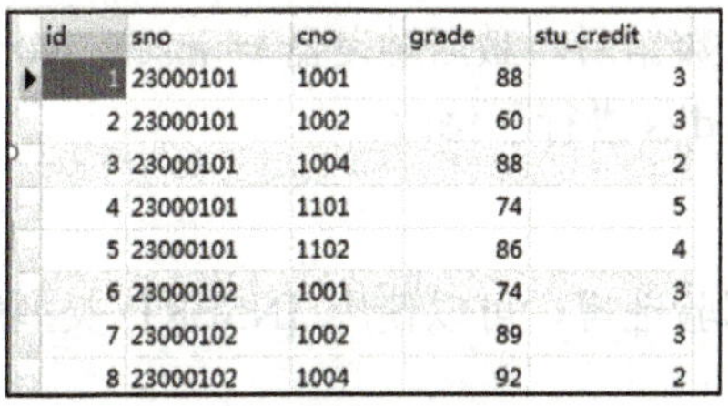

id	sno	cno	grade	stu_credit
1	23000101	1001	88	3
2	23000101	1002	60	3
3	23000101	1004	88	2
4	23000101	1101	74	5
5	23000101	1102	86	4
6	23000102	1001	74	3
7	23000102	1002	89	3
8	23000102	1004	92	2

图 8-9　执行删除语句前 score 表中的数据

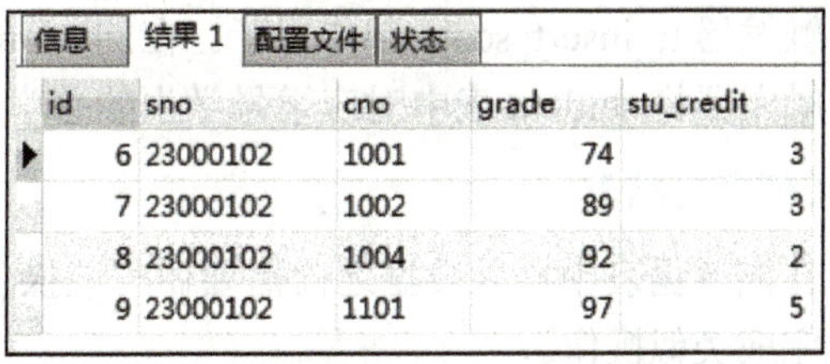

信息　结果 1　配置文件　状态

id	sno	cno	grade	stu_credit
6	23000102	1001	74	3
7	23000102	1002	89	3
8	23000102	1004	92	2
9	23000102	1101	97	5

图 8-10　执行删除语句后 score 表中的数据

从图 8-9 和图 8-10 可以看出，当执行完从 student 表中删除学号为 23000101 的学生记录后，score 表中该学生对应的成绩也被删除了。

【任务总结】

当对数据库进行删除操作的同时需要对其他表进行一些级联操作时，可以考虑使用 DELETE 触发器来实现。

8.1.3　任务 8-3　创建 UPDATE 类型触发器

【任务描述】

8.1.3 任务 8-3 创建 UPDATE 类型触发器

在图形化管理工具 MySQL 中对 studb 数据库中的 student 表进行以下操作：创建一个触发器 tr_update_student，该触发器的功能为更新学生表 student 中 total_credits 字段之后将用户变量 info 的值设置为“学分已更新”，并进行测试。

【任务分析与知识储备】

在编写触发器 tr_update_student 时，任务要求在更新学生表 student 字段之后设置用户变量 info 的值，所以触发时刻用 AFTER 关键字；要求是更新数据，因此触发事件用 UPDATE；任务要求对学生表 student 进行操作，所以表名用 student。

【任务实施】

1）在 Navicat 查询窗口中输入以下 SQL 语句：

```
CREATE TRIGGER tr_update_student
AFTER UPDATE
```

执行程序，查看 student 表中学号为 23000103 的学生的总学分 total_credits，运行结果如图 8-7 所示。

图 8-6 查看 score 表中新插入的数据

图 8-7 向 score 表插入数据之后 student 表的数据

对比图 8-4 和图 8-7 可知，学号为 23000103 的学生的总学分 total_credits 由 17 变为 20，说明触发器 tr_insert_score 起作用了。在向 score 表中插入数据后，激活触发器 tr_insert_score 执行，触发器将 student 表中对应学号学生的总学分 total_credits 进行了修改。

【任务总结】

在向数据表中插入数据之前需要做一些操作，如数据验证等，可以使用 INSERT 类型触发器来完成类似操作。

8.1.2 任务 8-2 创建 DELETE 类型触发器

【任务描述】

在图形化管理工具 Navicat 中对 studb 数据库中的 student 表进行以下操作：创建一个触发器 tr_delete_student，该触发器的功能为在学生表 student 中删除一个学生记录之前，删除该学生的所有成绩记录，并进行测试。

8.1.2
任务 8-2 创建 DELETE 类型触发器

【任务分析与知识储备】

在编写触发器 tr_delete_student 时，任务要求在删除学生记录之前删除该学生的成绩记录，所以触发时刻用 BEFORE 关键字，任务要求删除学生表（student）中的学生记录，因此触发事件用 DELETE，表名用 student。

【任务实施】

1）在 Navicat 查询窗口中输入以下 SQL 语句：

```
CREATE TRIGGER tr_delete_student
BEFORE DELETE
ON student
FOR EACH ROW
BEGIN
    DELETE FROM score WHERE sno = OLD.sno;
END;
```

执行程序，运行结果如图 8-8 所示。

2）在 Navicat 查询窗口中输入以下 SQL 语句：

```
DELETE FROM student sno = '23000101';
```

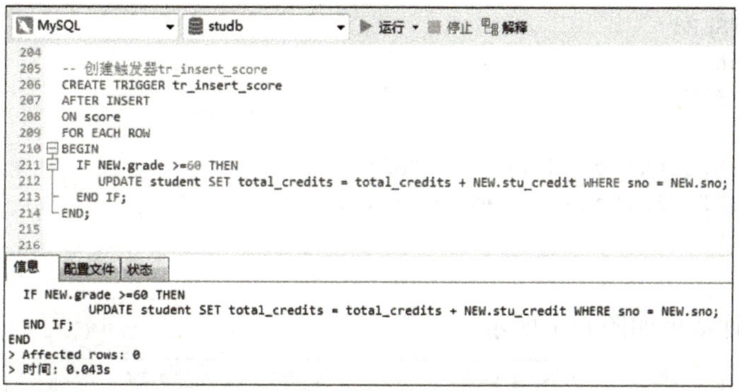

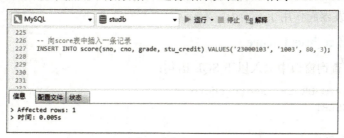

图 8-3　创建触发器 tr_insert_score

2）在 Navicat 中查看向 score 表插入数据之前，student 表中学号为 23000103 的学生的总学分 total_credits，如图 8-4 所示。

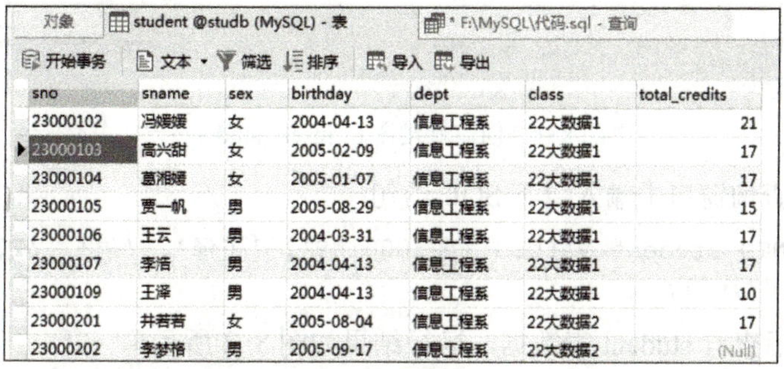

图 8-4　向 score 表插入数据之前 student 表的数据

从图 8-4 可以看出，在向 score 表插入数据之前，学号为 23000103 的学生的总学分 total_credits 为 17。

3）在 Navicat 查询窗口中输入以下 SQL 语句：

```
INSERT INTO score(sno, cno, grade, stu_credit) VALUES('23000103', '1003', 80, 3);
```

执行程序，向 score 表中插入一条数据，运行结果如图 8-5 所示。

图 8-5　向 score 表中插入数据

4）在 Navicat 查询窗口中输入以下 SQL 语句：

```
SELECT * FROM score WHERE sno = '23000103';
```

执行程序，查看 score 表新插入的数据，如图 8-6 所示。

从图 8-6 可以看出，学号为 23000103 的学生成绩插入 score 表中了。

5）在 Navicat 查询窗口中输入以下 SQL 语句：

```
SELECT * FROM student WHERE sno = '23000103';
```

```
BEFORE INSERT
ON student
FOR EACH ROW
BEGIN
    IF NEW.total_credits < 5 THEN
        SET NEW.total_credits = 10;
    END IF;
END;
```

执行程序，运行结果如图 8-1 所示。

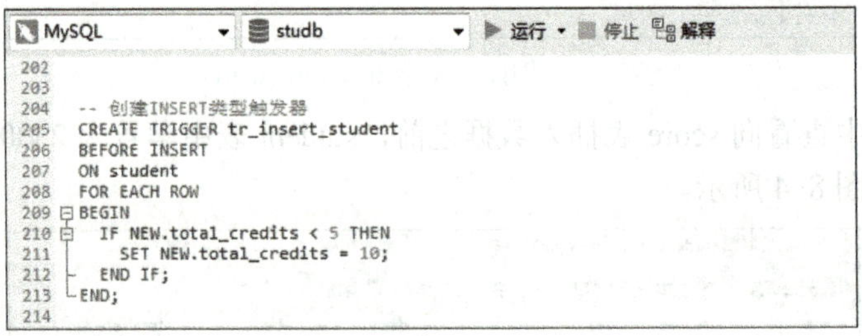

图 8-1　创建触发器 tr_insert_student

2）在 Navicat 查询窗口中输入以下 SQL 语句：

```
    INSERT INTO student VALUES ('23000109', '王泽', '男', '2004-04-13', '信息
工程系', '22 大数据 1', 2);
```

执行程序，然后查看 student 表数据，运行结果如图 8-2 所示。

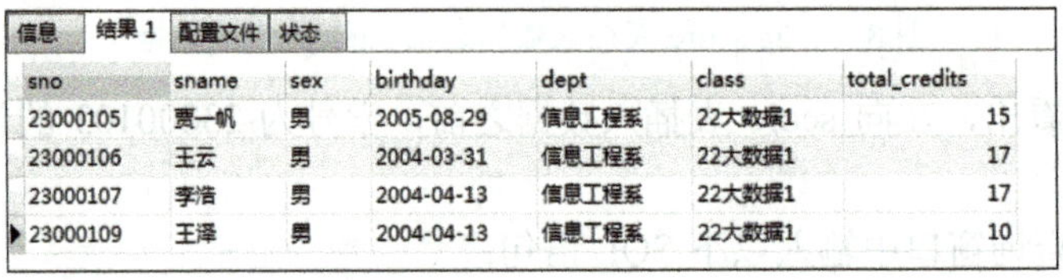

sno	sname	sex	birthday	dept	class	total_credits
23000105	贾一帆	男	2005-08-29	信息工程系	22大数据1	15
23000106	王云	男	2004-03-31	信息工程系	22大数据1	17
23000107	李浩	男	2004-04-13	信息工程系	22大数据1	17
23000109	王泽	男	2004-04-13	信息工程系	22大数据1	10

图 8-2　执行插入语句后 student 表中的数据

插入语句中 total_credits 字段的值为 2，但是 student 表中插入数据的 total_credits 字段值为 10，说明创建的触发器起作用了。

2. 创建触发器 tr_insert_score

1）在 Navicat 查询窗口中输入以下 SQL 语句：

```
CREATE TRIGGER tr_insert_score
AFTER INSERT
ON score
FOR EACH ROW
BEGIN
    IF NEW.grade >= 60 THEN
        UPDATE student SET total_credits=total_credits+NEW.stu_credit WHERE
sno=NEW.sno;
    END IF;
END;
```

执行程序，创建触发器 tr_insert_score，运行结果如图 8-3 所示。

```
CREATE TRIGGER <触发器名> <触发时刻> <触发事件>
ON <表名> FOR EACH ROW
触发器动作;
```

语法说明：

1）触发器名：触发器名在当前数据库中必须具有唯一性，如果是在某个特定数据库中创建，在触发器名前加上数据库的名称。

2）触发时刻：触发时刻有两个选择，即 BEFORE 或 AFTER，表示触发器在激活它的语句之前触发或之后触发。

3）触发事件：触发事件是指激活触发器执行的语句类型，可以是 INSERT（插入记录时激活触发器）、DELETE（删除记录时激活触发器）、UPDATE（更新记录时激活触发器）。

4）表名：与触发器相关的数据表名称，在该数据表上发生触发事件时激活触发器。

5）FOR EACH ROW：行级触发器，是指触发事件每影响一行都会执行一次触发程序。

6）触发器动作：触发器激活时将要执行的 SQL 语句。

8.1 创建触发器

触发器是一种特殊的存储过程，主要通过事件触发而自动执行。触发器可以在向数据表中插入、修改或删除数据时进行检查，以保证数据的完整性和一致性。创建触发器使用 CREATE TRIGGER 语句。

8.1.1 任务 8-1 创建 INSERT 类型触发器

【任务描述】

在图形化管理工具 MySQL 中对 studb 数据库中的 student 表进行以下操作。

8.1.1
任务 8-1 创建 INSERT 类型触发器

1）创建触发器 tr_insert_student，该触发器的功能为在向学生表 student 中插入一行数据之前，检查 total_credits 字段，如果 total_credits 值小于 5，则设置 total_credits 值为 10，并进行测试。

2）创建触发器 tr_insert_score，实现当向成绩表 score 中插入一行数据时，根据该课程成绩对学生表 student 的总学分进行修改。如果成绩>=60，则在总学分上加上该课程的学分，否则总学分不变。

【任务分析与知识储备】

任务要求在插入数据之前对 total_credits 字段进行检查，所以触发时刻用 BEFORE 关键字，任务要求向学生表 student 中插入数据，因此触发事件用 INSERT，表名用 student。

【任务实施】

1. 创建触发器 tr_insert_student

1）在 Navicat 查询窗口中输入以下 SQL 语句：

```
CREATE TRIGGER tr_insert_student
```

前导知识：触发器概述

1. 触发器的概念

触发器是一种特殊的存储过程。触发器主要是通过事件进行触发而被执行，而一般的存储过程则是通过存储过程名称被直接调用。触发器是一个功能强大的工具，与表紧密连接，可以看作是表结构定义的一部分。触发器基于一个表创建，但可以操作多个表。它可以在向数据表中插入、修改或删除数据时进行检查，以保证数据的完整性和一致性。当用户修改（INSERT、UPDATE 或 DELETE）指定表中的数据时，该表中相应的触发器就会自动执行。

2. 触发器的作用

使用触发器的目标是为了更好地维护系统的业务规则，触发器是实现复杂数据处理和增强数据完整性的有效机制。触发器具有以下作用。

1）能够实现主键和外键所不能保证的复杂的参照完整性和数据一致性，并自定义错误消息，维护非规范化数据以及比较数据修改前后的状态。

2）撤销或者回滚违反引用完整性的操作，防止非法修改数据。

3）触发器与表关系密切，主要用于保护表中的数据，特别是当有多个表具有相互联系的时候，触发器能够让不同的表保持数据的一致性。

【说明】尽管触发器功能强大，但它也可能降低服务器性能，因此，建议不要在触发器中放置太多的功能，这样会降低相应速度，使用户等待的时间增加。

3. 触发器的分类

按照触发器的触发事件，将触发器分为 INSERT 触发器、UPDATE 触发器、DELETE 触发器；按照触发器的执行时间，将触发器分为 AFTER 触发器、BEFORE 触发器。

4. 触发器的工作原理

在使用触发器的过程中，MySQL 提供了两个用于记录更改前后变化的临时表：NEW 表和 OLD 表，这两个表存于高速缓存中，它们的结构与创建触发器的表结构一样。

用户可以使用这两个表来检测某些修改操作所产生的影响，每个触发器被激活时，系统自动为它们创建这两个临时表，触发器一旦执行完成，这两个表将被自动删除，所以只能在触发器运行期间查询到这两个表，但不允许修改。根据触发事件类型不同，NEW 表和 OLD 表存放的记录不同，具体如表 8-1 所示。

表 8-1　NEW 表和 OLD 表

操作类型	临时表 NEW	临时表 OLD
INSERT（新增记录）	存放新增记录	不存记录
UPDATE（修改记录）	存放更新后的记录	存放更新前的记录
DELETE（删除记录）	不存记录	存放被删除的记录

5. 创建触发器的语法

创建触发器使用 CREATE TRIGGER 语句。CREATE TRIGGER 的语法格式为：

项目 8　创建和使用触发器

触发器能够监视某种情况，并触发执行某种操作。触发器是在表中数据发生更改时自动触发执行的，它是与表事件相关的特殊存储过程。它的执行不是由程序调用，也不是手工启动，而是由事件来触发。例如当对一个表进行操作（INSERT、DELETE 和 UPDATE）时就会激活它，也就是说，触发器只执行 DML 事件（INSERT、UPDATE 和 DELETE）。触发器类似于约束，但是比约束灵活，具有更强大的数据控制能力。

知识目标

1. 了解 MySQL 数据库触发器的基本概念和特点。
2. 掌握 INSERT 类型触发器的使用方法。
3. 掌握 DELETE 类型触发器的使用方法。
4. 掌握 UPDATE 类型触发器的使用方法。
5. 掌握查看及删除触发器的方法。

能力目标

1. 能够根据需求，设计和创建 MySQL 数据库触发器。
2. 能够独立编写触发器语句并进行调试。
3. 能够针对实际应用编写触发器，实现复杂的数据处理等操作。
4. 能够对触发器进行管理操作。

素质目标

1. 提高编程能力和业务素养。
2. 培养社会责任感和民族自豪感。
3. 培养爱国主义情怀和技术强国责任担当。

知识导图

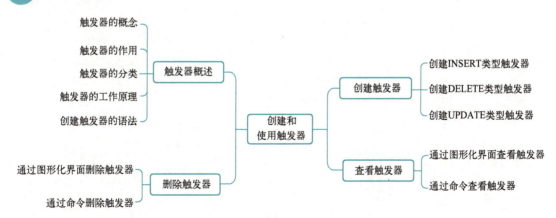

_____为前缀。

3．调用存储过程使用_____语句，存储函数必须包含一条_____语句，而存储过程不允许使用该语句。

4．创建存储过程使用关键字_____，创建存储函数使用关键字_____。

5．删除存储过程使用语句_____。

三、判断题

1．目前，MySQL 还不提供对已存在的存储过程代码的修改，如果必须要修改存储过程代码，则先删除它，再重新编码创建一个新的存储过程。（　　）

2．在 MySQL 的存储过程中，参数的类型分为三种：输入参数、输出参数、输入输出参数，定义存储过程时必须使用参数。（　　）

3．在 MySQL 中，除了可以使用 SET 语句为变量赋值外，还可以通过 SELECT…INTO 为一个或多个变量赋值。（　　）

4．游标声明完后就可以使用了，在使用之前首先要打开游标。（　　）

5．在编写存储过程时，查询语句可能会返回多条记录，如果数据量非常大，则需要使用游标来逐条读取查询结果集中的记录。（　　）

从图 7-24 可以看出，修改后，2 条数据的插入都成功执行了。

【任务总结】

MySQL 数据库中，事务在实际应用中扮演着重要角色，我们要掌握事务的特性、事务的使用流程，以及事务的使用场景。

课后练习 7

一、选择题

1. 以下关于 MySQL 存储过程的论述，错误的是（　　）。
   A．MySQL 存储过程只能输出一个整数
   B．MySQL 存储过程包含系统存储过程和用户自定义存储过程
   C．使用用户存储过程的原因是基于安全性、性能、模块化的考虑
   D．输出参数使用 OUT 关键词说明
2. MySQL 存储过程保存在（　　）。
   A．浏览器　　　　B．客户端　　　　C．服务器　　　　D．SESSION
3. MySQL 存储过程使用（　　）命令执行。
   A．DO　　　　　　B．CALL　　　　　C．GO　　　　　　D．SHOW
4. 定义存储过程中变量的关键字是（　　）。
   A．DELIMITER　　　　　　　　　　B．DECLARE
   C．SET DELIMITER　　　　　　　　D．SET DECLARE
5. 读取游标的关键字是（　　）。
   A．READ　　　　　B．GET　　　　　C．FETCH　　　　D．CATCH
6. 下列用于删除存储过程的 SQL 语句中，正确的是（　　）。
   A．DROP PROC COUNTPROC1;
   B．DELETE PROC COUNTPROC1;
   C．DROP PROCEDURE COUNTPROC1;
   D．DELETE PROCEDURE COUNTPROC1;
7. 下列选项中，表示存储过程输出参数的是（　　）。
   A．IN　　　　　　B．INOUT　　　　C．OUT　　　　　D．INPUT
8. 在 MySQL 服务器上，存储过程是一组预先定义并____的 SQL 语句，可以用____定义存储过程。下列选项中正确的是（　　）。
   A．编写　CREATE PROCEDURE　　　B．编译　CREATE PROCEDURE
   C．解释　ALTER PROCEDURE　　　　D．编写　ALTER PROCEDURE

二、填空题

1. 可以使用_____语句定义和初始化一个用户变量，可以使用_____语句查询用户变量的值。
2. 用户变量以_____开始，以便将用户变量和字段名予以区别。系统变量一般都以

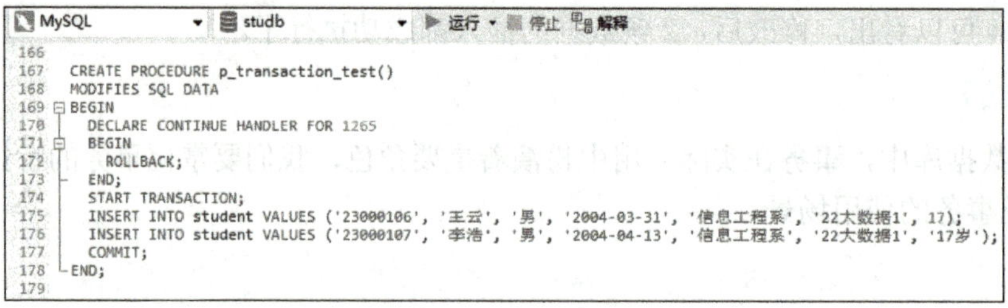

```
CREATE PROCEDURE p_transaction_test()
MODIFIES SQL DATA
BEGIN
  DECLARE CONTINUE HANDLER FOR 1265
  BEGIN
    ROLLBACK;
  END;
  START TRANSACTION;
  INSERT INTO student VALUES ('23000106', '王云', '男', '2004-03-31', '信息工程系', '22大数据1', 17);
  INSERT INTO student VALUES ('23000107', '李浩', '男', '2004-04-13', '信息工程系', '22大数据1', '17岁');
  COMMIT;
END;
```

图 7-22　创建测试事务的存储过程 p_transaction_test

3）执行调用存储过程的语句，然后查看 student 表中的数据，如图 7-23 所示。

```
CALL p_transaction_test();
```

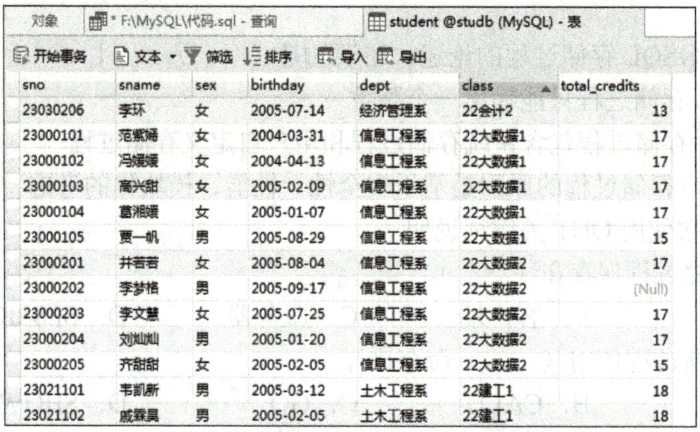

sno	sname	sex	birthday	dept	class	total_credits
23030206	李环	女	2005-07-14	经济管理系	22会计2	13
23000101	范紫嫣	女	2004-03-31	信息工程系	22大数据1	17
23000102	冯媛媛	女	2004-04-13	信息工程系	22大数据1	17
23000103	高兴甜	女	2005-02-09	信息工程系	22大数据1	17
23000104	葛湘媛	女	2005-01-07	信息工程系	22大数据1	17
23000105	贾一帆	男	2005-08-29	信息工程系	22大数据1	15
23000201	井若若	女	2005-08-04	信息工程系	22大数据2	17
23000202	李梦格	男	2005-09-17	信息工程系	22大数据2	(Null)
23000203	李文慧	女	2005-07-25	信息工程系	22大数据2	17
23000204	刘灿灿	男	2005-01-20	信息工程系	22大数据2	17
23000205	齐甜甜	女	2005-02-05	信息工程系	22大数据2	15
23021101	韦凯新	男	2005-03-12	土木工程系	22建工1	18
23021102	戚霖昊	男	2005-02-05	土木工程系	22建工1	18

图 7-23　执行存储过程后 student 表中的数据

从图 7-23 可以看出，调用存储过程后，2 条数据并没有插入到数据库中，因为第 2 条插入语句中最后一个字段输入格式有误，由于事务的原子性，这两条语句都不执行。

4）修改存储过程 p_transaction_test，将第 2 条插入语句修改正确后，调用该存储过程，然后查看 student 表中的数据，如图 7-24 所示。

```
INSERT INTO student VALUES ('23000106', '王云', '男', '2004-03-31', '信息工程系', '22 大数据 1', 17);
INSERT INTO student VALUES ('23000107', '李浩', '男', '2004-04-13', '信息工程系', '22 大数据 1', 17);
```

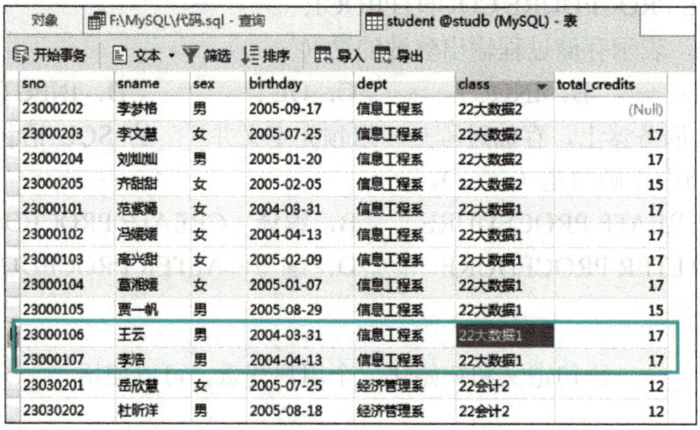

sno	sname	sex	birthday	dept	class	total_credits
23000202	李梦格	男	2005-09-17	信息工程系	22大数据2	(Null)
23000203	李文慧	女	2005-07-25	信息工程系	22大数据2	17
23000204	刘灿灿	男	2005-01-20	信息工程系	22大数据2	17
23000205	齐甜甜	女	2005-02-05	信息工程系	22大数据2	15
23000101	范紫嫣	女	2004-03-31	信息工程系	22大数据1	17
23000102	冯媛媛	女	2004-04-13	信息工程系	22大数据1	17
23000103	高兴甜	女	2005-02-09	信息工程系	22大数据1	17
23000104	葛湘媛	女	2005-01-07	信息工程系	22大数据1	17
23000105	贾一帆	男	2005-08-29	信息工程系	22大数据1	15
23000106	王云	男	2004-03-31	信息工程系	22大数据1	17
23000107	李浩	男	2004-04-13	信息工程系	22大数据1	17
23030201	岳欣慧	女	2005-07-25	经济管理系	22会计2	12
23030202	杜昕洋	男	2005-08-18	经济管理系	22会计2	12

图 7-24　修改存储过程后 student 表中的数据

【任务实施】

1. 删除 student 表中所有数据，利用 ROLLBACK 来撤销此删除语句操作

1）打开 Navicat 查询窗口。

2）在查询窗口中输入以下 SQL 语句：

```
START TRANSACTION;
DELETE FROM student;
ROLLBACK;
```

执行以上语句后，打开 student 表，可以看到 student 表中的数据并没有被删除，如图 7-21 所示。

对象　F:\MySQL\代码.sql - 查询　student @studb (MySQL) - 表

开始事务　文本　筛选　排序　导入　导出

sno	sname	sex	birthday	dept	class	total_credits
23000101	范紫嫣	女	2004-03-31	信息工程系	22大数据1	17
23000102	冯媛媛	女	2004-04-13	信息工程系	22大数据1	17
23000103	高兴甜	女	2005-02-09	信息工程系	22大数据1	17
23000104	葛湘媛	女	2005-01-07	信息工程系	22大数据1	17
23000105	贾一帆	男	2005-08-29	信息工程系	22大数据1	15
23000201	井若若	女	2005-08-04	信息工程系	22大数据2	17
23000202	李梦格	男	2005-09-17	信息工程系	22大数据2	(Null)
23000203	李文慧	女	2005-07-25	信息工程系	22大数据2	17
23000204	刘灿灿	男	2005-01-20	信息工程系	22大数据2	17
23000205	齐甜甜	女	2005-02-05	信息工程系	22大数据2	15
23001101	路一笑	男	2005-08-25	信息工程系	22软件1	13
23001102	时璐	女	2005-02-02	信息工程系	22软件1	18
23001103	孙慧慧	女	2005-09-22	信息工程系	22软件1	18
23001104	张静雯	女	2005-09-02	信息工程系	22软件1	17
23001105	张文阁	男	2005-06-19	信息工程系	22软件1	17
23002101	董福喜	男	2004-08-31	信息工程系	22计算机1	18

图 7-21　student 表中的数据

2. 创建一个存储过程，该存储过程利用事务实现向 student 表中插入两条学生信息

1）打开 Navicat 查询窗口。

2）在查询窗口中输入以下 SQL 语句：

```
CREATE PROCEDURE p_transaction_test()
MODIFIES SQL DATA
BEGIN
    DECLARE CONTINUE HANDLER FOR 1265
    BEGIN
        ROLLBACK;
    END;
    START TRANSACTION;
    INSERT INTO student VALUES ('23000106', '王云', '男', '2004-03-31',
'信息工程系', '22 大数据 1', 17);
    INSERT INTO student VALUES ('23000107', '李浩', '男', '2004-04-13',
'信息工程系', '22 大数据 1', '17 岁');
    COMMIT;
END;
```

执行程序，运行结果如图 7-22 所示。

（4）持久性（Durability）

持久性是指事务一旦提交，它对数据库中数据的改变就是永久性，接下来的其他操作和数据库故障不应该对其有任何影响。持久性是通过事务日志来保证的。当通过事务对数据进行修改时，首先会将数据库的变换信息记录到重做日志中，然后再对数据库中对应的行进行修改。这样做的好处是，即使数据库系统崩溃，数据库重启后也能找到没有更新到数据库系统中的重做日志，重新执行，从而使事务具有持久性。

3. 事务控制语句

在实际操作事务的过程中，需要使用到一系列的事务语句，包括关闭自动提交、开始事务、提交事务、设置保存点、回滚事务等，下面对这些语句进行介绍。

（1）关闭自动提交

在 MySQL 的默认设置下，事务都是自动提交的，即执行任意一条更新语句后会马上执行 COMMIT 操作，提交到数据库中。

打开关闭自动提交的语法为：

```
SET AUTOCOMMIT = {0 | 1};
```

语法说明：当赋值为 0 时，关闭自动提交，当赋值为 1 时，打开自动提交。

（2）开始事务

在 MySQL 中，开始事务的语法格式为：

```
START TRANSACTION;
```

语法说明：START TRANSACTION 命令在开始事务的同时，将关闭自动提交。

（3）提交事务

自动提交一旦关闭，数据库开发人员需要提交更新语句，才能将更新结果提交到数据库。在 MySQL 中，提交事务的具体语法如下：

```
COMMIT [WORK];
```

（4）设置保存点

设置保存点的语法格式为：

```
SAVEPOINT <保存点名称>;
```

语法说明：用于在事务内设置保存点。

（5）回滚事务

回滚事务是指在事务运行的过程中发生了某种故障，事务不能继续执行，系统将事务中对数据库的所有已完成的操作全部撤销，回滚到事务开始时的状态。这里的操作指对数据库的更新操作。

在 MySQL 中，当事务执行过程中遇到错误时，使用 ROLLBACK TRANSACTION 语句使事务回滚到起点或指定的保存点处。具体语法为：

```
ROLLBACK; | ROLLBACK TO SAVEPOINT <保存点名称>;
```

语法说明：当条件回滚只影响事务的一部分时，事务不需要全部撤销已执行的操作，可以让事务回滚到指定位置，此时，需要在事务中设置保存点（SAVEPOINT）。保存点所在位置之前的事务语句不用回滚，即保存点之前的操作被视为有效。

图 7-19 调用存储函数 fun_product

图 7-20 删除存储函数 fun_product

7.5 任务 7-7　创建并使用事务

【任务描述】

在图形化管理工具 Navicat 中新建查询窗口，进行以下操作。

1）删除 student 表中的所有数据，利用 ROLLBACK 来撤销此删除语句操作。

2）创建一个存储过程，该存储过程利用事务实现向 student 表中插入两条学生信息，并进行测试。

【任务分析与知识储备】

在 MySQL 数据库中，当多个用户访问同一份数据时，一个用户在更改数据的过程中可能有其他用户同时发起更改请求，为了保证数据的更新从一个一致性状态变更为另一个一致性状态，这时必须引入事务的概念。在 MySQL 编程中，事务编程已经成为不可缺少的一部分。它能保证数据库从一种一致性状态转换为另一种一致性状态。

1. 事务的概念

事务就是一个操作序列，这些操作要么都执行，要么都不执行，它是一个不可分割的工作单位。例如，A 给 B 转 1000 元钱，按照正常的操作流程，A 的账户减去 1000 元钱，B 的账户增加 1000 元钱，这两个操作是完全独立的两次数据库更新操作，现在如果 A 的账户扣减 1000 元钱成功，但是 B 的账户增加 1000 元失败，就会出现数据对不上的问题，此时就需要用到数据库中的事务，把这两个操作放到一个事务内执行，要么都执行成功，要么都执行失败，从而避免数据对不上的问题。

2. 事务的 ACID 特性

（1）原子性（Atomicity）

原子性是指事务是一个不可分割的工作单位，要么成功，要么失败，不存在中间状态。

（2）一致性（Consistency）

一致性是指事务执行前后，数据从一个合法性状态变换到另一个合法性状态，这种状态是语义上的，而不是语法上的。

（3）隔离性（Isolation）

隔离性是指事务的执行不能被其他事务干扰，即一个事务内部的操作及使用的数据对并发的其他事务是隔离的，并发执行的各个事务之间不能互相干扰。

2）输入以下语句：

```
SELECT fun_sum();
```

调用存储函数 fun_sum，结果如图 7-16 所示。

图 7-15　创建存储函数 fun_sum　　　　　　图 7-16　调用存储函数 fun_sum

3）删除存储函数 fun_sum，结果如图 7-17 所示。

```
DROP FUNCTION fun_sum;
```

2. 创建带参数的存储函数，该存储函数能够计算任意两个整数的积，测试后删除

1）在 Navicat 查询窗口中输入以下语句：

```
CREATE FUNCTION fun_product(a INT, b INT)
RETURNS INT
DETERMINISTIC
BEGIN
    RETURN a * b;
END;
```

执行，创建存储函数 fun_product，如图 7-18 所示。

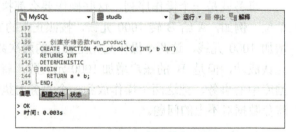

图 7-17　删除存储函数 fun_sum　　　　　　图 7-18　创建存储函数 fun_product

2）调用存储函数 fun_product，输入 10 和 20 两个数，结果如图 7-19 所示。

```
SELECT fun_product(10, 20);
```

3）删除存储函数 fun_product，结果如图 7-20 所示。

```
DROP FUNCTION fun_product;
```

【任务总结】

本任务通过存储函数实现 1~100 之间整数的求和以及两个数的乘积，练习存储函数的创建、调用、删除等基本操作。需要注意的是存储函数的参数默认为输入参数。

语法说明：

1）参数列表：指定参数为 IN、OUT 或 INOUT 只对 PROCEDURE 是合法的，FUNCTION 中总是默认为 IN 参数。

2）RETURNS 返回值类型：表示函数返回数据的类型。

RETURNS 子句只能对 FUNCTION 进行指定，对函数而言这是强制的。它用来指定函数的返回值类型，而且函数体必须包含一个 RETURN value 语句。

3）characteristic：只有在声明中定义了特征（DETERMINISTIC、NO SQL 或 READS SQL DATA）时，才接受 CREATE FUNCTION 语句。

4）函数体：可以用 BEGIN…END 来表示 SQL 代码的开始和结束。如果函数体只有一条语句，也可以省略 BEGIN…END。

2．调用存储函数

调用存储函数的语法格式为：

```
SELECT 函数名([实参列表]);
```

在 MySQL 中，存储函数的使用方法与 MySQL 内部函数的使用方法是一样的。换言之，用户自己定义的存储函数与 MySQL 内部函数是一个性质的。区别在于，存储函数是用户自己定义的，而内部函数是 MySQL 的开发者定义的。

3．查看存储函数的状态

查看存储函数状态的语法格式为：

```
SHOW FUNCTION STATUS [ LIKE 'pattern' ];
```

4．删除存储函数

当存储函数不需要了，可以将存储函数删除，删除存储函数的语法格式为：

```
DROP FUNCTION [IF EXISTS] 函数名;
```

【任务实施】

1．创建存储函数，该存储函数能够计算 1～100 之间整数的和，测试后删除

1）在 Navicat 查询窗口中输入以下语句：

```
CREATE FUNCTION fun_sum()
RETURNS INT
DETERMINISTIC
BEGIN
    DECLARE sum INT DEFAULT 0;
    DECLARE i INT DEFAULT 1;
    WHILE i <= 100 DO
        SET sum = sum + i;
        SET i = i + 1;
    END WHILE;
    RETURN sum;
END;
```

并执行，创建存储函数 fun_sum，如图 7-15 所示。

图 7-14 调用存储过程后 student1 表中插入的数据

【任务总结】

本任务通过创建与调用应用游标的存储过程，练习如何声明游标、如何打开游标、如何读取游标，以及如何关闭游标。

7.4 任务 7-6 创建并调用存储函数

【任务描述】

在图形化管理工具 Navicat 中新建查询窗口，进行以下操作。

1）创建存储函数，该存储函数能够计算 1~100 之间整数的和，测试后删除。

2）创建带参数的存储函数，该存储函数能够计算任意两个整数的积，测试后删除。

7.4
任务 7-6 创建并调用存储函数

【任务分析与知识储备】

存储函数与存储过程类似，它们都是由 SQL 语句和过程式语句组成的代码片段，并可以从应用程序和 SQL 中调用。然而，它们也存在以下一些区别。

1）存储函数不能拥有输出参数，因为存储函数本身就是输出参数。

2）不能用 CALL 语句来调用存储函数。

3）存储函数必须包含一条 RETURN 语句，而这条特殊的 SQL 语句不允许包含于存储过程中。

本任务可以通过创建无参数存储函数计算 1~100 之间整数的和，通过创建带参数的存储函数计算任意两个整数的积。

1. 创建存储函数

创建存储函数的语法格式为：

```
CREATE FUNCTION 函数名(参数名 参数类型,…)
RETURNS 返回值类型
[characteristics …]
BEGIN
    <函数体>
END;
```

```
            DECLARE FOUND INT DEFAULT TRUE;
        -- 定义游标
            DECLARE stu_cursor CURSOR FOR SELECT sno, sname, sex, class FROM student WHERE class = sclass;
            DECLARE CONTINUE HANDLER FOR NOT FOUND SET FOUND = FALSE;
        -- 打开游标
            OPEN stu_cursor;
        -- 读取游标
            FETCH stu_cursor INTO s_no, s_name, s_sex, s_class;
            WHILE FOUND DO
                SELECT s_no, s_name, s_sex, s_class;
                INSERT INTO student1(sno, sname, sex, class)VALUES(s_no, s_name, s_sex, s_class);
                FETCH stu_cursor INTO s_no, s_name, s_sex, s_class;
            END WHILE;
        -- 关闭游标
            CLOSE stu_cursor;
        END;
```

2. 调用存储过程 p_stu_info_by_cursor

1）选中创建存储过程的语句并执行，左侧"函数"下面显示已创建的存储过程 p_stu_info_by_cursor，如图 7-12 所示。

图 7-12　执行创建存储过程的语句

2）调用刚才创建的存储过程 p_stu_info_by_cursor，查询"22 计算机 1"班学生的信息，查询结果如图 7-13 和图 7-14 所示。

图 7-13　调用存储过程

```
DECLARE <游标名> CURSOR FOR <查询语句>;
```

语法说明：游标名必须符合 MySQL 标识符的命名规则，查询语句返回一行或多行记录数据，但不能使用 INTO 子句。

（2）打开游标

打开游标的语法格式为：

```
OPEN <游标名>;
```

语法说明：打开一个已经声明过的游标。

（3）读取游标

读取游标的语法格式为：

```
FETCH <游标名> INTO 变量名1[,变量名2] …
```

语法说明：在打开的游标中读取一行数据并赋给对应的变量，并且游标指针下移。

（4）关闭游标

关闭游标的语法格式为：

```
CLOSE <游标名>;
```

语法说明：关闭一个打开的游标。

【任务实施】

1. 创建存储过程 p_stu_info_by_cursor

在 Navicat 查询窗口中输入创建游标的存储过程 p_stu_info_by_cursor，如图 7-11 所示。该存储过程能够利用游标逐行查看 student 表中指定班级学生的 sno、sname、sex、class 字段信息，并将结果存入 student1 表中。

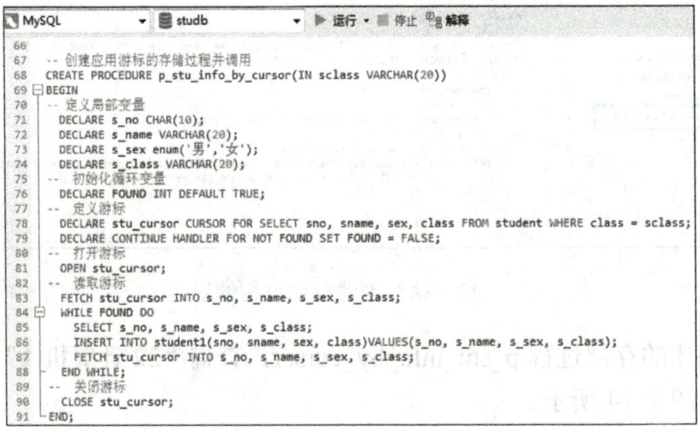

图 7-11　创建存储过程 p_stu_info_by_cursor

```
CREATE PROCEDURE p_stu_info_by_cursor(IN sclass VARCHAR(20))
BEGIN
-- 定义局部变量
    DECLARE s_no CHAR(10);
    DECLARE s_name VARCHAR(20);
    DECLARE s_sex enum('男','女');
    DECLARE s_class VARCHAR(20);
-- 初始化循环变量
```

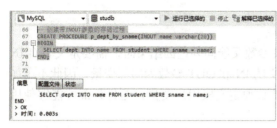

图 7-9　创建带 INOUT 参数的存储过程

图 7-10　调用带 INOUT 参数的存储过程

7.3　任务 7-5　创建并调用应用游标的存储过程

【任务描述】

在图形化管理工具 Navicat 中对 studb 数据库进行以下操作。

1）创建存储过程 p_stu_info_by_cursor，该存储过程能够利用游标逐行查看 student 表中指定班级学生的 sno、sname、sex、class 字段信息，并将结果存入 student1 表中。

2）调用存储过程 p_stu_info_by_cursor，查看"22 计算机 1"班学生信息，并将结果存入 student1 表中。

【任务分析与知识储备】

有时需要在检索出来的行中前进或后退一行或多行，可以使用游标（Cursor）来进行处理。游标是一个存储在 MySQL 服务器上的数据库查询，它不是一条 SELECT 语句，而是被该语句检索出来的结果集。在存储了游标之后，应用程序可以根据需要滚动或浏览其中的数据。游标主要用于交互式应用，如用户需要滚动屏幕上的数据，以对数据进行浏览或更改。

任务要求逐行浏览 student 表中的信息，而 MySQL 游标可以实现查询结果的逐行浏览，因此可以使用创建应用游标的存储过程来完成本任务。查询到结果后，通过 INSERT INTO 语句将数据插入到 student1 表中。

1. 使用游标涉及的几个注意事项

1）在使用游标前，必须先声明（定义）它。这个过程实际上没有检索数据，它只是定义要使用的 SELECT 语句。

2）一旦声明后，必须打开游标以供使用。这个过程用前面定义的 SELECT 语句把数据实际检索出来。

3）对于填有数据的游标，根据需要取出（检索）各行。

4）在结束游标使用时，必须关闭游标。

5）在声明游标后，可根据需要频繁地打开和关闭游标。在游标打开后可根据需要频繁地执行取操作。

2. 游标语法格式

（1）声明游标

声明游标的语法格式为：

【任务总结】

在定义存储过程时，当需要存储过程既能接收参数又能向外返回结果时，需要定义带有 IN 和 OUT 参数的存储过程。需要注意的是，这里定义的 IN 和 OUT 参数为局部变量，因此不用加 @符号。当调用带输出参数的存储过程时，输出参数须定义成用户变量，这样外部才能够使用该变量。

7.2.3 任务 7-4 创建并调用带 INOUT 参数的存储过程

【任务描述】

在图形化管理工具 Navicat 中对 studb 数据库进行以下操作。

1）创建存储过程 p_dept_by_sname，实现根据输入的学生姓名输出该学生所在系部。

2）调用存储过程 p_dept_by_sname，查询姓名为"高兴甜"的学生所在系部。

【任务分析与知识储备】

可以定义带一个 IN 参数和一个 OUT 参数的存储过程来完成这个任务，此时需要两个参数，如果只用一个参数来完成，此时需要用到带 INOUT 参数的存储过程。

创建带 INOUT 参数的存储过程的语法格式可以参看 7.2.2 节【任务总结】的内容。

【任务实施】

1. 创建存储过程 p_dept_by_sname，根据输入的学生姓名输出该学生所在系部

在 Navicat 查询窗口中输入以下语句：

```
CREATE PROCEDURE p_dept_by_sname(INOUT name varchar(20))
BEGIN
    SELECT dept INTO name FROM student WHERE sname = name;
END;
```

执行，创建带 INOUT 参数的存储过程 p_dept_by_sname，运行结果如图 7-9 所示。

2. 调用存储过程 p_dept_by_sname，查询姓名为"高兴甜"的学生所在系部

1）定义变量@name 并赋值'高兴甜'。

```
SET @name = '高兴甜';
```

2）调用存储过程 p_dept_by_sname。

```
CALL p_dept_by_sname (@name);
```

3）输出学生所在系部。

```
SELECT @name;
```

4）执行代码后，运行结果如图 7-10 所示。

【任务总结】

当想让一个参数既能向存储过程传递值又能将存储过程内部值传递给调用者时，可以定义带 INOUT 关键字参数的存储过程。

【任务分析与知识储备】

由于系部名称需要能够自定义输入，因此在创建存储过程时需要将系部名称作为参数传递给存储过程，统计系部人数时，可以使用 OUT 参数来存放统计出来的学生人数。通过分析可知，需要创建带 IN 和 OUT 参数的存储过程。

创建带 IN 和 OUT 参数的存储过程的语法格式：

```
CREATE PROCEDURE 存储过程名 ([形参列表])
BEGIN
    <存储过程体>
END;
```

参数的定义格式如下：

```
[IN | OUT | INOUT] <参数名> <参数类型>
```

MySQL 的存储过程支持三种类型的参数：输入类型、输出类型和输入/输出类型，关键字分别使用 IN、OUT、INOUT，省略参数传递类型时，默认为 IN。

【任务实施】

1. 创建存储过程 p_dept_stu_count，根据输入的系部名称，统计该系部学生人数

在 Navicat 查询窗口中输入以下语句：

```
CREATE PROCEDURE p_dept_stu_count(IN sdept VARCHAR(20), OUT scnt INT)
BEGIN
    SELECT COUNT(*) INTO scnt FROM student WHERE dept = sdept;
END;
```

执行，创建带 IN 和 OUT 参数的存储过程 p_dept_stu_count，运行结果如图 7-7 所示。

2. 调用存储过程 p_dept_stu_count，统计信息工程系的学生人数

1）定义变量@dept 并赋值'信息工程系'。

```
SET @dept = '信息工程系';
```

2）调用存储过程 p_dept_stu_count。

```
CALL p_dept_stu_count(@dept, @scount);
```

3）输出信息工程系学生人数。

```
SELECT @scount;
```

4）执行代码后，运行结果如图 7-8 所示。

图 7-7 创建 p_dept_stu_count 存储过程

图 7-8 调用带 IN 和 OUT 参数的存储过程

2）参数的定义格式为：[IN] <参数名> <参数类型>。

2. 调用带参数的存储过程的语法格式

CALL 存储过程名（[实参列表>]）;

语法说明：如果定义存储过程时使用了参数，那么调用该存储过程时，也要使用参数并且参数的数量和顺序必须一一对应。

【任务实施】

1. 创建根据学号查询学生信息的存储过程 p_stu_info

在 Navicat 查询窗口中输入以下语句：

```
CREATE PROCEDURE p_stu_info(IN no CHAR(10))
BEGIN
    SELECT * FROM student WHERE sno = no;
END;
```

执行程序，创建带 IN 参数的存储过程 p_stu_info，运行结果如图 7-5 所示。

2. 调用存储过程 p_stu_info，查询学号为 23000205 的学生信息

输入命令调用刚才创建的存储过程 p_stu_info，查询学号为 23000205 的学生信息。查询结果如图 7-6 所示。

```
CALL p_stu_info('23000205');
```

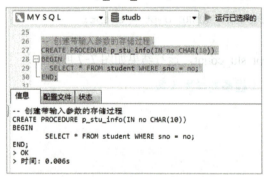

图 7-5　创建带 IN 参数的存储过程

图 7-6　调用存储过程

【任务总结】

在使用存储过程时，有一些信息是变化的，可以将这些变化的量作为存储过程的 IN 参数进行传递，这样就可以通过传递不同参数得到不同的结果。

7.2.2　任务 7-3　创建并调用带 IN 和 OUT 参数的存储过程

【任务描述】

在图形化管理工具 Navicat 中对 studb 数据库进行以下操作。

1）创建存储过程 p_dept_stu_count，根据输入的系部名称，统计该系部学生人数。

2）调用存储过程 p_dept_stu_count，统计信息工程系的学生人数。

7.2.2
任务 7-3　创建并调用带 IN 和 OUT 参数的存储过程

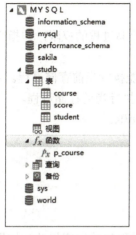

图 7-3　显示已创建的存储过程　　　　　图 7-4　调用存储过程

【任务总结】

本任务通过创建查询课程信息的存储过程，并调用该存储过程，练习无参数存储过程的创建和调用，掌握创建和调用存储过程的方法。

7.2　创建并调用带参数存储过程

在实际应用中，有时需要根据用户给定的条件查询数据库中的信息，并在调用存储过程后返回值供进一步使用，这时需要创建带参数的存储过程。

7.2.1　任务 7-2　创建并调用带 IN 参数的存储过程

【任务描述】

在图形化管理工具 Navicat 中对 studb 数据库进行以下操作。
1）创建根据学号查询学生信息的存储过程 p_stu_info。
2）调用存储过程 p_stu_info，查询学号为 23000205 的学生信息。

7.2.1
任务 7-2　创建并调用带 IN 参数存储过程

【任务分析与知识储备】

任务中需要根据学号来查询学生信息，学号为变量，因此需要创建带 IN 参数的存储过程。

1. 创建带 IN 参数的存储过程的语法格式

```
CREATE PROCEDURE 存储过程名 [形参列表])
BEGIN
    <存储过程体>
END;
```

语法说明：

1）存储过程可以不带参数，也可以带一个或多个参数。如果有多个参数，各个参数之间使用英文逗号分隔。

- 默认情况下，系统会指定为 CONTAINS SQL。

④ SQL SECURITY { DEFINER | INVOKER }：执行当前存储过程的权限，即指明哪些用户能够执行当前存储过程。
- DEFINER 表示只有当前存储过程的创建者或者定义者才能执行当前存储过程。
- INVOKER 表示拥有当前存储过程的访问权限的用户能够执行当前存储过程。
- 如果没有设置相关的值，则 MySQL 默认指定值为 DEFINER。

⑤ COMMENT 'string'：注释信息，可以用来描述存储过程。

2. 调用简单存储过程

语法格式：

```
CALL 存储过程名();
```

语法说明：存储过程必须使用 CALL 语句调用，并且存储过程和数据库相关，如果要执行其他数据库中的存储过程，需要指定数据库名称，即采用"CALL 数据库名.存储过程名"的形式。

3. 查看存储过程的状态

查看存储过程状态的语法如下：

```
SHOW PROCEDURE STATUS [ LIKE 'pattern' ];
```

4. 删除存储过程

当存储过程不需要了，可以将存储过程进行删除，删除存储过程的语法如下：

```
DROP PROCEDURE <存储过程名>;
```

【任务实施】

1）在 Navicat 查询窗口中输入以下创建存储过程的 SQL 语句，如图 7-1 所示。

```
CREATE PROCEDURE p_course()
BEGIN
    SELECT * FROM course;
END;
```

2）选中编写的存储过程代码，单击"运行已选择的"按钮，执行 SQL 语句，创建存储过程，如图 7-2 所示。

图 7-1 创建存储过程

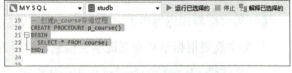

图 7-2 执行存储过程语句

3）选择左侧"studb"数据库下面的"函数"选项，按〈F5〉键进行刷新，即可看到刚创建的 p_course 存储过程，如图 7-3 所示。

4）在查询窗口中输入以下调用 p_course 存储过程的语句：

```
CALL p_course();
```

执行该语句，结果如图 7-4 所示。

个名为 p_course 的存储过程，用于查询课程信息。

【任务分析与知识储备】

在对存储过程进行操作时，需要首先确认用户是否具有相应的权限。例如，创建存储过程需要 CREATE ROUTINE 权限，修改或者删除存储过程需要 ALTER ROUTINE 权限，执行存储过程需要 EXECUTE 权限。要想查看某个存储过程的具体信息，可以使用"SHOW CREATE PROCEDURE 存储过程名"命令。

由于没有任何查询条件，该存储过程查询所有课程信息，因此存储过程的核心语句为"SELECT * FROM course"。

1. 创建简单存储过程

语法格式：

```
CREATE PROCEDURE 存储过程名()
[characteristic …]
<存储过程体>
```

语法说明：

1）存储过程名：默认在当前数据库中创建存储过程。需要在特定数据库中创建存储过程时，需要在名称前面加上数据库的名称，格式为"数据库名.存储过程名"。

2）存储过程体：包含了在过程调用的时候必须执行的若干条语句，此部分总是以 BEGIN 开始，以 END 结束。当然，当存储过程体中只有一条 SQL 语句时，可以省略 BEGIN 和 END 标志。

3）characteristic 特征如下：

```
LANGUAGE SQL
| [NOT] DETERMINISTIC
| { CONTAINS SQL | NO SQL | READS SQL DATA | MODIFIES SQL DATA }
| SQL SECURITY { DEFINER | INVOKER }
| COMMENT 'string'
```

其中：

① LANGUAGE SQL：说明存储过程执行体是由 SQL 语句组成的，当前系统支持的语言为 SQL。

② [NOT] DETERMINISTIC：指明存储过程的执行结果是否确定。DETERMINISTIC 表示结果是确定的。每次执行存储过程时，相同的输入会得到相同的输出。NOT DETERMINISTIC 表示结果是不确定的，相同的输入可能得到不同的输出。如果没有指定任何值，默认为 NOT DETERMINISTIC。

③ { CONTAINS SQL | NO SQL | READS SQL DATA | MODIFIES SQL DATA }：指明子程序使用 SQL 语句的限制。

- CONTAINS SQL 表示当前存储过程的子程序包含 SQL 语句，但是并不包含读写数据的 SQL 语句。
- NO SQL 表示当前存储过程的子程序中不包含任何 SQL 语句。
- READS SQL DATA 表示当前存储过程的子程序中包含读数据的 SQL 语句。
- MODIFIES SQL DATA 表示当前存储过程的子程序中包含写数据的 SQL 语句。

LOOP 语句的语法格式为：

```
begin_label:
LOOP
    <语句块>
END LOOP [end_label];
```

语法说明：LOOP 语句允许语句块重复执行，实现一些简单的循环。在循环体内的语句一直重复执行直到循环被强制终止，终止通常使用 LEAVE 语句。

（6）REPEAT 循环语句

REPEAT 循环语句是有条件控制的循环语句，当满足指定条件时，就会跳出循环语句，其语法格式为：

```
[begin_label:]
REPEAT
    <语句块>
UNTIL <条件>
END REPEAT [end_label];
```

语法说明：先执行语句块，然后判断条件的值是否为 True，为 True 则停止循环，为 False 则继续循环。REPEAT 语句也可以被标注。

REPEAT 语句与 WHILE 语句的区别在于：REPEAT 语句先执行语句，后进行条件判断；而 WHILE 语句先进行条件判断，条件为 True 才执行语句。

（7）LEAVE 语句

LEAVE 语句主要用于跳出循环控制，经常和循环语句一起使用，其语法格式为：

```
LEAVE <标签>;
```

语法说明：使用 LEAVE 语句可以退出被标注的循环语句，标签是自定义的。

（8）ITERATE 语句

ITERATE 语句用于跳出本次循环，然后直接进入下一次循环，其语法格式为：

```
ITERATE <标签>;
```

语法说明：ITERATE 语句与 LEAVE 语句都是用来跳出循环语句的，但两者的功能不一样，其中 LEAVE 语句用来跳出整个循环，然后执行循环语句后面的语句。而 ITERATE 语句是跳出本次循环，然后进行下一次循环。

【中国智慧】存储过程是位于数据库服务器端的后台程序，它默默无闻地服务前端用户，提高数据库访问效率和安全性，前台用户感受不到它的存在。在现实生活中，有许多像存储过程一样在背后默默无闻工作的科技工作者，他们不畏艰苦、甘于寂寞、勇于牺牲，坚持不懈地追求自主创新，勇攀科学高峰，不达目的誓不休，在信创领域为实现技术自主创新而努力奋斗。

7.1 任务 7-1 创建并调用无参数存储过程

7.1
任务 7-1 创建并调用无参数存储过程

【任务描述】

在图形化管理工具 Navicat 中，使用 CREATE PROCEDURE 语句在 studb 数据库中创建一定其返回值。其语法格式为：

```
CASE <测试表达式>
    WHEN <表达式 1> THEN <SQL 语句 1>
    WHEN <表达式 2> THEN <SQL 语句 2>
    …
    [ ELSE < SQL 语句 n+1> ]
END CASE;
```

语法说明：

简单 CASE 语句的执行过程是将"测试表达式"的值与各个 WHEN 后面的"表达式 n"进行比较，相等则执行对应的 SQL 语句，然后跳出 CASE 语句，不再执行后面的 WHEN 子句；如果 WHEN 子句中没有与"测试表达式"相等的"表达式 n"，但如果指定了 ELSE 子句，则执行 ELSE 子句中的"SQL 语句 $n+1$"。

2）搜索 CASE 语句。搜索 CASE 语句用于计算一组逻辑表达式以确定返回结果，其语法格式为：

```
CASE
    WHEN <逻辑表达式 1> THEN <SQL 语句 1>
    WHEN <逻辑表达式 2> THEN <SQL 语句 2>
    …
    [ ELSE<SQL 语句 n+1> ]
END CASE;
```

语法说明：

1）搜索 CASE 语句的执行过程是先计算第 1 个 WHEN 后面的"逻辑表达式 1"的值，如果值为 True，则执行对应的"SQL 语句 1"；如果为 False，则继续判断下面 WHEN 子句中"逻辑表达式 n"的值，如果值为 True，则执行对应的"SQL 语句 n"。

2）在 WHEN 子句中所有的逻辑表达式的值都为 False 的情况下，如果指定了 ELSE 子句，则执行 ELSE 子句后面的"SQL 语句 $n+1$"。如果没有指定 ELSE 子句，则不执行 CASE 语句内任何一条 SQL 语句。

（4）WHILE 循环语句

WHILE 循环语句用于实现循环结构，即有条件地执行循环语句，当满足指定条件时执行循环体内的语句，其语法格式为：

```
[begin_label:]
WHILE <条件> DO
    <语句块>
END WHILE [end_label];
```

语法说明：

1）先判断"条件"是否为 True，如果为 True，则执行"语句块"，然后再次进行判断，为 True 则继续循环，为 False 则结束循环。

2）"begin_label:"和"end_label"是 WHILE 语句的标注，"begin_label:"与"end_label"同时存在，并且它们的名称是相同的。"begin_label:"和"end_label"通常可以省略不写。

（5）LOOP 循环语句

LOOP 语句也是用于实现循环结构的。但是，LOOP 语句本身没有停止循环的机制，只有遇到 LEAVE 语句才能停止 LOOP 循环。

表 7-1 MySQL 运算符优先级

优先级	运算符
1（最高）	!
2	-（负号），~（按位取反）
3	^（按位异或）
4	*，/（DIV），%（MOD）
5	+，-
6	>>，<<
7	&
8	|
9	=，<=>，<，<=，>，>=，!=，<>，IN，IS NULL，LIKE，REGEXP
10	BETWEEN AND，CASE，WHEN，THEN，ELSE
11	NOT
12	&&，AND
13	||，OR，XOR
14（最低）	:=

4．MySQL 数据库中的控制语句

（1）BEGIN…END 语句

在 MySQL 中，BEGIN…END 语句用于将多个 SQL 语句组合成一个语句块，作为一个整体一起执行。

BEGIN…END 语句的语法格式为：

```
BEGIN
    <语句1>;
    <语句2>;
    …
END
```

MySQL 中允许嵌套使用 BEGIN…END 语句。

（2）IF…THEN…ELSE 语句

IF…THEN…ELSE 语句用于进行条件判断，实现程序的选择结构。根据是否满足条件，将执行不同的语句，其语法格式为：

```
IF <条件> THEN
    <语句块 1>
[ELSE
    <语句块 2>]
END IF;
```

（3）普通 CASE 语句

CASE 语句用于计算列表并返回多个可能结果表达式中的一个，可用于实现程序的多分支结构，虽然使用 IF…THEN…ELSE 语句也能够实现多分支结构，但是使用 CASE 语句的程序可读性更强。

MySQL 中，CASE 语句有以下两种形式。

1）简单 CASE 语句。简单 CASE 语句用于将某个表达式与一组简单表达式进行比较以确

(3) 局部变量

在语句块（BEGIN 和 END 之间的语句）中定义的变量为局部变量，局部变量可以保存特定类型数据，其有效作用范围为存储过程和自定义函数的语句块，在语句块结束以后，局部变量就失效了。

MySQL 的局部变量必须先声明后使用。使用 DECLARE 语句声明局部变量，局部变量的声明语法格式为：

```
DECLARE <变量名称> <数据类型> [DEFAULT 默认值];
```

语法说明：

1）DEFAULT 子句为变量指定默认值，如果不指定，则默认为 Null。

2）变量名称必须符合 MySQL 标识符的命名规则，在局部变量前面不使用@符号，例如：DECLARE name char (10)。

3. MySQL 数据库中的运算符和表达式

(1) 运算符

运算符用于执行程序代码运算，会针对一个以上的操作数来进行运算。MySQL 语言中的运算符主要有如下类型。

1）算术运算符。算术运算符用于对表达式执行数学运算，操作数可以是任何数值类型。MySQL 中的算术运算符有：+（加）、-（减）、*（乘）、/（除）、%（取模）。

2）赋值运算符。"="是 MySQL 中的赋值运算符，可以将表达式的值赋给一个变量。

3）关系运算符。比较运算符用于对两个表达式进行比较，数字以浮点值进行比较，字符串以不区分大小写的方式进行比较，表达式成立返回 1，表达式不成立则返回 0。MySQL 中的比较运算符有：=（等于）、>（大于）、<（小于）、>=（大于或等于）、<=（小于或等于）、<>（不等于）、!=（不等于）、<=>（相等或都等于空）。

4）逻辑运算符。逻辑运算符用于对某些条件进行测试，以返回其真假。MySQL 中的逻辑运算符有：AND（与）、OR（或）、NOT（非）。

5）位运算符。位运算符用于对两个表达式执行二进制位操作。MySQL 中的位运算符有：&（位与）、|（位或）、^（位异或）、~（位取反）、>>（位右移）、<<（位左移）。

6）一元运算符。一元运算符对一个操作数执行运算，该操作数可以是任何一种数据类型。MySQL 中的一元运算符有：+（正）、-（负）和~（位取反）。

(2) 表达式

表达式是操作数、运算符、分组符号（括号）和函数的组合，MySQL 可以对表达式运算以获取结果，一个表达式通常可以得到一个值。

表达式的值同样具有字符类型、数值类型、日期时间类型等数据类型，根据表达式的值类型，可将表达式分为字符表达式、数值表达式和日期表达式。

(3) 运算符的优先级

当一个表达式有多个运算符时，运算符优先级决定执行运算的先后次序，执行的次序有时会影响所得到的运算结果。MySQL 运算符优先级如表 7-1 所示。一般而言，当一个表达式中的两个运算符有相同的优先级时，一元运算符按从右到左（即右结合性）的顺序运算，二元运算符按从左到右（即左结合性）的顺序运算。

1. 存储过程的概念

存储过程（Stored Procedure）是一种在数据库中存储复杂程序，以便外部程序调用的一种数据库对象。在系统开发过程中，经常会有同一个功能模块多次被调用的情况，如果每次都编写代码会浪费大量时间，使用存储过程将一组完成特定功能的语句集经编译后存储在数据库中，用户可以重复使用该存储过程，这样可以降低数据库开发人员的工作量。

存储过程主要有以下优点。

1）执行效率高：存储过程编译后存储在数据库服务器端，可以直接调用从而提高了 SQL 语句的执行效率。

2）使用灵活：存储过程可以用结构化语句编写，可以完成较复杂的判断和运算。

3）数据独立性强：用户在程序中调用存储过程，存储过程能把数据同用户程序隔离开来，当数据表结构变化时，可以随时修改存储过程，不用修改程序源代码。

4）安全性高：存储过程可作为一种安全机制被充分利用，系统管理员通过设置存储过程的访问权限，从而实现相应数据的访问权限限制，避免了用户对数据表直接访问，保证了数据的安全性。

5）降低网络流量：当在客户端上调用该存储过程时，网络中传送的只是该调用语句，而不是这一功能的全部代码，从而大大降低了网络通信负载。

2. MySQL 数据库中的变量

变量是指在程序运行过程中其值可以改变的量。

（1）用户变量

用户可以在 MySQL 数据库中使用自己定义的变量，这样的变量称为用户变量。可以先在用户变量中保存一个数据，然后在以后的语句中引用该变量，这样可以将数据从一条语句传递到另一条语句。用户变量在使用前必须定义和初始化，如果使用没有初始化的变量，其值为 Null。

定义和初始化一个用户变量可以使用 SET 语句，其语法格式为：

```
SET @<变量名 1>=<表达式 1>  [,@<变量名 2>=<表达式 2>,…];
```

语法说明：

1）用户变量以"@"开始，形式为"@变量名"，以便将用户变量和字段名予以区别。变量名必须符合 MySQL 标识符的命名规则；

2）<表达式>可以为整数、实数、字符串或者 Null 值，例如：

```
SET @country='china';
```

3）一条定义语句中可以同时定义多个用户变量，使用半角逗号分隔，例如：SET @country、@number、@city 等。

（2）系统变量

MySQL 可以访问许多系统变量和连接变量。当服务器运行时许多变量可以动态更改。服务器维护两种变量，全局变量影响服务器整体操作，会话变量影响具体客户端连接的操作。

系统变量一般都以"@@"为前缀，例如@@VERSION 返回 MySQL 的版本。但某些特定的系统变量可以省略"@@"，例如 CURRENT_DATE、CURRENT_TIME 和 CURRENT_USER。

知识导图

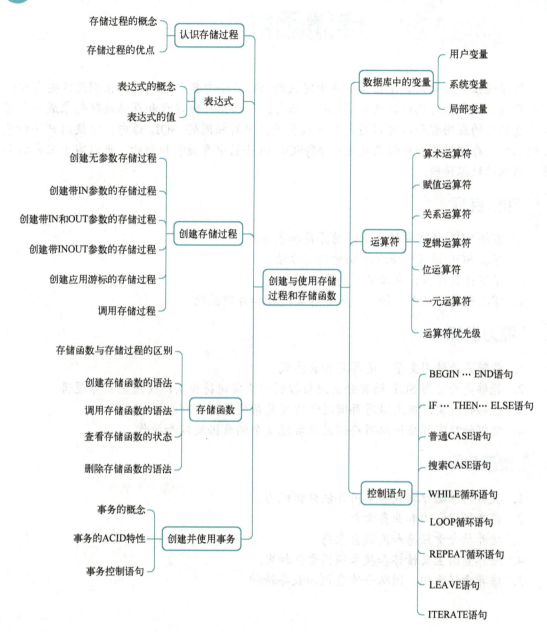

前导知识：认识存储过程和存储函数

MySQL 从 5.0 版本开始支持存储过程和存储函数。存储过程和存储函数能够将复杂的 SQL 逻辑封装在一起，应用程序无须关注存储过程和存储函数内部复杂的 SQL 逻辑，而只需要简单地调用存储过程和存储函数即可。存储过程和存储函数可以避免开发人员重复地编写相同的 SQL 语句，而且，存储过程和函数是在 MySQL 服务器中存储和执行，可以减少客户端和服务器端的数据传输。

项目 7　创建与使用存储过程和存储函数

存储过程和存储函数是在数据库中定义的 SQL 语句集合，通过直接调用这些存储过程和存储函数来执行已经定义好的 SQL 语句。可以把存储过程和存储函数想象成一个可以重复执行的应用程序，可以避免开发人员重复编写相同的 SQL 语句，方便用户执行重复的工作。存储过程和存储函数是在 MySQL 服务器中存储和执行的，可以减少客户端和服务器端的数据传输。

知识目标

1. 掌握 SQL 语言中的变量、运算符和表达式。
2. 掌握 SQL 语言中流程控制的使用方法。
3. 了解存储过程、存储函数的基本概念。
4. 掌握创建、调用、修改、删除存储过程和存储函数。

能力目标

1. 能够灵活使用变量、运算符和表达式。
2. 能够灵活运用 SQL 语言分支流程控制结构实现符合实际情境的业务逻辑。
3. 能够针对实际应用编写存储过程实现复杂的数据处理和操作。
4. 能够针对实际应用编写存储函数实现复杂的数据处理和操作。

素质目标

1. 提升科学思维方式和常用算法分析能力。
2. 提高编程能力和业务素养。
3. 培养社会责任感和民族自豪感。
4. 培养爱国主义情怀和技术强国责任担当。
5. 培养责任意识、团队合作意识和服务精神。

C. KEY unique_id(id ASC)

　　　D. INDEX unique_id(id ASC)

3. 下列关于删除索引的语法格式中，正确的是（　　）。

　　　A. ALTER TABLE 表名 DROP INDEX 索引名;

　　　B. DROP TABLE 表名 DROP INDEX 字段名;

　　　C. DROP INDEX 索引名;

　　　D. DROP INDEX 索引名 ON 表名;

二、填空题

1. 用于定义唯一索引的关键字是_____。
2. 删除索引的语法格式是_____。
3. 若索引是从左开始截取数据表中字段值的一部分内容，这种索引可以统称为_____。

三、判断题

1. 单列索引是在表中单个字段上创建的索引。　　　　　　　　　　　　　（　　）
2. EXPLAIN 语句可用于查看索引是否被使用。　　　　　　　　　　　　（　　）
3. 在 MySQL 的索引分类中，全文索引和空间索引支持前缀索引的设置。　（　　）

运行程序，索引创建成功，如图 6-11 所示。

3）继续输入以下语句：

```
ALTER TABLE course
DROP INDEX unic;
```

运行程序，删除唯一索引 unic，如图 6-12 所示。

图 6-11　创建索引

图 6-12　删除索引

4）用 SHOW INDEX 语句查看结果，任务已经完成，如图 6-13 所示。

```
SHOW INDEX FROM course;
```

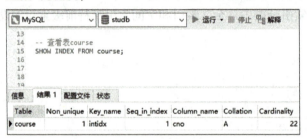

图 6-13　查看索引

【任务总结】

索引并不是越多越好，索引虽然可以提高查询效率，但同时也降低了数据的更新效率，一张表的索引数量最好不超过 6 个。

课后练习 6

一、选择题

1．在表中的多个字段上创建索引后，只有在查询条件中使用了索引字段中的第一个字段时，才会被使用的索引是（　　）。

　　A．普通索引　　　　　　　B．唯一索引
　　C．单列索引　　　　　　　D．多列索引

2．下列选项中，可以为 id 字段创建唯一索引 unique_id，并按照升序排序的语句是（　　）。

　　A．UNIQUE INDEX unique_id(id ASC)
　　B．UNIQUE unique_id(id ASC)

```
DROP INDEX<索引名>
ON<表名>;
```

【任务实施】

1）打开 Navicat 集成开发环境。

2）在 Navicat 中连接 MySQL 中的 studb 数据库，新建查询窗口，输入以下语句：

```
DROP INDEX uniq
ON student;
```

运行程序，索引删除成功，如图 6-9 所示。

3）用 SHOW INDEX 语句查看结果，该唯一索引已被删除，如图 6-10 所示。

```
SHOW INDEX
FROM student;
```

图 6-9　删除索引

图 6-10　查看索引

【任务总结】

对于数据表中已经创建但不再使用的索引，应该及时删除，避免占用系统资源，影响数据库的性能。

6.2.3　任务 6-6　在已有数据表中修改表删除索引

【任务描述】

先为表 course 中字段 cno 创建普通升序索引 intidx，后删除 course 表中的唯一索引 unic，最后使用 SHOW INDEX 语句查看索引。

6.2.3
任务 6-6 在已有数据表中修改表删除索引

【任务分析与知识储备】

在已有数据表中修改表删除索引，语法如下：

```
ALTER TABLE<表名>
DROP INDEX<索引名>;
```

【任务实施】

1）打开 Navicat 集成开发环境。

2）在 Navicat 中连接 MySQL 中的 studb 数据库，新建查询窗口，输入以下语句：

```
CREATE INDEX intidx
ON course(cno ASC);
```

【说明】
- Table：当前创建索引的数据表。
- Non_unique：索引是否唯一，0 代表唯一索引，1 代表非唯一索引。
- Key_name：索引的名称。
- Seq_in_index：该列在索引中的位置，1 代表索引是单列的，组合索引为每列在索引定义中的顺序。
- Column_name：定义索引的列字段。
- Sub_part：索引的长度。
- Null：该列是否可以为空。
- Index_type：索引类型。

【任务实施】

1）打开 Navicat 集成开发环境。

2）在 Navicat 中连接 MySQL 中的 studb 数据库，新建查询窗口，输入以下语句：

```
SHOW INDEX FROM student;
```

运行程序，查看索引，如图 6-8 所示。

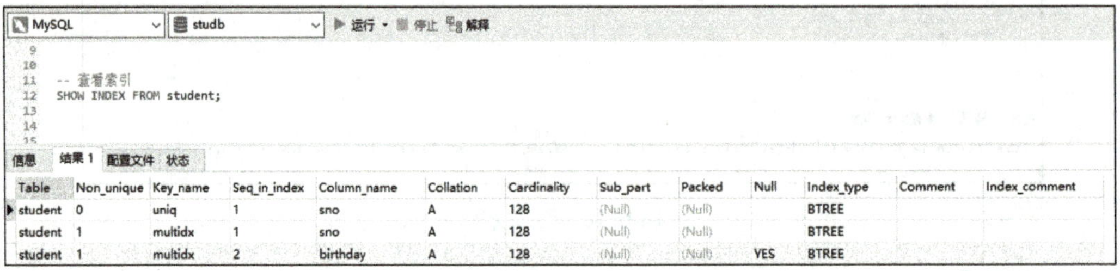

图 6-8 查看表 student 的索引

【任务总结】

SHOW INDEX 语句可以查看对应表里的所有索引。

6.2.2 任务 6-5 使用 DROP INDEX 语句删除索引

【任务描述】

使用 DROP INDEX 语句删除 student 表中的唯一索引 uniq。

6.2.2
任务 6-5 使用
DROP INDEX
语句删除索引

【任务分析与知识储备】

MySQL 中索引的删除分为两种情况，一种是删除主键索引，一种是删除非主键索引。

（1）删除主键索引

在 MySQL 中删除主键索引时，需要考虑该主键字段是否含有 AUTO_INCREMENT 属性，若有，则须在删除主键索引前删除该属性，否则程序会报错误提示信息。

（2）删除非主键索引

在 MySQL 中删除主键索引以外的其他索引时，根据索引名称采用后文讲解中的任意一种语法都可以完成删除操作。

使用 DROP INDEX 语句删除索引的语法形式如下：

图 6-6 "索引"选项卡

【任务总结】

唯一性索引可在表中同时创建多个,但是创建唯一性索引的字段值不能重复,否则会创建不成功。

6.2 查看和删除索引

用户在创建索引后,可以对已有的索引进行查看或删除。查看索引使用 SHOW INDEX 语句,删除索引使用 DROP INDEX 语句。

6.2.1 任务 6-4 使用 SHOW INDEX 语句查看索引

【任务描述】

使用 SHOW INDEX 语句查看表 student 中的所有索引。

6.2.1
任务 6-4 使用
SHOW INDEX
语句查看索引

【任务分析与知识储备】

使用 SHOW INDEX 语句查看索引的语法形式如下:

```
SHOW INDEX FROM<表名>;
```

查看结果有以下几项,如图 6-7 所示。

图 6-7 查看索引的结果界面

3）用 DESC 语句查看结果，如图 6-4 所示。

```
DESC student;
```

图 6-3　创建唯一索引

图 6-4　查看结果

【任务总结】

使用 DESC 语句查看表结构时，Key 列可能出现的值有如下几种：PRI（主键）、MUL（普通索引）、UNI（唯一索引）。

6.1.3　任务 6-3　使用图形化管理工具创建索引

【任务描述】

使用图形化管理工具 Navicat 为 course 表的 cno 列创建唯一索引，索引名为 unic。

6.1.3
任务 6-3　使用图形化管理工具创建索引

【任务实施】

1）打开 Navicat 集成开发环境。

2）在 Navicat 中连接 MySQL 中的 studb 数据库，在"表"选项卡下选中表对象"course"，单击"设计表"按钮，如图 6-5 所示。

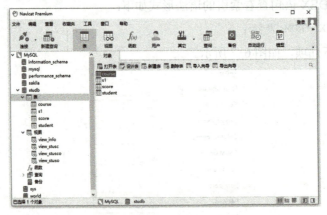

图 6-5　单击"设计表"按钮

3）切换到"索引"选项卡，在"名"列下填入索引名称"unic"；"字段"列选择索引字段"cno"，然后单击"确定"；"索引类型"列选择索引类型为"UNIQUE"；"索引方法"列选择"BTREE"，然后单击"保存"，索引就创建完成了，如图 6-6 所示。

3）用 DESC 语句或 SHOW CREATE TABLE 语句查看结果，如图 6-2 所示。

```
DESC s1;
```

或

```
SHOW CREATE TABLE s1;
```

图 6-1　创建 s1 表　　　　　　　　　　图 6-2　查看 s1 表

6.1.2　任务 6-2　在已有表中使用 CREATE INDEX 创建索引

【任务描述】

使用 CREATE INDEX 语句为 student 表的 sno 列创建唯一性索引，索引名为 uniq。

【任务分析与知识储备】

使用 CREATE INDEX 语句在已经存在的表上创建索引，语法格式为：

```
CREATE[UNIQUE|FULLTEXT]INDEX<索引名>
ON[表名](列名[(长度)][ASC|DESC],…);
```

语法说明：

1）索引名：索引的名称，一个表中的索引名称必须是唯一的。

2）列名：表示创建索引的列名。

3）长度：表示使用列的前多少个字符创建索引。使用部分字符创建索引可以使索引文件的大小大幅度减小，从而节省磁盘空间。在某些情况下能对列的前缀进行索引。例如，索引列的长度有一个最大上限，因此，如果索引列的长度超过了这个上限，那么就有可能需要利用前缀进行索引。

4）ASC|DESC：规定索引按升序（ASC）还是降序（DESC）排列，默认为 ASC。如果一条 SELECT 语句中的某列按照降序排列，那么在该列上定义一个降序索引可以加快处理速度。

5）UNIQUE|FULLTEXT：UNIQUE 表示创建的是唯一性索引，FULLTEXT 表示创建的是全文索引。从上面的语法可以看出，CREATE INDEX 语句并不能创建主键。

【任务实施】

1）打开 Navicat 集成开发环境。

2）在 Navicat 中连接 MySQL 中的 studb 数据库，新建查询窗口，输入以下语句：

```
CREATE UNIQUE INDEX uniq
ON student(sno);
```

运行程序，索引创建成功，如图 6-3 所示。

6.1.1 任务6-1 使用语句在创建表时创建索引

【任务描述】

创建一个数据表 s1（id,name,score），并且给 id 列创建普通索引。

【任务分析与知识储备】

在创建表的同时创建索引，语法格式为：

```
CREATE TABLE<表名>(
字段名1 数据类型1[列级完整性约束1]
[,字段名2 数据类型2[列级完整性约束2]][,…]
[,表级完整性约束1][,…]
,[UNIQUE] INDEX|KEY[索引名](字段名[(长度)] ASC|DESC])
);
```

语法说明：

1）UNIQUE 是可选项，如果有该项，则表示创建的是唯一索引。
2）在 MySQL 中，KEY 和 INDEX 的意思是一样的。
3）如果没有指定索引名，则默认使用字段名。
4）长度指使用列的前几个字符创建索引。
5）ASC|DESC 是可选项，ASC 表示升序，DESC 表示降序，默认是升序。

创建索引的目的是提高查询速度，若想查看索引是否被使用，则可以在查询语句前增加关键字 EXPLAIN。语法格式为：

```
EXPLAIN SELECT 语句
```

执行上述命令后，会出现一张表格，可以通过 possible_keys 和 key 的值判断是否使用了索引。

语法说明：

1）possible_keys：可能使用的索引，可以有一个或多个，如果没有，则值为 Null。
2）key：显示实际使用的索引，如果没有使用索引，则值为 Null。

【任务实施】

1）打开 Navicat 集成开发环境。
2）在 Navicat 中连接 MySQL 中的 studb 数据库，新建查询窗口，输入以下语句：

```
CREATE TABLE s1(
Id INT,
name VARCHAR(20),
score FLOAT,
INDEX (id)
);
```

运行程序，表 s1（id,name,score）创建成功，如图 6-1 所示。

- 提高数据查询的速度。索引能够以一列或多列的值为排序依据,实现快速查找数据行。
- 优化查询。数据库系统的查询优化器是依赖于索引起作用的,索引能够加速连接、分组和排序等操作。
- 确保数据的唯一性。通过给列创建唯一索引,可以保证表中的数据不重复。

(2)索引的缺点

需要注意的是,虽然索引很有用,但也不是越多越好。因为索引会带来以下缺点:

- 创建索引和维护索引要耗费时间,这种时间随着数据量的增加而增加。
- 索引需要占用物理空间。除了数据表所需的存储空间,索引也会占用一定的物理空间,如果要建立聚集索引,则需要的空间就会更大。
- 当对表中数据进行增加、修改和删除时,索引也要动态地进行维护,因而会降低数据的更新速度。表中索引越多,更新表的时间就越长。

总之,索引带来的缺点,一是因为创建索引要花费时间和占用存储空间;二是在进行数据修改时会额外增加维护索引的开销。

3. 索引的适用场合

由索引的优缺点可见,在考虑是否在列上创建索引时,除了考虑列在查询中所起的作用,还要综合考虑索引的优点和缺点。下面的列适合创建索引。

- 用作查询条件的列,可以加快检索的速度。
- 该列的值唯一,通过创建唯一索引,可以保证数据记录的唯一性。
- 在表连接中使用的列,可以加快表与表之间的连接速度。
- 使用 GROUP BY 和 ORDER BY 子句处理查询结果的列,如果数据量较大,在其列上创建索引可以显著减少分组和排序的时间。
- 数据量较大的字符串类型的列,使用全文索引可以大大提高查询的速度。

而在以下情况下可以不考虑建立索引。

- 很少或从来不作为查询条件的列。
- 在表中通过索引查找行可能比简单地进行全表扫描还慢。
- 只从很小的范围内取值的列,即字段重复值比较多的列。
- 数据类型为 Text、Blob 和 Bit 的列。其原因主要是由于列的数据要么相当大,要么取值很少。如果要建立索引,则使用值的前缀索引。
- 值需要经常修改的列。

【中国智慧】古往今来,工匠精神一直改变和塑造着中国。从鲁班到蔡伦,从毕昇到沈寿,一代代能工巧匠铸就"工匠中国"。在进行数据库索引删除、查询和维护等操作过程中,我们要不断尝试、重复练习修正,每次操作都力争一次成功,在日复一日的学习中践行初心——"把一件事做到极致,就是匠心"。

6.1 创建索引

索引是基于数据表中一个或多个列的值进行排序的一种特殊的数据库结构,通过在列上创定位指定数据的位置。因为数据存放在数据表中，所以索引是创建在数据表上的。表的存储由两部分组成，一部分是表的数据页面，另一部分是索引页面，索引就存储在索引页面上。

创建索引后，更新表中数据时由系统自动维护索引页的内容。过多的索引会降低表的更新速度，影响数据库的性能。适合创建索引的列包括：用于数据表之间相互连接的外键，经常出现在 WHERE、GROUP BY、ORDER BY 子句中的字段等。在查询中很少被使用的字段及重复值很多的字段则不适合创建索引。MySQL 中常见的索引有以下 5 种。

（1）普通索引

普通索引是最基本的索引类型，它没有唯一性之类的限制。创建普通索引的关键字是 INDEX。

（2）唯一性索引

唯一性索引要求索引列的所有值都只能出现一次，可以是空值，即必须是唯一的。创建唯一性索引的关键字是 UNIQUE。

（3）主键索引

创建主键时自动创建该索引，索引列的值不能重复也不能为空值。每个表只能有一个主键索引，它必须指定为 PRIMARY KEY。一般在创建表的时候指定主键，也可以通过修改表的方式加入主键。

（4）全文索引

MySQL 支持全文检索和全文索引。全文索引的类型为 FULLTEXT，只能在 varchar 或 text 类型的列上创建。查询数据量较大的字符串类型的字段时，使用全文索引可以提高查询速度，但只能在使用 MyISAM 存储引擎的表中创建全文索引。

（5）空间索引

由 SPATIAL INDEX 定义在空间数据类型字段上的索引，可以提高系统获取空间数据的效率。在 MySQL 中仅有 MyISAM 和 InnoDB 存储引擎支持空间索引，还要保证创建索引的字段不能为空。

对于以上 5 种索引类型，根据创建索引的字段个数，还可以将它们分为单列索引和组合索引。

（1）单列索引

单列索引是指基于单个字段创建的索引。单列索引可以是普通索引、唯一索引、主键索引或者全文索引，只要保证该索引对应表中的一个字段即可。

（2）组合索引

组合索引是指基于多个字段创建的一个索引。要注意，只有在查询条件中使用了这些列中的第一列时，该索引才会被使用。

另外，还有一种前缀索引，是在数据表中从左开始截取字段值的一部分内容创建的，形如在汉语词典中根据偏旁部首查找汉字，这种索引可以大大节约索引空间，提高索引的效率。

2. 索引的优缺点

（1）索引的优点

在 MySQL 中，数据库在执行查询语句时，默认的是根据查询条件进行全表扫描，遇到匹配条件的就加入查询结果集中。如果查询条件较多，或者涉及多个表连接，并且表数据量特别大时，在没有索引的情况下，MySQL 需要执行的扫描行数会很大，速度也会很慢。而利用索引则有如下优点：

项目 6　创建和管理索引

在现实生活中，为了方便快速地在书籍中找到待查找的内容，都会在书籍的开始添加一个目录，让用户可根据目录的内容与指定的页数快速定位到要查看的内容。同样的，为了快速地在大量数据中找到指定的数据，可以使用 MySQL 提供的索引功能，让用户在执行查询操作时可以根据字段中建立的索引，快速地定位到具体位置。本节将对索引的分类、基本的操作以及使用原则进行详细讲解。

知识目标

1. 了解数据库索引的概念和分类。
2. 掌握创建和管理索引的基本方法。
3. 掌握修改和删除索引的方法。

能力目标

1. 能创建和管理数据库索引。
2. 能对数据库索引进行删除、查询和维护等操作。

素质目标

1. 培养分析和解决实际问题的能力。
2. 培养精益求精和努力钻研的工匠精神。
3. 培养学生关注前沿技术的意识和科技报国的情怀。

知识导图

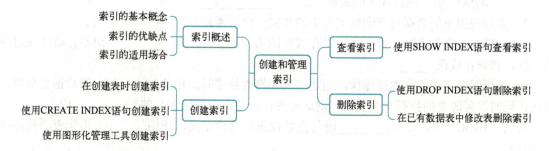

前导知识：索引概述

1. 索引的基本概念

索引是一种单独的、物理的、对数据表中一列或多列的值进行排序的存储结构，它是某张表中一列或若干列值的集合，以及相应地标识这些值所在数据页的逻辑指针清单。如果把数据库看成一本书，数据库的索引就像书的目录，表中的数据类似于书的内容，索引的目的就是为了快速

A．视图是观察数据的一种方法，只能基于基本表建立
   B．视图是虚表，观察到的数据是实际基本表中的数据
   C．索引查找法一定比表扫描法查询速度快
   D．索引的创建只和数据的存储有关系
2．WITH CHECK OPTION 子句对视图的作用是（　　）。
   A．进行插入监测   B．进行更新监测
   C．进行删除监测   D．以上都包括
3．在 MySQL 中，视图是一张虚表，它是从（　　）导出的数据表。
   A．一张基本数据表   B．多张基本数据表
   C．一张或多张基本数据表   D．以上都不对
4．MySQL 的视图是从（　　）中导出的。
   A．基本表   B．视图
   C．基本表或视图   D．数据库
5．在 MySQL 中，创建视图使用的命令是（　　）。
   A．CREATE SCHEMA   B．CREATE TABLE
   C．CREATE VIEW   D．CREATE INDEX
6．视图提高了数据库系统的（　　）。
   A．完整性   B．并发控制   C．隔离性   D．安全性
7．以下关于删除视图"view_用户表"的语句中正确的是（　　）。
   A．RENEW VIEW IF EXISTS view_用户表
   B．DROP VIEW IF EXISTS view_用户表
   C．DROP VIEW IF NOT EXISTS view_用户表
   D．ALTER VIEW IF EXISTS view_用户表

二、填空题

1．在 MySQL 中，创建视图的关键字是_____。
2．查询视图中的数据与查询数据表中的数据一样，都是使用_____语句。
3．视图与数据表不同，数据库中只存放视图的_____，即_____，而不存放视图对应的数据，数据存放在_____中。
4．使用视图可以简化数据操作。当通过视图修改数据时，相应的_____的数据也会发生变化；同时，若源表的数据发生变化，则这种变化也会自动地同步反映到_____中。
5．在 MySQL 中，使用_____语句查看视图的结构定义，使用_____语句查看视图的基本信息。
6．在 MySQL 中，可以使用_____语句查看视图的定义信息。

三、判断题

1．视图可以建立在两张或两张以上表的基础上。   （   ）
2．查看视图必须有 SHOW VIEW 权限。   （   ）
3．CREATE OR REPLACE VIEW 语句不会替换已经存在的视图。   （   ）
4．删除视图时，也会删除基本表中对应的数据。   （   ）

2）输入以下 SQL 语句：

```
SELECT*
FROM view_stuso
WHERE sname='冯媛媛';
```

运行程序，查看信息已经更新成功，如图 5-32 所示。

图 5-31　更新一条学生信息　　　　　　　　图 5-32　查询更新信息

3. 插入一条学生信息，并对插入数据情况进行分析

在查询窗口中输入以下 SQL 语句：

```
INSERT INTO view_stuso
VALUES('23051208','李四','22智水1','水利工程系','18');
```

运行程序，新增一条学生信息，如图 5-33 所示。

如图 5-33 所示，下方"信息"栏显示："CHECK OPTION failed 'studb.view_stuso'"，说明此次视图更新操作违反了 WITH CHECK OPTION 子句限制的条件，即"dept='信息工程系'"，所以此次数据更新无法执行。

【任务总结】

通过上述操作可知，当创建视图时添加 WITH CHECK OPTION 后，对视图进行更新时会进行条件检查，可以确保数据库

图 5-33　新增一条学生信息

中正在修改数据的完整性。如果在 INSERT 或 UPDATE 操作期间违反了条件，则返回 SQL 错误。检查方式有两种：默认情况下使用 CASCADED，表示级联检查；若设为 LOCAL，则只检查本视图定义的条件。

课后练习 5

一、选择题

1. 下列说法正确的是（　　）。

1）创建一个名为 view_stuso 的视图，用于查看 student 表中信息工程系所有学生的 sno、sname、dept、class 和 total_credits。

2）更新学生信息，把冯媛媛同学的 class 更改"22 计算机 1"。

3）插入一条学生信息，数据为：sno 为 23051208，sname 为"李四"，class 为"22 智水 1"，dept 为"水利工程系"，总学分 total_credits 为 18。并对插入数据情况进行分析。

5.4.2
任务 5-8 创建带 WITH CHECK OPTION 的视图

【任务分析与知识储备】

在创建视图的语法格式中，WITH CHECK OPTION 子句用于在对视图数据操作时进行条件检查，其他语法前面已有说明，此处不再重复。

【任务实施】

1. 创建一个名为 view_stuso 的视图，查看 student 表中信息工程系所有学生的信息

打开 Navicat 集成开发环境。在 Navicat 中连接 MySQL 中的 studb 数据库，在查询窗口中输入以下 SQL 语句：

```
CREATE VIEW view_stuso
AS SELECT sno,sname,dept,class,total_credits
FROM student
WHERE dept='信息工程系'
WITH CHECK OPTION;
```

运行程序，创建视图 view_stuso，同时更新左侧视图列表，视图 view_stuso 已经出现在列表中，如图 5-30 所示。

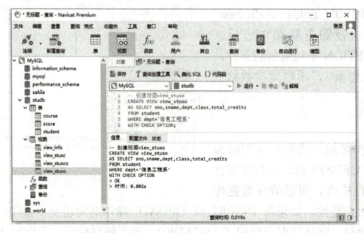

图 5-30　创建视图 view_stuso

2. 更新学生信息

1）在查询窗口中输入以下 SQL 语句：

```
UPDATE view_stuso
SET class='22 计算机 1'
WHERE sname='冯媛媛';
```

运行程序，更新一条学生信息，如图 5-31 所示。

```
SELECT *
FROM view_stusco
WHERE sno='23051207';
```

运行程序，查看后发现信息已经修改成功，如图 5-27 所示。

图 5-26　修改一条学生信息　　　　　　图 5-27　信息修改成功

5. 利用视图 view_stusco 删除一条学生信息

1）在查询窗口中输入以下 SQL 语句：

```
DELETE FROM view_stusco
WHERE sname='张三';
```

运行程序，删除一条学生信息，如图 5-28 所示。

2）输入以下 SQL 语句：

```
SELECT *
FROM view_stusco
WHERE sno='23051207';
```

运行程序，查看后发现信息删除成功，如图 5-29 所示。

图 5-28　删除一条学生信息　　　　　　图 5-29　信息删除成功

【任务总结】

如果一个视图依赖多张源表，则修改一次该视图只能变动一张源表的数据。

5.4.2　任务 5-8　通过带 WITH CHECK OPTION 的视图更新表中数据

【任务描述】

创建带 WITH CHECK OPTION 的视图，并通过视图更新表中数据。

```
    FROM view_stusco
    WHERE sno='23000101';
```

运行程序，查询 sno 为 23000101 的学生信息，如图 5-23 所示。

图 5-22　创建视图 view_stusco

图 5-23　查询 sno 为 23000101 的学生信息

3. 利用视图 view_stusco 新增一条学生信息

1）在查询窗口中输入以下 SQL 语句：

```
INSERT INTO view_stusco
VALUES('23051207','张三','22计算机1',18,'信息工程系');
```

运行程序，新增一条学生信息，如图 5-24 所示。

2）输入以下 SQL 语句：

```
SELECT *
FROM view_stusco
WHERE sno='23051207';
```

运行程序，查看后发现信息添加成功，如图 5-25 所示。

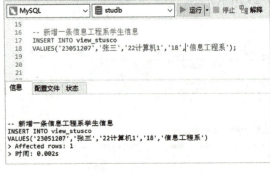

图 5-24　新增一条学生信息

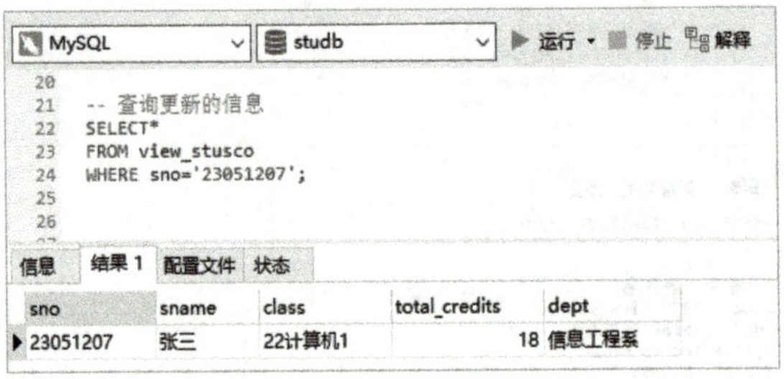

图 5-25　信息添加成功

4. 利用视图 view_stusco 修改学生信息

1）在查询窗口中输入以下 SQL 语句：

```
UPDATE view_stusco
SET class='22大数据1'
WHERE sno='23051207';
```

运行程序，修改一条学生信息，如图 5-26 所示。

2）输入以下 SQL 语句：

5.4.1 任务 5-7 通过视图查询和更新表中数据

【任务描述】

1）创建一个名为"view_stusco"的视图，该视图包括信息工程系所有学生的 sno、sname、class、total_credits 和 dept。

2）利用视图 view_stusco 查询 sno 为 23000101 的学生信息。

3）利用视图 view_stusco 新增一条学生信息，sno 为 23051207，sname 为"张三"，class 为"22 计算机 1"，total_credits 为 18，dept 为"信息工程系"。

4）利用视图 view_stusco 修改前一步新增的学生信息，将其 class 改为"22 大数据 1"。

5）利用视图 view_stusco 删除前面新增的学生"张三"的信息。

【任务分析与知识储备】

1. 插入记录

通过视图插入记录与在基本数据表中插入记录的操作相同，都是通过使用 INSERT 语句来实现的，插入记录对应的 SQL 语句如下：

```
INSERT INTO<视图名>[字段列表]
VALUES(值列表 1),…,(值列表 n);
```

2. 修改数据

与修改基本数据表一样，可以使用 UPDATE 语句来修改视图中的数据，对应的 SQL 语句如下：

```
UPDATE <视图名>
SET 字段名 1=表达式 1[,字段名 2=表达式 2…]
[WHERE 条件];
```

3. 删除数据

使用 DELETE 语句可以删除视图中的数据，视图中数据被删除的同时源数据表中的数据也同步删除，对应的 SQL 语句如下：

```
DELETE FROM <视图名>
[WHERE 条件];
```

【任务实施】

1. 创建一个名为 view_stusco 的视图，该视图包括信息工程系所有学生的信息

打开 Navicat 集成开发环境。在 Navicat 中连接 MySQL 中的 studb 数据库，在查询窗口中输入以下 SQL 语句：

```
CREATE VIEW view_stusco
AS SELECT sno,sname,class,total_credits,dept
FROM student where dept='信息工程系';
```

运行程序，创建视图 view_stusco，如图 5-22 所示。

2. 利用视图 view_stusco 查询 sno 为 23000101 的学生信息

在查询窗口中输入以下 SQL 语句：

```
SELECT*
```

```
DROP VIEW view_info;
```
运行程序，删除视图 view_info，如图 5-19 所示。

3）为了验证视图是否删除成功，使用 SELECT 语句查看 view_info 视图，输入 SQL 语句：
```
SELECT * FROM view_info;
```
运行程序，如图 5-20 所示，视图 view_info 不存在，已删除成功。

图 5-19 删除视图 view_info

图 5-20 查询已删除视图 view_info

【任务总结】

删除视图时，只会删除视图的定义，不会删除数据源。

5.3.2 任务 5-6 使用图形化管理工具删除视图

【任务描述】

在 Navicat 中使用可视化操作删除视图 view_info。

【任务分析与知识储备】

使用图形化管理工具删除视图比较方便，只需启动 Navicat 并连接 MySQL 后，选中需要删除的视图，执行删除视图操作即可。

【任务实施】

1）打开 Navicat 集成开发环境。

2）在 Navicat 中连接 MySQL 中的 studb 数据库，单击 studb 数据库对象窗格中的"视图"，然后选中需要删除的视图 view_info，单击"删除视图"按钮，打开"确认删除"对话框，单击"删除"按钮即可删除视图，如图 5-21 所示。

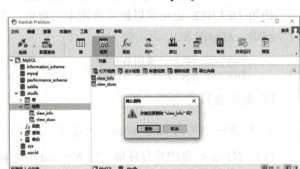

图 5-21 删除视图

5.4 利用视图更新数据

更新视图是指通过视图对数据表中的数据进行插入（INSERT）、更新（UPDATE）和删除（DELETE）操作。视图进行更新时，都是转换到源表来更新的。更新视图时，只能更新权限范围内的数据，超出权限范围则无法更新。

图 5-17 取消不需要的字段　　　　　　图 5-18 修改结果界面

5.3 删除视图

视图虽然能简化操作，但并不是越多越好，当不再需要某视图时，可以使用 DROP VIEW 语句或者使用图形化管理工具将其删除。

5.3.1 任务 5-5 使用 DROP VIEW 语句删除视图

【任务描述】

Navicat 中使用 DROP VIEW 语句删除视图 view_info。

5.3.1
任务 5-5 使用
DROP VIEW
语句删除视图

【任务分析与知识储备】

删除一个或多个视图都可以使用 DROP VIEW 语句，其基本语法格式为：

```
DROP VIEW [IF EXISTS] <视图名> [RESTRICT|CASCADE];
```

语法说明：

1）<视图名>是要删除的视图名称，可以添加多个需要删除的视图名称，各个视图名称之间使用逗号","分隔开。

2）如果使用"IF EXISTS"选项，即使要删除的视图不存在，也不会出现错误提示。

3）删除视图必须拥有 DROP VIEW 权限。

【任务实施】

1）打开 Navicat 集成开发环境。

2）在 Navicat 中连接 MySQL 中的 studb 数据库，在查询窗口中输入以下 SQL 语句：

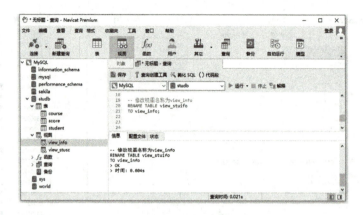

图 5-15　修改视图名称

5.2.2　任务 5-4　使用图形化管理工具修改视图

【任务描述】

使用 Navicat 中相关操作修改视图 view_info，查询信息工程系学生的学号 sno、姓名 sname、班级 class。

【任务分析与知识储备】

图形化管理工具修改视图比较方便，大致步骤如下。

1）启动 Navicat 并连接 MySQL 后，双击需要操作的数据库，单击"视图"按钮，然后选中需要修改的视图，并单击"设计视图"按钮。

2）打开视图编辑界面，即可在视图创建工具选项卡右下方编辑 SQL 语句。

【任务实施】

1）在 Navicat 中连接 MySQL 中的 studb 数据库，单击 Navicat 中的"视图"按钮，并单击"设计视图"按钮，如图 5-16 所示。

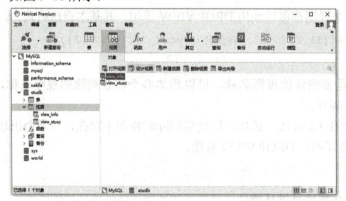

图 5-16　Navicat 中"视图"工具栏的"设计视图"

2）进入视图编辑界面，单击"视图创建工具"按钮，打开"视图创建工具"窗口，在其中的图表设计窗格中单击取消不需要的字段，此处取消选中"total_credits"，如图 5-17 所示。

3）单击"构建并运行"按钮即可确认修改，修改结果界面如图 5-18 所示。

【任务分析与知识储备】

1）在 MySQL 中，可以通过 ALTER VIEW 语句来修改视图，语法格式为：

```
ALTER VIEW <视图名> [ <列名列表> ]
AS SELECT 语句
[WITH[CASCADED|LOCAL]CHECK OPTION];
```

ALTER VIEW 语句的语法与 CREATE VIEW 语句类似，这里不再详细介绍。

2）在 MySQL 中，可以通过 RENAME TABLE 语句来修改视图名称，语法格式为：

```
RENAME TABLE <原视图名>
TO <新视图名>;
```

执行此语句后，原来的视图将被重命名为新的视图名称，并且数据不会发生任何更改。

【任务实施】

1）打开 Navicat 集成开发环境。

2）在 Navicat 中连接 MySQL 中的 studb 数据库，在查询窗口中输入以下 SQL 语句：

```
ALTER VIEW view_stuifo
AS SELECT sno,sname,class,total_credits
FROM student where dept='信息工程系';
```

运行程序，修改视图 view_stuifo，如图 5-13 所示。

3）输入以下 SQL 语句：

```
SELECT *
FROM view_stuifo;
```

运行程序，查询视图的记录数据，如图 5-14 所示。

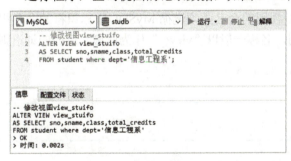

图 5-13　修改视图 view_stuifo　　　　　图 5-14　查询视图 view_stuifo

4）输入以下 SQL 语句：

```
RENAME TABLE view_stuifo
TO view_info;
```

运行程序，修改视图的名称为"view_info"，如图 5-15 所示，左侧视图列表刷新后，视图名称由"view_stuifo"变为"view_info"。

【任务总结】

在 MySQL 中修改视图不会直接影响原始数据，但为确保视图的定义和查询结果与预期一致，须考虑视图的权限和访问控制。在进行任何数据库对象的修改时，建议先进行备份，再谨慎操作。

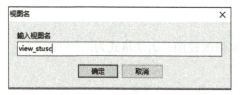
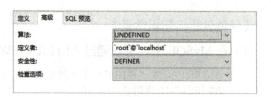

图 5-10 "视图名"对话框　　　　　　图 5-11 视图的"高级"选项卡

在"视图"工具栏中单击"预览"按钮，切换到"定义"选项卡中查看视图对应的 SELECT 语句和运行结果，如图 5-12 所示。

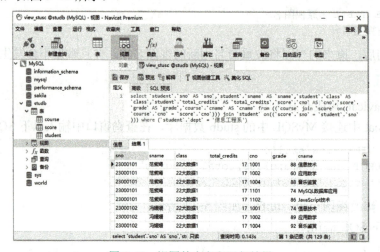

图 5-12 视图的定义和运行结果

【任务总结】

视图名必须唯一，不能出现重名的视图。视图的命名必须遵循 MySQL 中标识符的命名规则，不能与数据表同名；视图的命名应该简明，名称一般以"view_"作为前缀，后面的词语则以能够恰当地描述视图为宜。

5.2 修改视图

如果基本表新增或删除了字段，而视图引用了该字段，此时就必须修改视图使之与基本表保持一致。在需要调整视图的算法和权限时，也要修改视图的定义，修改视图的语句是 ALTER VIEW。

5.2.1 任务 5-3 使用 ALTER VIEW 语句修改视图

【任务描述】

运用 ALTER VIEW 语句修改视图 view_stuifo，查询信息工程系学生的 sno、sname、class 和 total_credits，并修改视图名称为"view_info"。

5.2.1
任务 5-3 使用
ALTER VIEW
语句修改视图

6）设置查询条件。在"视图创建工具"窗口中切换到"WHERE"选项卡，单击[+]按钮，出现"<值>=<值>"的条件输入标识，单击"="左侧的"<值>"，在弹出的窗格中切换到"标识符"选项卡，然后在数据表 student 的字段列表中单击字段"dept"，如图 5-7 所示。

单击"="右侧的"<值>"，在弹出窗格的"自定义"文本框中输入"'信息工程系'"，如图 5-8 所示。

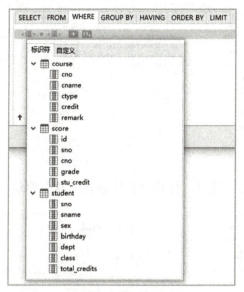
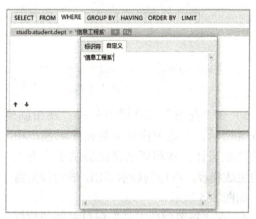

图 5-7 选择所需的字段名　　　　　　图 5-8 在文本框中输入"'信息工程系'"

7）在"视图创建工具"窗口中单击"构建并运行"按钮，关闭该窗口并返回视图定义界面，可以看到设置好字段、数据表及关联条件、WHERE 条件的 SQL 查询语句，如图 5-9 所示。

图 5-9 设置好的查询语句

8）在"视图"工具栏中单击"保存"按钮，在弹出的对话框中输入视图名"view_stusc"，如图 5-10 所示，然后单击"确定"按钮，view_stusc 视图创建成功。

9）切换到"高级"选项卡，查看高级选项设置，如图 5-11 所示。"算法"为"UNDEFINED"，即 MySQL 自动选择算法；"定义者"为"'root'@'localhost'"；"安全性"为"DEFINER"；"检查选项"这里未设置。

项目 5 创建和管理视图

【任务实施】

1）在 Navicat 中连接 MySQL 中的数据库 studb，单击 Navicat 工具栏中的"视图"按钮，如图 5-3 所示。

2）单击"新建视图"按钮，显示"定义""高级"和"SQL 预览"选项卡，如图 5-4 所示。

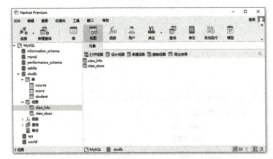
图 5-3 单击"视图"按钮

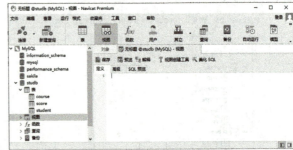
图 5-4 在 Navicat 中新建视图

3）在"视图"工具栏中单击"视图创建工具"按钮，打开"视图创建工具"窗口，如图 5-5 所示。左边窗格显示数据库对象，中间的图表设计窗格和语法窗格提供了查询语句的生成模板，右边为显示 SQL 语句预览窗格，如图 5-5 所示。

4）在"视图创建工具"窗口左侧的数据库对象窗格中，双击数据表 course、score 和 student 对象，在图表设计窗格中弹出数据表 course、score 和 student 可供选择的字段；在 course 字段列表中单击字段名 cno，并按住鼠标左键将其拖动到 score 表的 cno 字段位置，松开鼠标左键，即完成数据表 course 与 score 之间关联关系的创建。以同样的方法，创建数据表 score 和 student 之间的关联关系。

图 5-5 "视图创建工具"窗口

5）从已选的数据表中选择所需的字段。分别从 course 字段列表中选择 cname，从 score 字段列表中选择 cno 和 grade，从 student 字段列表中选择 sno、sname、class 和 total_credits，同时 SQL 语句预览窗格中会自动生成对应的 SQL 语句，如图 5-6 所示。

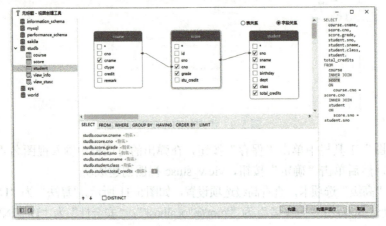
图 5-6 选择要查询的数据表和字段

图 5-1　创建视图 view_stuifo

图 5-2　查询视图 view_stuifo

5.1.2　任务 5-2　使用图形化管理工具创建视图

本任务运用图形化管理工具 Navicat 创建多源表视图。

【任务描述】

5.1.2
任务 5-2　使用图形化管理工具创建视图

创建名为 view_stusc 的视图，该视图包括信息工程系学生的 sno、sname、class、total_credits、cno、grade 和 cname。

【任务分析与知识储备】

多源表视图是指视图的来源有两张或多张数据表，这种视图在实际应用中使用得多一些。使用 Navicat 完成多源表视图创建一般需要用到以下几种操作。

（1）添加数据表

用户在视图创建工具中新建视图，首先必须将表添加到视图，从左侧数据库对象拖动数据表到图表设计窗格或双击相应的数据表。

（2）删除对象

在视图创建工具的图表设计窗格选中要移除的对象，按〈Delete〉键即可将该对象删除。

（3）添加表别名

在视图创建工具中添加表别名，用户只需在图表设计窗格双击表名并输入别名。

（4）设置表间关系

通过两个字段连接数据库对象，从一个对象列表拖动一个字段到另一个对象列表，一条线将出现在两个字段之间。

在语法窗格中可选择不同的属性项目，可以改变关系条件。除此之外，还可以改变连接的类型。

（5）设置条件

添加一个查询条件，在语法窗格的 WHERE 选项卡中设置查询条件。

定义条件，在"编辑"选项卡中输入值，单击"="设置条件运算符。

4）WITH CHECK OPTION：这一项是可选的，如果加上这一行，表示在视图更新时会检查 SELECT 语句所指定的视图规则，不符合视图规则的记录不能更新。当视图根据另一个视图定义时，WITH CHECK OPTION 给出 LOCAL 和 CASCADED 两个关键字，它们决定了检查测试的范围。其中，CASCADED 关键字表示会检查底层视图规则，LOCAL 关键字表示只检查当前视图的规则，如果未指定，则默认为 CASCADED。

2．使用视图时的注意事项

1）在默认情况下，将在当前数据库创建新视图，要想在给定数据库中创建视图，应将名称指定为"数据库名.视图名"。

2）视图的命名必须遵循标识符命名规则，不能与表同名。对于每个用户，视图名必须是唯一的。

3）不能把规则、默认值或触发器与视图相关联。

4）不能在视图上建立任何索引，包括全文索引。

3．视图中使用 SELECT 语句的限制

1）定义视图的用户必须对所参照的表或视图有查询权限（即拥有执行 SELECT 语句的权限），在定义中引用的表或视图必须存在。

2）不能包含 FROM 子句中的子查询，不能引用系统或用户变量，不能引用预处理语句参数。

3）在视图定义中允许使用 ORDER BY 子句，但是，如果从特定视图进行了选择，而该视图使用了具有自己 ORDER BY 子句的语句，则视图定义中的 ORDER BY 子句将被忽略。

4．查询视图

视图创建完成后，可通过 SELECT 语句查询视图，其基本语法格式与查询基本表相同，之前已经讲述，在此不再重复。

【任务实施】

1）打开 Navicat 集成开发环境。

2）在 Navicat 中连接 MySQL 中的数据库 studb，在查询窗口中输入以下 SQL 语句：

```
CREATE VIEW view_stuifo
AS SELECT sno,sname,birthday,class,total_credits
FROM student where dept='信息工程系' ;
```

单击"运行"按钮执行命令，创建视图 view_stuifo，如图 5-1 所示。

3）输入以下 SQL 语句：

```
SELECT *
FROM view_stuifo;
```

单击"运行"按钮执行命令，查询视图 view_stuifo 的数据，如图 5-2 所示。

【任务总结】

创建视图要求用户具有 CREATE VIEW 权限，以及查询涉及的列的 SELECT 权限。视图创建后，MySQL 就会在数据库目录中创建一个"视图名.frm"文件。

在视图中对数据进行修改,相应基表中的数据也会发生变化;同样,基表中数据发生变化,也会反映到视图中。

与直接操作基表相比,操作视图具有以下优点。

(1)简单

视图中看到的就是用户所需的,它可以简化用户对数据的理解和操作,不用考虑对应的表结构、关联条件和筛选条件。对用户来说,那些被经常使用的查询可以定义为视图,视图让用户不必为以后的每次操作都指定全部的条件。

(2)安全

通过视图,用户只能查询和修改他们所能见到的数据,数据库中的其他数据则既看不到也取不到,所以视图可以作为一种安全机制,把指定用户限制在数据的不同子集上。

(3)逻辑数据独立

用户的应用程序与数据表在一定程度上相互独立。视图创建后,应用程序可以建立在视图之上,从而使程序和数据表分割开来,这样可以屏蔽表结构变化带来的影响。

5.1 创建视图

5.1.1 任务 5-1 使用 CREATE VIEW 语句创建单源表视图

基于 SELECT 语句和已存在的数据表,视图可以建立在一张表上,也可以建立在多张表上,本任务运用 SQL 语句创建单源表视图。

5.1.1
任务 5-1 使用 CREATE VIEW 语句创建单源表视图

【任务描述】

创建 studb 数据库上基于 student 表的视图 view_stuifo,包括"信息工程系"学生的 sno、sname、birthday、class 和 total_credits。

【任务分析与知识储备】

1. CREATE VIEW 语句的基本语法格式

在 MySQL 中,需要使用 CREATE VIEW 语句创建视图,其基本语法格式为:

```
CREATE [OR REPLACE] VIEW <视图名> [<列名列表>]
AS SELECT 语句
[WITH [CASCADED|LOCAL] CHECK OPTION];
```

语法说明:

1)列名列表:要想为视图的列定义明确的名称,可使用可选的列名列表子句,列出由逗号隔开的列名。"列名列表"中的名称数目必须等于 SELECT 语句检索的列数。若使用与源表或视图中相同的列名,可以省略列名列表。

2)OR REPLACE:给定 OR REPLACE 子句,语句能够替换已有的同名视图。

3)SELECT 语句:用来创建视图的 SELECT 语句,可在其中查询多个表或视图。

项目 5　创建和管理视图

在前面的学习中，操作的数据表都是一些真实存在的表，其实，数据库还有一种虚拟表，它的结构和真实表一样，都是二维表，但是不存放数据，数据从真实表中获取，这种表被称为视图。本项目将针对数据库中视图的基本操作进行详细讲解，包括视图的概念，视图的创建、管理和应用。

知识目标

1. 了解视图的概念和作用。
2. 掌握创建和查看视图的方法。
3. 掌握更新和删除视图的方法。

能力目标

1. 能够根据需求设计和创建 MySQL 数据库视图。
2. 能够独立编辑 SQL 语句，实现视图的查询。
3. 能够对视图进行修改和维护，保证视图的数据一致性。

素质目标

1. 提高数据分析和应用的能力。
2. 培养创新意识和创新能力，鼓励学生尝试新方法。
3. 增强自我学习和自我发展能力，提高解决实际问题的能力。

知识导图

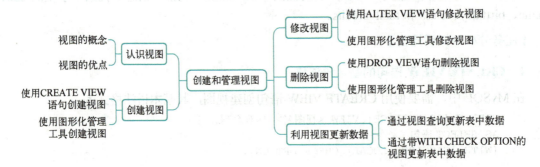

前导知识：认识视图

视图是从一个或多个表中导出来的表，它是一种虚拟存在的表，表的结构和数据都依赖于基本表，包含一系列动态生成的行和列数据。创建视图时所引用的表称为基表。通过视图不仅可以看到基本表中的数据，并且可以像操作基表一样对视图中的数据进行查询、修改和删除。

2. 在 WHERE 子句中，字符串匹配的常用通配符是_____和_____。

3. 使用_____子句对查询结果进行排序时，升序用关键字_____表示，降序用关键字_____表示。

4. 进行连接查询时，如果返回包括左表中的所有记录和右表中符合连接条件的记录，则该连接查询是_____。

三、判断题

1. 在数据表中，某些列的值可能为空值（Null），那么在 SQL 语句中可以通过"= null"来判断是否为空值。（   ）

2. 在 MySQL 查询中，不仅可为查询的某个列取别名，也可以为查询的某个表取别名，如果查询结果列是一个经过计算的列，常常需要为其取别名。（   ）

3. 默认情况下，联合查询会去除完全重复的记录。（   ）

4. 查询中使用 GROUP BY 子句时，在 SELECT 子句的字段列表中，除了聚合函数外，其他字段一定要在 GROUP BY 子句中有定义。（   ）

5. 在 MySQL 中，INSERT 语句一次只能向表中插入一行记录。（   ）

6. 用 UNION 连接的各个 SELECT 语句都可以带有自己的 ORDER BY 子句。（   ）

7. HAVING 子句在查询语句中的位置可以任意，不影响运算结果。（   ）

8. 用 SELECT 进行模式匹配查询时，可以使用 LIKE 或 NOT LIKE 关键字，但要在条件值中使用"%"或"_"等通配符来配合查询。（   ）

四、查询综合应用

根据学生成绩管理数据库 studb 中的数据，完成以下查询。

1. 查询学生的学号、姓名、出生日期。
2. 查询"信息工程系"女生的学号、姓名、性别和系别。
3. 查询"信息工程系"和"水利工程系"的学生信息。
4. 查询不在"信息工程系"和"水利工程系"的学生信息。
5. 查询姓"王"的学生的学号、姓名信息。
6. 查询名字中有"新"字的学生的学号、姓名信息。
7. 查询"1001"号课程前 5 名的学生的成绩信息。
8. 查询学校有多少个班级。
9. 分组统计每个班的男、女生的人数，并汇总。
10. 统计平均成绩在 80 分以上的学生的总成绩和平均成绩，并按总成绩由高到低排名。
11. 查询"信息工程系"学生的学号、姓名、课程名称和成绩信息。
12. 查询和冯媛媛同一个班的学生的信息。
13. 查询没有参加考试的学生的名单。
14. 查询比"信息工程系"某个班级学生人数多的班级信息。
15. 查询比"信息工程系"所有班级学生人数多的班级信息。

课后练习 4

一、选择题

1. 下列（　　）关键字在 SELECT 子句中表示所有列。
   A. *　　　　　　B. AS　　　　　　C. LIMIT　　　　D. DISTINCT
2. 在 SELECT 语句中，如果想要返回的结果集中不包含相同的行，应使用关键字（　　）。
   A. ALL　　　　　B. DISTINCT　　　C. AS　　　　　　D. TOP
3. 与"WHERE grade BETWEEN 60 AND 100"子句等价的子句是（　　）。
   A. WHERE grade>60 AND grade<100
   B. WHERE grade>=60 AND grade<=100
   C. WHERE grade>=60 AND grade<100
   D. WHERE grade>60 AND grade<=100
4. 查找 LIKE'_A%'，下面（　　）结果是可能的。
   A. AaB　　　　　B. ABC　　　　　C. aAB　　　　　D. Aa
5. 对语句"SELECT* FROM student LIMIT 5,8"描述正确的是（　　）。
   A. 查询 student 表中第 6~8 条记录
   B. 查询 student 表中第 5~8 条记录
   C. 查询 student 表中第 6 条开始的 8 条记录
   D. 查询 student 表中第 5 条开始的 8 条记录
6. SELECT 语句中与 HAVING 子句同时使用的是（　　）子句。
   A. ORDER BY　　B. WHERE　　　　C. GROUP BY　　D. 无须配合
7. 下列聚合函数中使用正确的是（　　）。
   A. Sum(*)　　　　B. Max(*)　　　　C. Count(*)　　　D. Avg(*)
8. 组合多条 SQL 查询语句形成联合查询的操作符是（　　）。
   A. UNION　　　　B. LINK　　　　　C. ALL　　　　　D. AND
9. 下面可以通过聚合函数的结果来过滤查询结果集的 SQL 子句是（　　）。
   A. WHERE 子句　　　　　　　　　　B. GROUP BY 子句
   C. HAVING 子句　　　　　　　　　　D. ORDER BY 子句
10. 当子查询返回多行时，可以采用的解决办法是（　　）。
    A. 使用聚合函数　　　　　　　　　　B. 使用 WHERE 条件判断
    C. 使用 IN　　　　　　　　　　　　　D. 使用 GROUP BY 进行分组
11. 查询学生成绩信息时，结果按成绩降序排列，下列语句中正确的是（　　）。
    A. ORDER BY grade DISTINCT　　　　B. ORDER BY grade
    C. ORDER BY grade ASC　　　　　　 D. ORDER BY grade DESC
12. 使用关键字（　　）可以指定字段别名。
    A. ALL　　　　　B. DISTINCT　　　C. AS　　　　　　D. AND

二、填空题

1. 在 SELECT 语句中，_____ 子句用于指定查询条件。

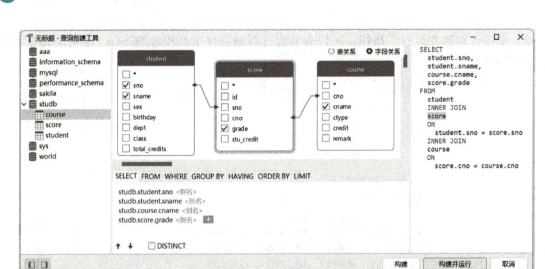

图 4-63　勾选三个表中所需字段

4）单击"构建并运行"按钮，可以查看通过查询创建工具构建的 SQL 语句及其查询结果，如图 4-64 所示。

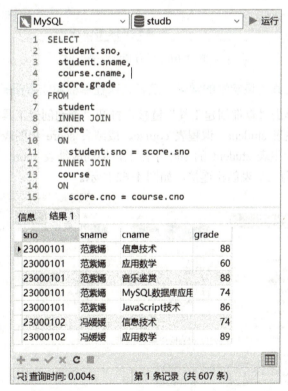

图 4-64　查看连接查询结果

【任务总结】

在查询创建工具中可以完成几乎所有的查询，但有些操作较为简单，如查询表中较多的字段、多表连接查询等；有些操作却比使用命令烦琐很多，如分组统计查询。在实际应用中更多的是使用 SQL 命令的方式完成查询。

3）单击"构建并运行"按钮，可以查看通过查询创建工具构建的 SQL 语句及其查询结果，如图 4-61 所示。

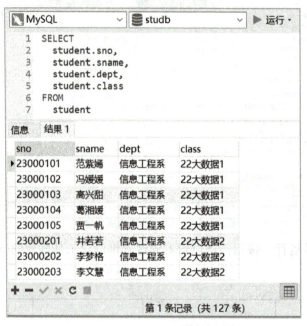

图 4-61　查看查询结果

2. 使用查询创建工具查询学生的学号、姓名、课程名称和成绩信息

1）在查询窗口中单击"查询创建工具"链接，打开"查询创建工具"窗口。

2）拖动或双击学生表 student、课程表 course、成绩表 score 到图表设计窗格，拖动成绩表 score 中的 sno 字段到学生表 student 的 sno 字段上，拖动成绩表 score 中的 cno 字段到课程表 course 的 cno 字段上，为三个表创建连接，如图 4-62 所示。

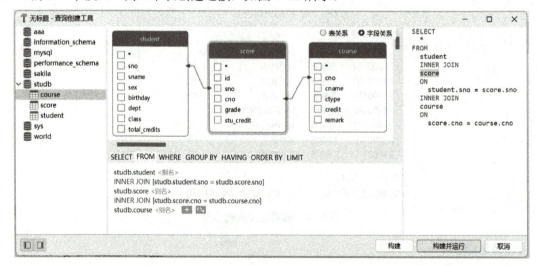

图 4-62　创建表之间的连接

3）勾选三个表中所需字段，在右侧 SQL 语句预览窗格中可以查看自动生成的查询语句，如图 4-63 所示。

转到语法窗格可以改变连接的关系,单击运算符并在弹出菜单中选择属性项目,还可以改变关系条件。除此之外,还可以单击"INNER JOIN"改变连接的类型。

(6)设置输出字段

在图表设计窗格选择的字段将会显示在语法窗格,可以设置它们的显示顺序,使用和修改输出字段。

可以使用 DISTINCT 关键字和聚集函数 SUM、MAX、MIN、AVG、COUNT 等。

(7)设置查询条件

在语法窗格的 WHERE 子句中单击"+"号,可以添加一个查询条件。

(8)设置查询组条件

可以在语法窗格中用 GROUP BY 子句为分组查询设置条件,还可以在 HAVING 子句中设置组级的筛选条件。

(9)设置排序准则

可以从语法窗格中用 ORDER BY 子句设置查询结果的排序方式,添加排序字段后,可以选择"升序"或者"降序"改变排序方向。

(10)设置限制准则

LIMIT 子句用来限制查询记录范围,它包括两个参数,前一个参数表示记录行的偏移量,即指定跳过几条记录(第一条记录位置偏移量为 0),后一个参数指定返回记录行的最大数目,即指定最多获取多少条记录。

【任务实施】

1. 使用查询创建工具查询学生的学号、姓名、系别和班级编号等信息

1)在查询窗口中单击"查询创建工具"链接,打开"查询创建工具"窗口。

2)拖动或双击学生表 student 到图表设计窗格,勾选字段名左侧的复选框,选择所需字段,右侧的 SQL 语句预览窗格中可以查看自动生成的查询语句,如图 4-60 所示。

图 4-60 选择所需字段

2）使用查询创建工具查询学生的学号、姓名、课程名称和成绩信息。

【任务分析与知识储备】

Navicat 为创建查询提供了一个有力的工具，称为查询创建工具，能可视化地创建及编辑查询。"查询创建工具"窗口如图 4-59 所示，左边窗格显示数据库对象；中间窗格分为两部分，上部分为图表设计窗格，下部分为语法窗格；右边为 SQL 语句预览窗格。

图 4-59　"查询创建工具"窗口

（1）添加数据表

在查询创建工具中新建查询时，首先要添加表到查询，可以从左边数据库对象窗格中拖动数据表到图表设计窗格，或者双击相应的数据表把表添加到图表设计窗格。

（2）选择字段名

在查询创建工具图表设计窗格中，勾选相应数据表对象的字段名左侧的复选框选择字段，也可以勾选对象标题左侧的复选框，表示选择其下所有字段。在被选择的字段名上单击鼠标右键，在快捷菜单中可编辑字段别名，也可以在语法窗格中编辑字段别名。

（3）编辑表别名

在查询创建工具中图表设计窗格中，双击数据表对象标题栏，在弹出的对话框中可以编辑表别名。

（4）移除对象

在查询创建工具中图表设计窗格中，右击对象标题栏，在弹出的对话框中可以选择移除该对象。

（5）设置表间关系

通过两个字段连接数据库对象，从一个对象列表拖动某字段到另一个对象列表的对应字段上，一条线将出现在连接的两字段之间。在这条线上右击，在快捷菜单中可以编辑或者移除该连接。

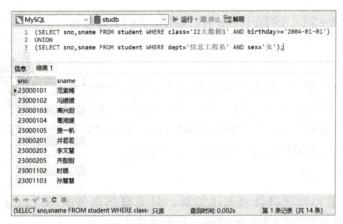

图 4-57 使用 UNION 创建联合查询

2）在查询窗口中输入以下命令：

```
(SELECT sno,sname FROM student WHERE class='22大数据1' AND birthday>='2004-01-01')
UNION ALL
(SELECT sno,sname FROM student WHERE dept='信息工程系' AND sex='女');
```

合并两个查询结果集并保留重复记录，单击"运行"按钮执行命令，运行结果如图 4-58 所示。可以看到查询结果中第 6~9 条记录和第 1~4 条记录是重复的，最后结果集显示 18 条记录，正好是两条查询结果的记录之和。

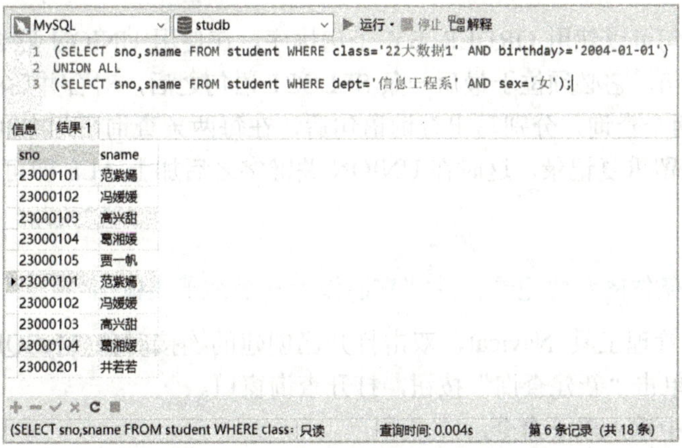

图 4-58 使用 UNION ALL 创建联合查询

【任务总结】

查询时将两个或多个查询结果集合并成一个查询结果集进行显示，这就是联合查询。联合查询采用 UNION 实现。关键字 ALL 表示合并的结果中包括所有行（不去除重复行）。

4.7.2 任务 4-22 使用 Navicat 的查询创建工具实现查询操作

【任务描述】

1）使用查询创建工具查询学生的学号、姓名、系别和班级编号等信息。

4.7.1 任务 4-21 使用 UNION 语句创建联合查询

【任务描述】

1）查询"22 大数据 1"班在"2004-01-01"以后出生的学生记录和"信息工程系"的女生记录，并把它们作为一个结果集输出。

2）查询"22 大数据 1"班在"2004-01-01"以后出生的学生记录和"信息工程系"的女生记录，把它们作为一个结果集输出，并保留重复的记录。

【任务分析与知识储备】

使用 UNION 语句创建联合查询很简单，只需要列出每条 SELECT 语句并在每两条 SELECT 语句之间加上关键字 UNION 即可。其语法格式为：

```
SELECT 查询 1
UNION[ALL]
SELECT 查询 2;
```

语法说明：

1）UNION 必须由两条或两条以上的 SELECT 语句组成，语句之间用关键字 UNION 分隔。

2）UNION 中的每个查询必须包含相同的列、表达式或聚集函数。列数据类型必须兼容：类型不必完全相同，但必须是 DBMS 可以隐转换的类型。

3）UNION 从查询结果集中自动去除重复的行；如果想返回所有的匹配行，可以使用 UNION ALL。

4）SELECT 语句可以使用 ORDER BY 子句排序。在使用 UNION 联合查询时，只能使用一个 ORDER BY 子句，它必须位于最后一条 SELECT 语句之后，对合并后的结果集排序。

任务 1）中有两个查询，分别写出查询语句后，在每两条查询语句中间加上 UNION 关键字。任务 2）要求保留重复记录，这时在 UNION 关键字之后加上 ALL 即可。

【任务实施】

1. 查询符合某条件的女生记录，并把它们作为一个结果集输出

1）打开图形化管理工具 Navicat，双击打开已创建的连接对象 MySQL，再双击数据库名 studb 打开数据库。单击"新建查询"按钮，打开查询窗口。

2）在查询窗口中输入以下命令：

```
(SELECT sno,sname FROM student WHERE class='22 大数据 1' AND birthday>='2004-01-01')
UNION
(SELECT sno,sname FROM student WHERE dept='信息工程系' AND sex='女');
```

合并两个查询结果集，单击"运行"按钮执行命令，查询结果如图 4-57 所示。第一条查询语句的结果有 5 条记录，第二条查询语句的结果有 13 条记录，而合并后的结果集只有 14 条记录，因为重复记录被自动合并了。

2. 查询符合某条件的女生记录，把它们作为一个结果集输出，并保留重复的记录

1）打开图形化管理工具 Navicat，双击打开已创建的连接对象 MySQL，再双击数据库名 studb 打开数据库。单击"新建查询"按钮，打开查询窗口。

studb 打开数据库。单击"新建查询"按钮,打开查询窗口。

2)在查询窗口中输入以下命令:

```
SELECT * FROM student
WHERE
birthday<ANY(SELECT birthday FROM student where class='22大数据1');
```

查询比"22 大数据 1"班某个学生年龄大的学生信息,单击"运行"按钮执行命令,运行结果如图 4-55 所示。

2. 查询比"22 大数据 1"班所有学生年龄都大的学生信息

1)打开图形化管理工具 Navicat,双击打开已创建的连接对象 MySQL,再双击数据库名 studb 打开数据库。单击"新建查询"按钮,打开查询窗口。

2)在查询窗口中输入以下命令:

```
SELECT * FROM student
WHERE
birthday<ALL(SELECT birthday FROM student where class='22大数据1');
```

查询比"22 大数据 1"班所有学生年龄都大的学生信息,单击"运行"按钮执行命令,运行结果如图 4-56 所示。

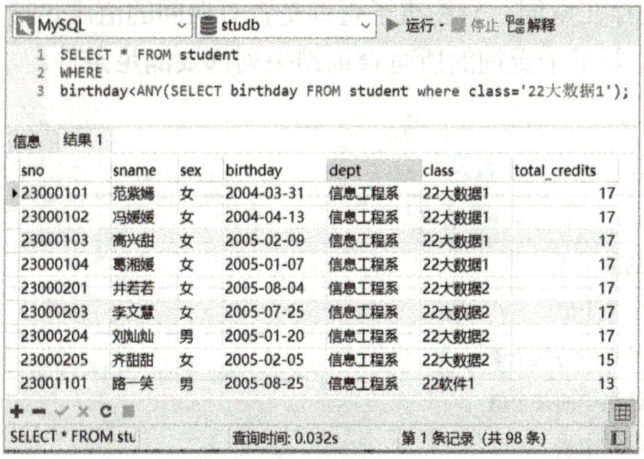

图 4-55 子查询使用<ANY   图 4-56 子查询使用<ALL

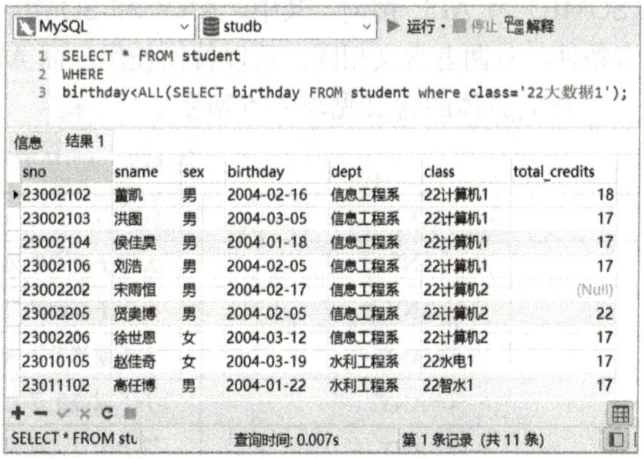

【任务总结】

当子查询返回多个值时,可以使用带有 ANY(SOME)或 ALL 的子查询。其中 ANY 和 SOME 含义相同,可以替换使用。

4.7 联合查询 UNION 及其他

如果有两个或多个查询结果集,如何将它们合并成一个查询结果集呢?这就需要用到联合查询 UNION,将查询结果集进行合并。

另外,还可以借助 Navicat 提供的查询创建工具可视化地创建及编辑查询。

4.7 联合查询 UNION 及其他

图 4-54 使用 EXISTS 查询没有选修任何课程的学生信息

4.6.4 任务 4-20 使用 ANY、ALL 关键字创建子查询

【任务描述】

1）查询比"22 大数据 1"班某个学生年龄大的学生信息。
2）查询比"22 大数据 1"班所有学生年龄都大的学生信息。

4.6.4 任务 4-20 使用ANY、ALL 关键字创建子查询

【任务分析与知识储备】

子查询返回多个值（单列多行）的情况，使用比较运算符连接父查询与子查询时应加上 ANY（SOME）或 ALL 谓词。其中，ANY 和 SOME 是存在量词，只注重子查询是否有返回的值满足搜索条件，且两者含义相同，可以替换使用；而 ALL 要求子查询的所有查询结果列都要满足条件。

它们具体的含义见表 4-5 所示。

表 4-5 ANY 和 ALL 关键字的含义

关键字	含义
> ANY	大于子查询结果中的某个值
< ANY	小于子查询结果中的某个值
>= ANY	大于或等于子查询结果中的某个值
<= ANY	小于或等于子查询结果中的某个值
= ANY	等于子查询结果中的某个值
!= ANY 或 <>ANY	不等于子查询结果中的某个值
> ALL	大于子查询结果中的所有值
< ALL	小于子查询结果中的所有值
>= ALL	大于或等于子查询结果中的所有值
<= ALL	小于或等于子查询结果中的所有值
!= ALL 或 <>ALL	不等于子查询结果中的任何一个值

可以先在子查询中查出"22 大数据 1"班所有学生的出生日期，得到一列值。出生日期越小，年龄越大，任务 1）中要查询的是比某个学生年龄大的学生信息，也就是比查到的这列值的某一个值小就行，所以用<ANY。任务 2）则要求比所有学生年龄都大，此时要小于这列的全部值，即小于最小值，应该使用<ALL。

【任务实施】

1. 查询比"22 大数据 1"班某个学生年龄大的学生信息

1）打开图形化管理工具 Navicat，双击打开已创建的连接对象 MySQL，再双击数据库名

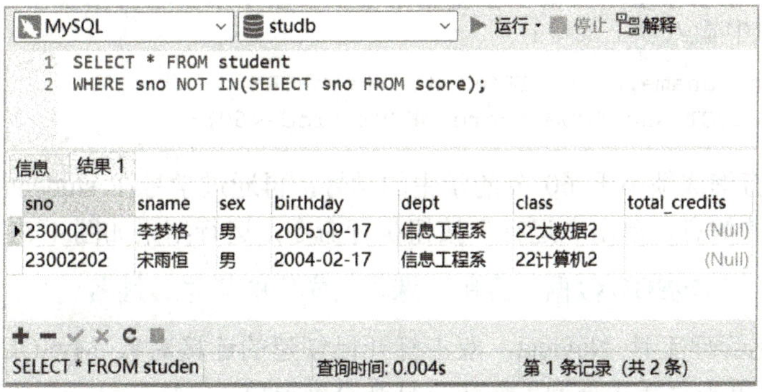

图 4-53　使用 NOT IN 查询没有选修任何课程的学生的信息

【任务总结】

IN 表示在子查询的结果集中，NOT IN 表示不在子查询的结果集中。

4.6.3　任务 4-19　使用 EXISTS 关键字创建子查询

【任务描述】

使用 EXISTS 关键字创建相关子查询，查询没有选修任何课程的学生名单。

4.6.3
任务 4-19 使用 EXISTS 关键字创建子查询

【任务分析与知识储备】

如果子查询的返回值为多列数据，可以使用 EXISTS 或 NOT EXISTS 关键字。在 WHERE 子句中使用 EXISTS 关键字，表示判断子查询的结果集是否为空，子查询至少返回一行时，WHERE 子句的条件为真，返回 TRUE；否则条件为假，返回 FALSE。加上关键字 NOT，则刚好相反。

带 EXISTS 关键字的查询不同于普通的嵌套查询，它是先执行外层查询，再执行内层查询，由外层查询的值决定内层查询的结果，内层查询的执行次数由外层查询的结果决定。

【任务实施】

1）打开图形化管理工具 Navicat，双击打开已创建的连接对象 MySQL，再双击数据库名 studb 打开数据库。单击"新建查询"按钮，打开查询窗口。

2）在查询窗口中输入以下命令：

```
SELECT * FROM student
    WHERE NOT EXISTS(SELECT * FROM score WHERE sno=student.sno);
```

通过 EXISTS 来实现查询没有选修任何课程的学生信息，单击"运行"按钮执行命令，运行结果如图 4-54 所示。

【任务总结】

由 EXISTS 引出的子查询，其选择字段表达式通常都使用星号"*"，EXISTS 关键字的前面没有字段名或其他表达式。这是因为，带 EXISTS 的子查询只是测试是否存在符合子查询中指定条件的行，所以不必列出字段名。

2)在查询窗口中输入以下命令:

```
SELECT sno,sname,class FROM student WHERE
sno IN(SELECT sno FROM score WHERE grade<60);
```

通过子查询先查询成绩小于 60 分的学生的学号,再通过学号在 student 表中查询出学号、姓名和班级等字段的信息,单击"运行"按钮执行命令,运行结果如图 4-51 所示。

2. 查询选修了"MySQL 数据库应用"课程的学生的学号、姓名

1)打开图形化管理工具 Navicat,双击打开已创建的连接对象 MySQL,再双击数据库名 studb 打开数据库。单击"新建查询"按钮,打开查询窗口。

2)在查询窗口中输入以下命令:

```
SELECT sno,sname FROM student WHERE
sno IN(SELECT sno FROM score WHERE
cno=(SELECT cno FROM course WHERE cname='MySQL 数据库应用'));
```

通过子查询先在 course 表中查询"MySQL 数据库应用"课程的课程编号,再在 score 表中查询选修了该课程的学生的学号,最后再从 student 表中查询这些学号对应的学号和姓名字段的信息,单击"运行"按钮执行命令,如图 4-52 所示。

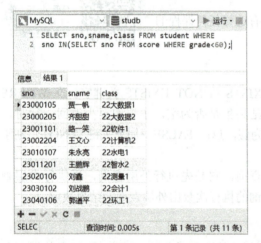

图 4-51 子查询返回值为单列多值时使用 IN 关键字

图 4-52 使用 IN 关键字的两层嵌套子查询

3. 查询没有选修任何课程的学生的信息

1)打开图形化管理工具 Navicat,双击打开已创建的连接对象 MySQL,再双击数据库名 studb 打开数据库。单击"新建查询"按钮,打开查询窗口。

2)在查询窗口中输入以下命令:

```
SELECT * FROM student
WHERE sno NOT IN(SELECT sno FROM score);
```

通过子查询先查询成绩表 score 中有哪些学号,即哪些学号的学生选修了课程,再使用 NOT IN 在 student 表中查出不在上述学号范围之内的学生信息,单击"运行"按钮执行命令,如图 4-53 所示。

运行结果如图 4-50 所示。

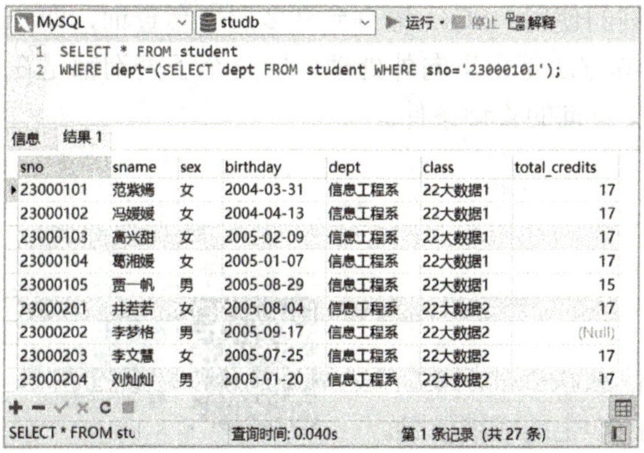

图 4-49 查询和某学生同系的学生信息

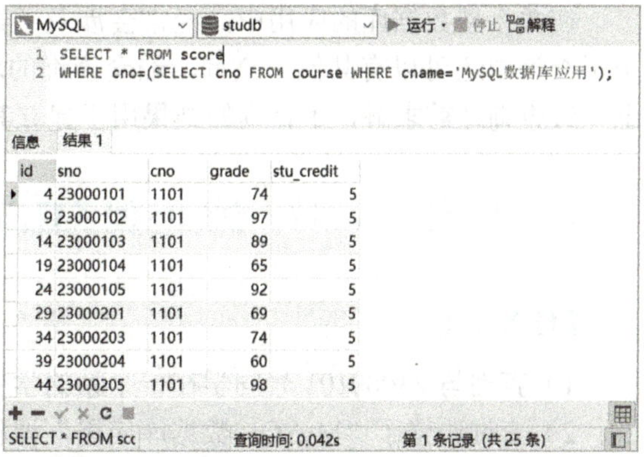

图 4-50 查询选修了某课程的学生成绩信息

【任务总结】

子查询形式的查询语句是分步骤实现的，即先执行子查询，然后利用子查询返回的结果再执行外层查询。使用子查询进行比较测试时，要求子查询语句必须是返回单值的查询语句。

4.6.2 任务 4-18 使用 IN 关键字创建多值子查询

【任务描述】

4.6.2 任务 4-18 使用 IN 关键字创建多值子查询

1）查询考试不及格的学生的学号、姓名和班级信息。

2）查询选修了“MySQL 数据库应用”课程的学生的学号、姓名。

3）查询没有选修任何课程的学生的信息。

【任务分析与知识储备】

如果子查询的返回值为单列多值，可以使用 IN 或 NOT IN 关键字，即表示在或者不在子查询的结果集中。

语法格式为：

```
WHERE <列名> [NOT] IN (子查询)
```

当子查询的返回值为单列多值时，就不能再直接使用“=”等比较运算符了。任务 1）中考试不及格的学生应该不止一个，子查询在 score 表中查出来的学号应该是一列值，所以要使用 IN 关键字。任务 2）中子查询嵌套了两层，最内层子查询的返回值是一个值，可以用“=”，第二层子查询的返回值为一列值，此时要使用 IN 关键字。任务 3）中可以先查询出选修了课程的学生的学号，再用 NOT IN 排除这部分学号的学生。

【任务实施】

1. 查询考试不及格的学生的学号、姓名和班级信息

1）打开图形化管理工具 Navicat，双击打开已创建的连接对象 MySQL，再双击数据库名 studb 打开数据库。单击“新建查询”按钮，打开查询窗口。

部查询或子查询，子查询需要使用圆括号"()"括起来。

在关系型数据库的应用中，经常会涉及子查询的使用。SQL 语言允许多层嵌套查询，即一个子查询中还可以有其他子查询。嵌套查询的求解方法是由里向外处理，即每个子查询都是在上一级查询之前求解，子查询的结果用于建立其父查询的查询条件。

4.6.1 任务 4-17 创建单值子查询

【任务描述】

1）查询与 23000101 号同学在一个系的学生信息。
2）查询选修了"MySQL 数据库应用"课程的学生的成绩信息。

4.6.1
任务 4-17 创建单值子查询

【任务分析与知识储备】

如果子查询的返回值为单列单值，可以通过使用"=""!="">""<"等比较运算符直接与父查询的字段值进行比较。

语法格式为：

WHERE <列名> 比较运算符 （子查询）

任务 1）首先在子查询中通过学号查到该学生在哪个系，再去查该系的学生记录。采用分步倒序求解的方式，把子查询的结果作为父查询的条件，从而查到想要的结果。任务 2）也是同样的思路，因为成绩表 score 中并没有课程编号字段，所以要先在课程表 course 中查到"MySQL 数据库应用"课程对应的课程编号，再通过课程编号从成绩表 score 中查到该课程对应的成绩信息。

【任务实施】

1. 查询与学号为 23000101 的学生在一个系的学生信息

1）打开图形化管理工具 Navicat，双击打开已创建的连接对象 MySQL，再双击数据库名 studb 打开数据库。单击"新建查询"按钮，打开查询窗口。

2）在查询窗口中输入以下命令：

```
SELECT * FROM student
WHERE dept=(SELECT dept FROM student WHERE sno='23000101');
```

查询与学号为 23000101 的学生在一个系的学生信息，单击"运行"按钮执行命令，运行结果如图 4-49 所示。

2. 查询选修了"MySQL 数据库应用"课程的学生的成绩信息

1）打开图形化管理工具 Navicat，双击打开已创建的连接对象 MySQL，再双击数据库名 studb 打开数据库。单击"新建查询"按钮，打开查询窗口。

2）在查询窗口中输入以下命令：

```
SELECT * FROM score
WHERE cno=(SELECT cno FROM course WHERE cname='MySQL 数据库应用');
```

查询选修了"MySQL 数据库应用"课程的学生的成绩信息，单击"运行"按钮执行命令，

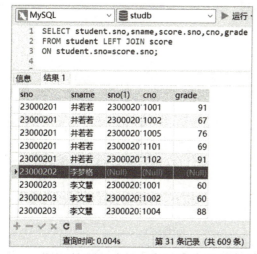

图 4-46　使用 LEFT JOIN 实现左外连接

图 4-47　查询没有成绩记录的学生

2．使用右外连接查询学生信息

1）打开图形化管理工具 Navicat，双击打开已创建的连接对象 MySQL，再双击数据库名 studb 打开数据库。单击"新建查询"按钮，打开查询窗口。

2）在查询窗口中输入以下命令：

```
SELECT student.sno,sname,score.sno,cno,grade
FROM score RIGHT JOIN student
ON student.sno=score.sno;
```

使用右外连接的方式实现查询，单击"运行"按钮执行命令，运行结果如图 4-48 所示。因为要把 student 表中的全部记录都显示在结果集中，在用 RIGHT JOIN 实现时要把 student 表写在 JOIN 的右边。

【任务总结】

外连接查询将查询多个表中相关联的行，返回的结果集合中不仅包含符合连接条件的行，而且包括左表或者右表中的所有数据行。外连接分为左外连接、右外连接和全外连接，MySQL 不支持全外连接，需要用到时，可以对左外连接和右外连接的结果进行 UNION 来实现全外连接。

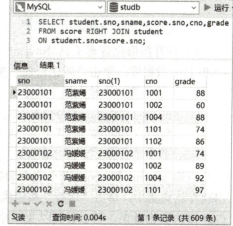

图 4-48　使用 RIGHT JOIN 实现右外连接

4.6　子查询

如果一个 SELECT 语句嵌套在一个 SELECT、INSERT、UPDATE 或 DELETE 语句中，则称之为子查询或嵌套查询。外层的 SELECT 语句称为外部查询或父查询，内层的 SELECT 语句称为内

不支持，在此不作介绍。

左外连接查询的语法格式为：

SELECT <字段列表>
FROM 表1 LEFT [OUTER] JOIN 表2
ON 连接条件表达式
[WHERE 查询条件表达式]；

右外连接查询的语法格式为：

SELECT 选择列表
FROM 表1 RIGHT [OUTER] JOIN 表2
ON 连接条件表达式
[WHERE 查询条件表达式]；

语法说明：

1）表1、表2、连接条件表达式和查询条件表达式的含义和使用方法与内连接相同。

2）OUTER 可以缺省；左外连接只需要在 JOIN 前加上 LEFT，表示对左表中记录不加限制；右外连接只需要在 JOIN 前加上 RIGHT，表示对右表中记录不加限制。

任务要求把没有成绩记录的学生也显示出来，如果直接用内连接，只能查到成绩表中有成绩的学生记录，因此要使用外连接才能实现。因为要把学生表中的所有记录都显示在结果集中，所以使用左外连接实现时要把学生表 student 放在 JOIN 左边，使用右外连接实现时要把学生表 student 放在 JOIN 右边。

【任务实施】

1. 使用左外连接查询学生信息

1）打开图形化管理工具 Navicat，双击打开已创建的连接对象 MySQL，再双击数据库名 studb 打开数据库。单击"新建查询"按钮，打开查询窗口。

2）在查询窗口中输入以下命令：

```
SELECT student.sno,sname,score.sno,cno,grade
FROM student LEFT JOIN score
ON student.sno=score.sno;
```

查询 student 和 score 两个表中学生的信息和对应的成绩信息，没有成绩的学生的信息也会出现在结果集中，单击"运行"按钮执行命令，运行结果如图 4-46 所示。对比图 4-42 所示的内连接的查询结果，可以发现结果集中多了两条记录。从图 4-46 中可以查看到其中的一条结果，student 表的字段部分是有查询结果的，但是由于该学生在 score 表中没有对应数据，涉及 score 表的字段部分是以空值 Null 填充的。

3）在上述命令后面加上成绩表的学号字段为空的限定条件，即可查询在 student 表中出现的但在 score 表中没有对应成绩的学生的记录，如图 4-47 所示。

```
SELECT student.sno,sname,score.sno,cno,grade
FROM student LEFT JOIN score
ON student.sno=score.sno
WHERE score.sno IS NULL;
```

```
INNER JOIN course ON course.cno=score.cno
WHERE dept='信息工程系';
```

使用 INNER JOIN 子句查询 student、course 和 score 三个表中的数据，在 ON 之后写两个连接条件，在 WHERE 子句之后写一个查询条件，单击"运行"按钮执行命令，运行结果如图 4-45 所示。

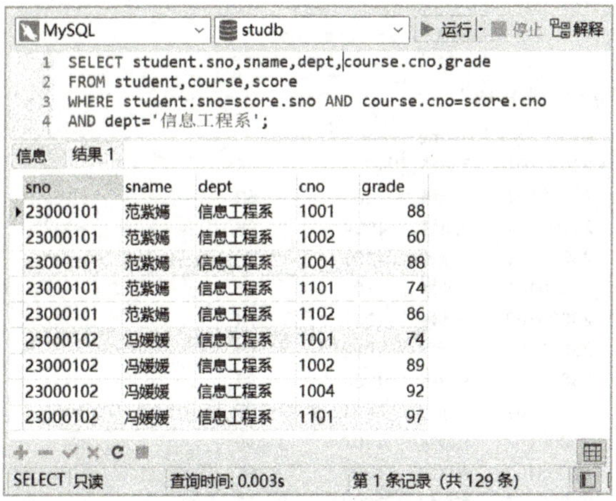

图 4-44　创建带查询条件的内连接（WHERE） 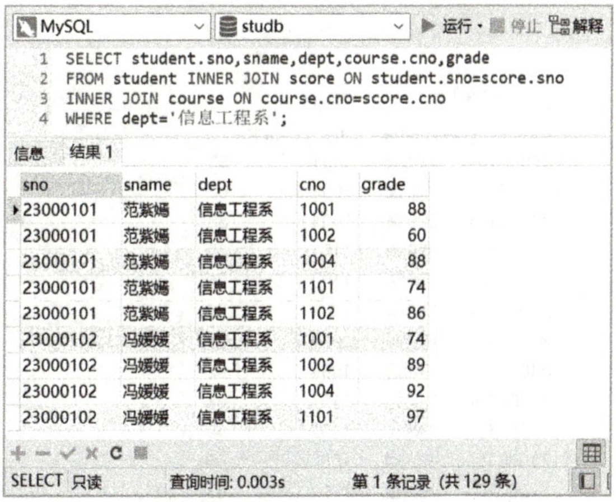　　图 4-45　创建带查询条件的内连接（JOIN）

【任务总结】

在内连接查询中，只有满足连接条件的记录才能出现在结果集中，不满足条件的记录则被过滤掉了。使用 WHERE 子句定义连接条件比较简单明了，而 [INNER] JOIN 语法是 ANSI SQL 的标准规范，用在既有连接条件又有查询条件的查询时，逻辑比较清晰。

4.5.2　任务 4-16　创建外连接查询

【任务描述】

1）使用左外连接查询学生的学号、姓名、课程编号和成绩等字段的信息，包括没有成绩记录的学生。

4.5.2
任务 4-16　创建外连接查询

2）使用右外连接查询学生的学号、姓名、课程编号和成绩等字段的信息，包括没有成绩记录的学生。

【任务分析与知识储备】

在内连接中，查询结果集中的仅是符合查询条件和连接条件的行，而在外连接查询中，参与连接的表有主从之分，以主表的每行数据匹配从表的数据行。如果在从表中没有与连接条件相匹配的主表的行，则主表的行不会被丢弃，而是添加到查询结果集中，并在从表的相应列中填上 NULL 值。

外连接又可分为左外连接（LEFT OUTER JOIN）、右外连接（RIGHT OUTER JOIN）和全外连接（FULL OUTER JOIN）3 种。左外连接将连接条件中左边的表作为主表，其返回的行不加限制；右外连接将连接条件中右边的表作为主表，其返回的行不加限制；全外连接是对两个表都不加限制，两个表中的所有行都出现在结果集中。由于全外连接应用得很少，且 MySQL

ON student.sno=score.sno;

使用 INNER JOIN 子句查询 student 和 score 两个表中的数据,此时连接条件写在 ON 之后,单击"运行"按钮执行命令,运行结果如图 4-43 所示。

图 4-42　使用 WHERE 关键字创建内连接查询　　图 4-43　使用 JOIN 关键字创建内连接查询

3. 创建带查询条件的内连接查询

方法 1:使用 WHERE 创建内连接查询,查询信息工程系学生的学号、姓名、系别、课程名称和成绩。

1)打开图形化管理工具 Navicat,双击打开已创建的连接对象 MySQL,再双击数据库名 studb 打开数据库。单击"新建查询"按钮,打开查询窗口。

2)在查询窗口中输入以下命令:

```
SELECT student.sno,sname,dept,course.cno,grade
FROM student,course,score
WHERE student.sno=score.sno AND course.cno=score.cno
AND dept='信息工程系';
```

查询 student、course 和 score 三个表中的数据,通过 WHERE 子句来指定连接条件和查询条件,单击"运行"按钮执行命令,运行结果如图 4-44 所示。

方法 2:使用 JOIN 创建内连接查询,查询信息工程系学生的学号、姓名、系别、课程名称和成绩。

1)打开图形化管理工具 Navicat,双击打开已创建的连接对象 MySQL,再双击数据库名 studb 打开数据库。单击"新建查询"按钮,打开查询窗口。

2)在查询窗口中输入以下命令:

```
SELECT student.sno,sname,dept,course.cno,grade
FROM student INNER JOIN score ON student.sno=score.sno
```

【任务实施】

1. 使用 CROSS JOIN 创建交叉连接

1）打开图形化管理工具 Navicat，双击打开已创建的连接对象 MySQL，再双击数据库名 studb 打开数据库。单击“新建查询”按钮，打开查询窗口。

2）在查询窗口中输入以下命令：

```
SELECT *
FROM student CROSS JOIN score;
```

查询 student 表和 score 表的交叉连接，单击“运行”按钮执行命令，运行结果如图 4-41 所示。查询结果的行数是两个表中数据行数的乘积，列数为两个表中数据列数之和，由于两个表中都有 sno 字段，因此结果集中 sno 字段出现了两次。

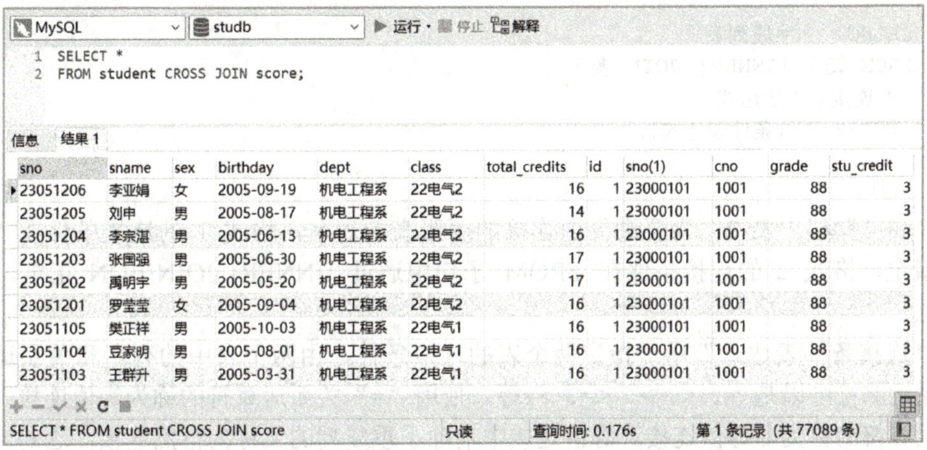

sno	sname	sex	birthday	dept	class	total_credits	id	sno(1)	cno	grade	stu_credit
23051206	李亚娟	女	2005-09-19	机电工程系	22电气2	16	1	23000101	1001	88	3
23051205	刘申	男	2005-08-17	机电工程系	22电气2	14	1	23000101	1001	88	3
23051204	李宗湛	男	2005-06-13	机电工程系	22电气2	16	1	23000101	1001	88	3
23051203	张国强	男	2005-06-30	机电工程系	22电气2	17	1	23000101	1001	88	3
23051202	禹明宇	男	2005-05-20	机电工程系	22电气2	17	1	23000101	1001	88	3
23051201	罗莹莹	女	2005-09-04	机电工程系	22电气2	16	1	23000101	1001	88	3
23051105	樊正祥	男	2005-10-03	机电工程系	22电气1	16	1	23000101	1001	88	3
23051104	豆家明	男	2005-08-01	机电工程系	22电气1	16	1	23000101	1001	88	3
23051103	王群升	男	2005-03-31	机电工程系	22电气1	16	1	23000101	1001	88	3

图 4-41 使用 CROSS JOIN 关键字创建交叉连接

2. 创建内连接查询

方法 1：使用 WHERE 创建内连接查询，查询学生的学号、姓名、课程编号和成绩。

1）打开图形化管理工具 Navicat，双击打开已创建的连接对象 MySQL，再双击数据库名 studb 打开数据库。单击“新建查询”按钮，打开查询窗口。

2）在查询窗口中输入以下命令：

```
SELECT student.sno,sname,cno,grade
FROM student,score
WHERE student.sno=score.sno;
```

查询 student 和 score 两个表中的数据，通过 WHERE 子句来指定连接条件，单击“运行”按钮执行命令，运行结果如图 4-42 所示。

方法 2：使用 JOIN 创建内连接查询，查询学生的学号、姓名、课程编号和成绩。

1）打开图形化管理工具 Navicat，双击打开已创建的连接对象 MySQL，再双击数据库名 studb 打开数据库。单击“新建查询”按钮，打开查询窗口。

2）在查询窗口中输入以下命令：

```
SELECT student.sno,sname,cno,grade
FROM student INNER JOIN score
```

绩，分别使用 WHERE 和 JOIN 两种语法格式实现。

3）创建带查询条件的内连接查询，查询信息工程系学生的学号、姓名、系别、课程名称和成绩，分别使用 WHERE 和 JOIN 两种语法格式实现。

【任务分析与知识储备】

内连接查询是最常用的连接类型，使用内连接时，把两个表的相关字段进行比较，并将两个表中满足连接条件的行组合成新的行。其语法格式有如下两种。

格式 1：

```
SELECT  <字段列表>
FROM 表1,表2
WHERE 连接条件表达式 [AND 查询条件表达式];
```

格式 2：

```
SELECT  <字段列表>
FROM 表1 [INNER] JOIN 表2
ON 连接条件表达式
[WHERE 查询条件表达式];
```

语法说明：

1）"表 1"和"表 2"为要进行内连接的两张表的表名，格式 1 的连接条件在 WHERE 子句中指定，格式 2 的连接条件在 FROM 子句中通过 [INNER] JOIN…ON 指定，INNER 为可选项。

2）"连接条件表达式"用于指定两个表的连接条件，由两个表中的列名和关系运算符组成，关系运算符可以是 =、<、>、<=、>=等。使用"="关系运算符的称为等值连接，使用其他关系运算符的称为非等值连接。等值连接中消除了重复列的又称为自然连接，这是应用最多的一种连接方式。

3）如果两个表中包含名称相同的列，用 SELECT 子句选取这些列时须冠以表名，否则会出现"列名不明确"的错误提示信息。同样，连接条件表达式中的列名也须冠以表名，格式为：

表名.列名

4）"查询条件表达式"为连接条件之外的限制条件，其与连接条件表达式的关系为"逻辑与"关系。

任务 1）要求创建交叉连接，可以看到对两个表中的数据不做限制时得到的查询结果，即两个表的笛卡尔积，此结果集一般没有什么实际意义。

任务 2）是从学生表 student 和成绩表 score 两个表中查询数据，分别使用 WHERE 和 JOIN 来创建内连接查询。学生表 student 和成绩表 score 两个表中都有学号字段 sno，所以学号字段 sno 出现在 SELECT 子句中时，要加表名前缀。在指定连接条件时，使用 WHERE 子句把连接条件直接写在 WHERE 子句之后，使用 JOIN 时要把连接条件写在 ON 之后。

任务 3）是从三个表中查询数据，还指定了查询条件，即系别为信息工程系，需要写两个连接条件和一个查询条件。使用 JOIN 连接语法时，查询条件写在 WHERE 子句之后，连接条件单独写在 ON 之后。而使用 WHERE 子句指定连接条件时，WHERE 子句之后既要写连接条件又要写查询条件，一定注意不要漏写连接条件。

图 4-39　分组时使用 WHERE 子句

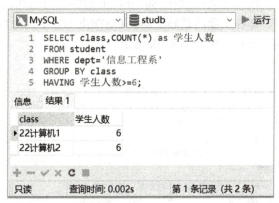

图 4-40　分组时同时使用 WHERE 和 HAVING 子句

【任务总结】

在分组查询中，配合 GROUP BY 子句使用的还有 HAVING 子句，用来限制分组结果的显示，分组或汇总结果中满足条件表达式的将被显示。

当同时有 WHERE 子句、GROUP BY 子句和 HAVING 子句时，执行顺序是首先执行 WHERE 子句，然后执行 GROUP BY 子句，最后执行 HAVING 子句。即先使用 WHERE 子句查询出满足条件的记录，再使用 GROUP BY 子句对这些满足条件的记录按照指定字段分组汇总，最后使用 HAVING 子句筛选出符合条件的组。

4.5　多表连接查询

前面讨论的主要是一个表的各种查询，但在实际应用中，用户往往需要从多个表中查询相关数据。若一个查询同时涉及两个以上的表并通过连接条件实现，则称为连接查询。连接查询是关系数据库中最常用的查询，连接的意义为在水平方向上合并两个数据集合，其运算过程是：在表 1 中找到第一条记录，再逐行扫描表 2 的所有记录。若有满足连接条件的，就组合表 1 和表 2 的字段为一条新记录，以此类推，在表 1 中扫描完所有的记录后，就组合成连接查询的结果集。

4.5
多表连接查询

连接查询根据连接对象及连接方式的不同分为内连接、左外连接、右外连接、全外连接和交叉连接等。其中常用的有内连接、左外连接和右外连接。由于交叉连接查询是一种非限制连接查询，其产生的结果集一般没有实际意义，在实际应用中很少使用。

4.5.1　任务 4-15　创建内连接查询

【任务描述】

1）使用 CROSS JOIN 关键字创建交叉连接。

2）创建内连接查询，查询学生的学号、姓名、课程编号和成

4.5.1
任务 4-15　创建内连接查询

统计平均成绩在 80 分以上的学生的选课门数、总成绩和平均成绩，并按平均成绩降序排列。即在上题的基础上加上 ORDER BY 子句对分组统计的结果排序，单击“运行”按钮执行命令，运行结果如图 4-38 所示。

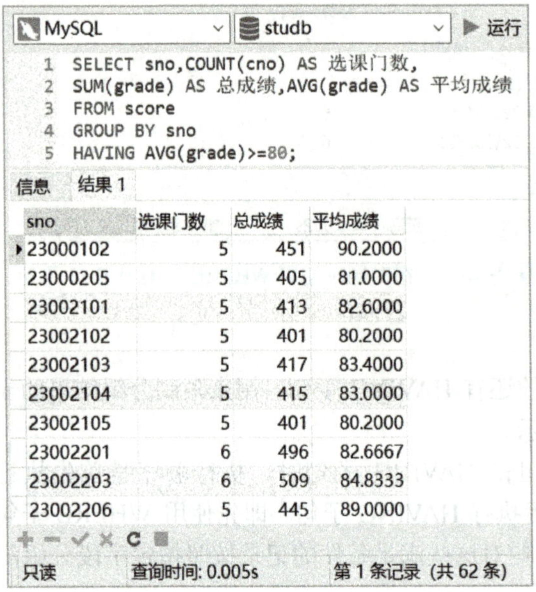

sno	选课门数	总成绩	平均成绩
23000102	5	451	90.2000
23000205	5	405	81.0000
23002101	5	413	82.6000
23002102	5	401	80.2000
23002103	5	417	83.4000
23002104	5	415	83.0000
23002105	5	401	80.2000
23002201	6	496	82.6667
23002203	6	509	84.8333
23002206	5	445	89.0000

图 4-37　使用 HAVING 筛选平均成绩在 80 分以上的组

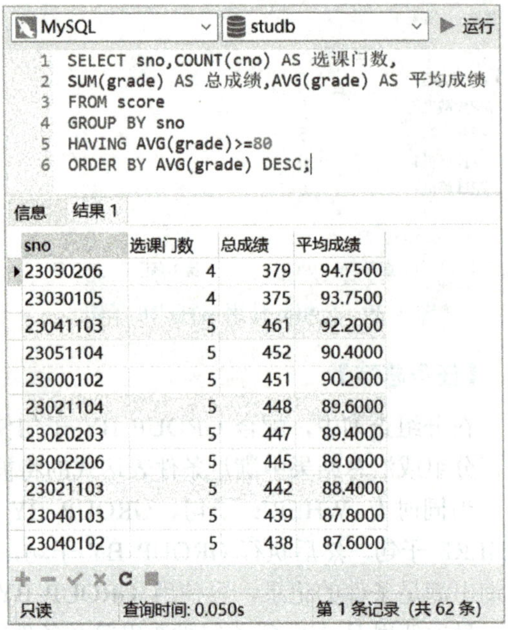

sno	选课门数	总成绩	平均成绩
23030206	4	379	94.7500
23030105	4	375	93.7500
23041103	5	461	92.2000
23051104	5	452	90.4000
23000102	5	451	90.2000
23021104	5	448	89.6000
23020203	5	447	89.4000
23002206	5	445	89.0000
23021103	5	442	88.4000
23040103	5	439	87.8000
23040102	5	438	87.6000

图 4-38　使用 ORDER BY 子句对分组统计的结果排序

3. 统计“信息工程系”每个班的学生人数，并筛选出人数在 6 人及以上的班级

1）打开图形化管理工具 Navicat，双击打开已创建的连接对象 MySQL，再双击数据库名 studb 打开数据库。单击“新建查询”按钮，打开查询窗口。

2）在查询窗口中输入以下命令：

```
SELECT class,COUNT(*) as 学生人数
FROM student
WHERE dept='信息工程系'
GROUP BY class;
```

先筛选出学生表 student 中“信息工程系”的学生数据，再对这部分数据按“班级”分组，并用 COUNT(*) 函数分别统计出各组的人数，即“信息工程系”各班的学生人数，单击“运行”按钮执行命令，运行结果如图 4-39 所示。

3）在上述命令后再加上 HAVING 子句对组级的计算结果进行过滤，可以筛选出学生人数大于或等于 6 人的班级，如图 4-40 所示。

```
SELECT class,COUNT(*) as 学生人数
FROM student
WHERE dept='信息工程系'
GROUP BY class
HAVING 学生人数>=6;
```

2）统计平均成绩在 80 分以上的学生的选课门数、总成绩和平均成绩，并按平均成绩的降序排列。

3）统计"信息工程系"每个班的学生人数，并筛选出人数在 6 人及以上的班级。

【任务分析与知识储备】

HAVING 子句用于对分组后的统计结果进行筛选，它一般和 GROUP BY 子句一起使用。其语法格式为：

```
SELECT [ALL|DISTINCT] <字段列表>
FROM <表名 1> [,…表名 n]
[WHERE 条件表达式]
GROUP BY <字段名>[,…字段名 n]
[HAVING 条件表达式];
```

语法说明：

1）"HAVING 条件表达式"用来限制分组后的显示，分组或汇总结果中满足条件表达式的将被显示。

2）HAVING 子句是可选项，若选用，则一定写在 GROUP BY 子句之后。

【任务实施】

1. 统计平均成绩在 80 分以上的学生的选课门数、总成绩和平均成绩

1）打开图形化管理工具 Navicat，双击打开已创建的连接对象 MySQL，再双击数据库名 studb 打开数据库。单击"新建查询"按钮，打开查询窗口。

2）在查询窗口中输入以下命令：

```
SELECT sno,COUNT(cno) AS 选课门数,
SUM(grade) AS 总成绩,AVG(grade) AS 平均成绩
FROM score
GROUP BY sno
HAVING AVG(grade)>=80;
```

先按学号分组，使用 COUNT()、SUM()和 AVG()函数分别统计出每组（即每个学生）的选课门数、总成绩和平均成绩，再使用 HAVING 筛选平均成绩在 80 分以上的组，单击"运行"按钮执行命令，运行结果如图 4-37 所示。

2. 统计平均成绩在 80 分以上的学生的选课门数、总成绩和平均成绩，并按平均成绩的降序排列

1）打开图形化管理工具 Navicat，双击打开已创建的连接对象 MySQL，再双击数据库名 studb 打开数据库。单击"新建查询"按钮，打开查询窗口。

2）在查询窗口中输入以下命令：

```
SELECT sno,COUNT(cno) AS 选课门数,
SUM(grade) AS 总成绩,AVG(grade) AS 平均成绩
FROM score
GROUP BY sno
HAVING AVG(grade)>=80
ORDER BY AVG(grade) DESC;
```

各组的人数，即男、女生人数，单击"运行"按钮执行命令，运行结果如图 4-35 所示。

4. 分组统计每个系的男、女生的人数，并汇总

1）打开图形化管理工具 Navicat，双击打开已创建的连接对象 MySQL，再双击数据库名 studb 打开数据库。单击"新建查询"按钮，打开查询窗口。

2）在查询窗口中输入以下命令：

```
SELECT dept,sex,COUNT(*)
FROM student
GROUP BY dept,sex
WITH ROLLUP;
```

对学生表 student 中的数据先按系别 dept 分大组，每组内再按性别分为"男""女"两小组。用 COUNT(*) 函数分别统计出每小组的人数，即每个系的男、女生人数。加上 WITH ROLLUP 关键字可以对每大组人数进行汇总，单击"运行"按钮执行命令，运行结果如图 4-36 所示。

图 4-35 按性别分组统计学生人数

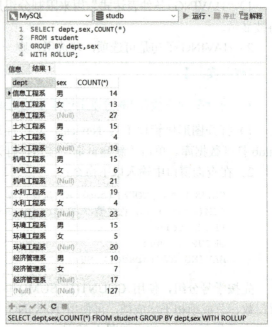

图 4-36 多字段分组并汇总

【任务总结】

分组查询是指按照某个字段或多个字段进行分组，字段值相同的记录作为一组，通常与聚合函数同时使用。在 MySQL 中，通过 SELECT 语句中的 GROUP BY 子句来实现。如果想要对每一个分组级别进行数据汇总，可以使用 WITH ROLLUP 关键字来实现。

4.4.3　任务 4-14　使用 HAVING 子句对分组数据进行过滤

【任务描述】

1）统计平均成绩在 80 分以上的学生的选课门数、总成绩和平均成绩。

4.4.3
任务 4-14 使用 HAVING 子句对分组数据进行过滤

```
SELECT cno,MAX(grade) AS 最高分,MIN(grade) AS 最低分
FROM score
GROUP BY cno;
```

使用 GROUP BY 子句按课程编号分组统计成绩信息，单击"运行"按钮执行命令，运行结果如图 4-33 所示。这里使用 MAX()函数和 MIN()函数求出成绩表 score 中每门课程的最高分和最低分。

2. 统计每个学生的选课门数、总成绩和平均成绩

1）打开图形化管理工具 Navicat，双击打开已创建的连接对象 MySQL，再双击数据库名 studb 打开数据库。单击"新建查询"按钮，打开查询窗口。

2）在查询窗口中输入以下命令：

```
SELECT sno,COUNT(cno) AS 选课门数,
SUM(grade) AS 总成绩,AVG(grade) AS 平均成绩
FROM score
GROUP BY sno;
```

使用 GROUP BY 子句按学号分组统计成绩信息。这里使用聚合函数 COUNT()、SUM()和 AVG()分别计算出每组（即每个学生）的选课门数、总成绩和平均成绩，单击"运行"按钮执行命令，运行结果如图 4-34 所示。

图 4-33　按课程编号分组统计成绩信息　　　　图 4-34　按学号分组统计成绩信息

3. 分组统计男、女生的人数

1）打开图形化管理工具 Navicat，双击打开已创建的连接对象 MySQL，再双击数据库名 studb 打开数据库。单击"新建查询"按钮，打开查询窗口。

2）在查询窗口中输入以下命令：

```
SELECT sex,COUNT(*) AS 人数
FROM student
GROUP BY sex;
```

将学生表 student 中的数据按性别分为"男""女"两组，并用 COUNT(*) 函数分别统计出

【任务总结】

通过聚合函数，用户可以较方便地对数据记录进行计数、计算和、计算平均数、求最大值和最小值。聚合函数通常用在 SELECT 之后，不能出现在 WHERE 子句中。聚合函数中的 DISTINCT 表示在计算时取消指定列中的重复值，除 count(*)函数外，其他聚合函数忽略空值。在没有分组的情况下，聚合函数作用于整张表中满足 WHERE 条件的所有记录。在查询结果中，一个聚合函数只返回单一的值。

4.4.2 任务 4-13 使用 GROUP BY 子句创建分组查询

【任务描述】

1）统计每门课程的最高分和最低分。
2）统计每个学生的选课门数、总成绩和平均成绩。
3）分组统计男、女生的人数。
4）分组统计每个系的男、女生的人数，并汇总。

【任务分析与知识储备】

在没有分组的情况下，聚合函数针对表中所有记录或者满足特定条件（WHERE 子句）的记录进行统计计算。但是在实际应用中，有时需要对数据进行更细致的统计。比如，统计每个学生的平均成绩、每个系的学生人数、每门课程的考试平均成绩等。这时就需要先对数据进行分组，比如一个系的学生分为一组，再对每个组进行统计。

GROUP BY 子句提供了对数据进行分组的功能。使用 GROUP BY 子句可将统计控制在组这一级，分组的目的是细化聚合函数的作用对象，可以一次用多个列进行分组。

其语法格式为：

```
SELECT [ALL|DISTINCT] <字段列表>
FROM <表名 1> [,…表名 n]
[WHERE 条件表达式]
GROUP BY <字段名 1>[,…字段名 n]
[WITH ROLLUP];
```

语法说明：

1）GROUP BY 子句后面的字段名用来指定用于分组的字段，可以指定多个字段，彼此间用逗号分隔，表示按多个字段分组。
2）GROUP BY 子句指定的分组字段，必须全部包含在 SELECT 子句中。
3）WITH ROLLUP 关键字表示将在较高层次的分组及所有记录的最后加上一条记录，该记录将该层所有记录作为一个大组进行汇总。

【任务实施】

1. 统计每门课程的最高分和最低分

1）打开图形化管理工具 Navicat，双击打开已创建的连接对象 MySQL，再双击数据库名 studb 打开数据库。单击"新建查询"按钮，打开查询窗口。
2）在查询窗口中输入以下命令：

结果如图 4-30 所示。

图 4-29 使用 SUM 函数求总成绩　　图 4-30 使用 AVG、MAX、MIN 函数统计成绩信息

其中，使用 AVG()函数可以求符合条件的记录中 grade 成绩字段的平均值，即该课程的平均成绩；使用 MAX()函数和 MIN()函数可以求出最大值和最小值，即该课程的最高分和最低分；使用 AS 指定计算结果的输出列标题。

3．查询信息工程系有多少学生

1）打开图形化管理工具 Navicat，双击打开已创建的连接对象 MySQL，再双击数据库名 studb 打开数据库。单击"新建查询"按钮，打开查询窗口。

2）在查询窗口中输入以下命令：

```
SELECT COUNT(*) AS 学生人数
FROM student
WHERE dept='信息工程系';
```

使用 COUNT(*)函数统计出 student 表中"信息工程系"的学生总人数，单击"运行"按钮执行命令，运行结果如图 4-31 所示。

4．查询学校有多少个系部

1）打开图形化管理工具 Navicat，双击打开已创建的连接对象 MySQL，再双击数据库名 studb 打开数据库。单击"新建查询"按钮，打开查询窗口。

2）在查询窗口中输入以下命令：

```
SELECT COUNT(DISTINCT dept) AS 系部个数
FROM student;
```

统计出 student 表中的系部个数，单击"运行"按钮执行命令，运行结果如图 4-32 所示。在使用 COUNT()函数时一定要加 DISTINCT 参数，这样才能统计出不重复系部的个数，否则将会统计所有记录系别字段的值的个数。

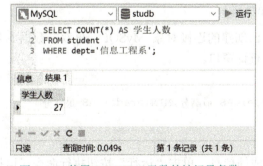
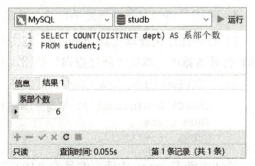

图 4-31 使用 COUNT(*)函数统计记录条数　　图 4-32 使用 DISTINCT 统计不重复记录个数

3）查询信息工程系有多少名学生。

4）查询学校有多少个系部。

【任务分析与知识储备】

聚合函数用于对一组值进行计算并返回一个汇总值，聚合函数属于系统内置函数之一，常用的聚合函数有 COUNT()函数、SUM()函数、AVG()函数、MAX()函数和 MIN() 函数，如表 4-4 所示。

表 4-4　MySQL 的常用聚合函数

函数	作用
AVG()	返回某列的平均值
MAX()	返回某列的最大值
MIN()	返回某列的最小值
SUM()	返回某列值之和
COUNT()	COUNT(*)：统计记录个数 COUNT(字段名)：统计某列非空值记录的个数 COUNT(DISTINCT 字段名)：统计去掉重复值后某列非空值记录的个数

在聚合函数的表达式中，可以包括字段名、常量以及由运算符连接起来的函数。在使用聚合函数时，COUNT、SUM、AVG 可以使用 DISTINCT 关键字，以保证计算时不包含重复的行。

【任务实施】

1．查询学号为"23000101"学生的总成绩

1）打开图形化管理工具 Navicat，双击打开已创建的连接对象 MySQL，再双击数据库名 studb 打开数据库。单击"新建查询"按钮，打开查询窗口。

2）在查询窗口中输入以下命令：

```
SELECT SUM(grade) AS 总成绩
FROM score
WHERE sno='23000101';
```

查询成绩表 score 中学号为"23000101"学生的总成绩，单击"运行"按钮执行命令，运行结果如图 4-29 所示。

其中，使用 SUM()函数可以求符合条件的记录中 grade 成绩字段的总和，即该学生的总成绩，可以使用 AS 指定计算结果的输出列标题。

2．查询"1001"号课程的平均分、最高分和最低分

1）打开图形化管理工具 Navicat，双击打开已创建的连接对象 MySQL，再双击数据库名 studb 打开数据库。单击"新建查询"按钮，打开查询窗口。

2）在查询窗口中输入以下命令：

```
SELECT AVG(grade) AS 平均分,MAX(grade) AS 最高分,MIN(grade) AS 最低分
FROM score
WHERE cno='1001';
```

统计成绩表 score 中课程编号为"1001"的成绩信息，单击"运行"按钮执行命令，运行

```
SELECT *
FROM student
ORDER BY class ASC,birthday DESC;
```

查询 student 表中的学生信息,并且先按班级编号的升序排列,班级编号相同的再按照出生日期的降序排列(即年龄的升序排列),单击"运行"按钮执行命令,运行结果如图 4-28 所示。

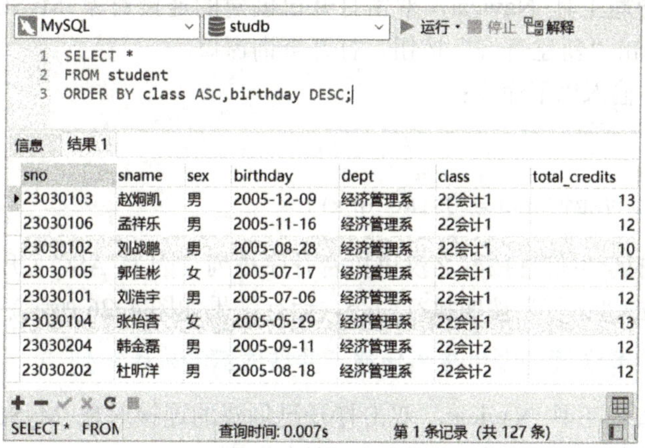

图 4-28 多字段排序

【任务总结】

使用 ORDER BY 子句可以将查询结果进行排序后显示,可以按一个字段或者多个字段的值进行排序。当按多个字段排序时,MySQL 会按照字段的顺序从左到右依次进行排序。如果没有指定 ASC(升序)或 DESC(降序),则默认为 ASC。

4.4 查询的分组与汇总

在实际应用中,常常需要对数据库中的数据进行统计,用以制作各种报表,此时可用聚合函数(又称统计函数,主要用于对数据表中的某列进行统计和计算并返回一个单值)生成汇总数据。有时候需要按某一列数据值进行分类,在分类的基础上再进行查询,此时需要使用 GROUP BY 子句结合聚合函数进行分类统计和计算。如果要对分组或聚合指定查询条件,则可以使用 HAVING 子句,对分组数据进行过滤。

4.4 查询的分组与汇总

【中国智慧】"见微知著,一叶知秋""物以类聚,人以群分",归纳分析是处理数据、对比分析的重要方法。

4.4.1 任务 4-12 使用聚合函数查询

【任务描述】

1)查询学号为"23000101"学生的总成绩。
2)查询"1001"号课程的平均分、最高分和最低分。

4.4.1 任务 4-12 使用聚合函数查询

ORDER BY CONVERT(字段名 using gbk)[ASC|DESC][,…];

其中，"字段名 using gbk"表示在排序的时候按照 GBK 字符集的排序规则来进行排序，GBK 字符集的中文字符串是按照汉语拼音顺序来排序的。

3. 查询学生表 student 中的学生信息，并按姓名汉语拼音的升序排列

1）打开图形化管理工具 Navicat，双击打开已创建的连接对象 MySQL，再双击数据库名 studb 打开数据库。单击"新建查询"按钮，打开查询窗口。

2）在查询窗口中输入以下命令：

```
SELECT *
FROM student
ORDER BY CONVERT(sname USING gbk);
```

把 student 表中的学生信息按姓名汉语拼音升序排列。因为 ASC（升序）是默认值，此处省略也表示升序，单击"运行"按钮执行命令，运行结果如图 4-26 所示。

4. 查询"1001"号课程的学生成绩信息，并按成绩的降序排列

1）打开图形化管理工具 Navicat，双击打开已创建的连接对象 MySQL，再双击数据库名 studb 打开数据库。单击"新建查询"按钮，打开查询窗口。

2）在查询窗口中输入以下命令：

```
SELECT *
FROM score
WHERE cno='1001'
ORDER BY grade DESC;
```

查询成绩表 score 中课程编号是"1001"的学生信息，并且按成绩的降序排列，单击"运行"按钮执行命令，运行结果如图 4-27 所示。

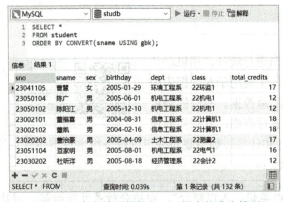

图 4-26　查询结果按姓名汉语拼音的升序排列

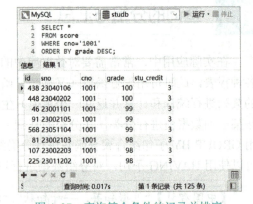

图 4-27　查询符合条件的记录并排序

注意：当同时使用 WHERE 和 ORDER BY 子句时，ORDER BY 子句要写在后面。

5. 查询学生表 student 中的学生信息，按班级和年龄的升序排列

1）打开图形化管理工具 Navicat，双击打开已创建的连接对象 MySQL，再双击数据库名 studb 打开数据库。单击"新建查询"按钮，打开查询窗口。

2）在查询窗口中输入以下命令：

句中的第一个字段的顺序排列，当该字段出现相同的值时，再按照第二个字段的顺序排列，以此类推。

2）关键字 ASC 表示按升序排序，关键字 DESC 表示按降序排序，其中 ASC 为默认值。

【小贴士】
1）当排序的值中存在空值时，ORDER BY 子句会将该空值作为最小值来对待。
2）ORDER BY 子句应放在 LIMIT 子句以外的其他 SELECT 子句之后。

【任务实施】

1. 查询学生表 student 中的学生信息，并按年龄的降序排列

1）打开图形化管理工具 Navicat，双击打开已创建的连接对象 MySQL，再双击数据库名 studb 打开数据库。单击"新建查询"按钮，打开查询窗口。

2）在查询窗口中输入以下命令：

```
SELECT *
FROM student
ORDER BY birthday ASC;
```

把 student 表中的学生信息按照年龄由大到小排序。因为出生日期的值越小年龄越大，所以出生日期的升序相当于年龄的降序。单击"运行"按钮执行命令，运行结果如图 4-24 所示。

2. 查询学生表 student 中的学生信息，并按姓名的升序排列

1）打开图形化管理工具 Navicat，双击打开已创建的连接对象 MySQL，再双击数据库名 studb 打开数据库。单击"新建查询"按钮，打开查询窗口。

2）在查询窗口中输入以下命令：

```
SELECT *
FROM student
ORDER BY sname ASC;
```

把 student 表中的学生信息按姓名升序排列，单击"运行"按钮执行命令，运行结果如图 4-25 所示。

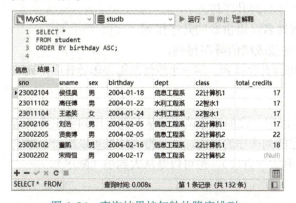

图 4-24　查询结果按年龄的降序排列

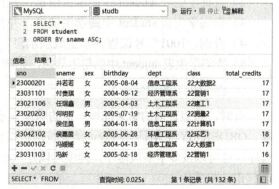

图 4-25　查询结果未按姓名的升序排列

分析查询结果发现，结果并没有按照姓名的汉语拼音升序进行排序。这是因为当数据表采用的是 utf8 字符集时，对于中文字符串的排序并不是按照汉语拼音的顺序进行排序的。其解决办法是把 ORDER BY 子句的语法格式更改如下：

01"到"2005-12-31"之间的学生信息,单击"运行"按钮执行命令,运行结果如图 4-23 所示。

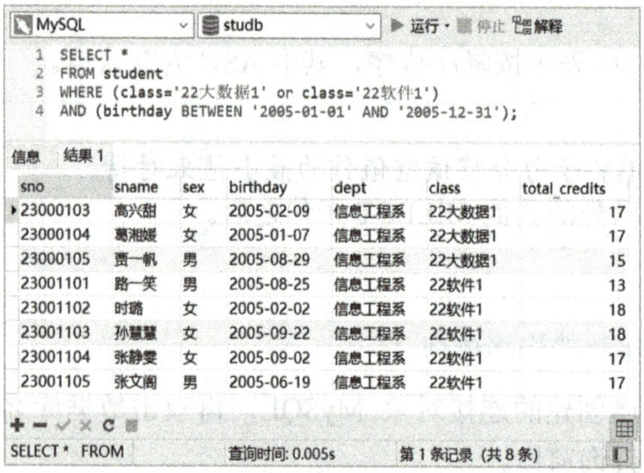

图 4-22 使用 OR 和 AND 的复合条件查询

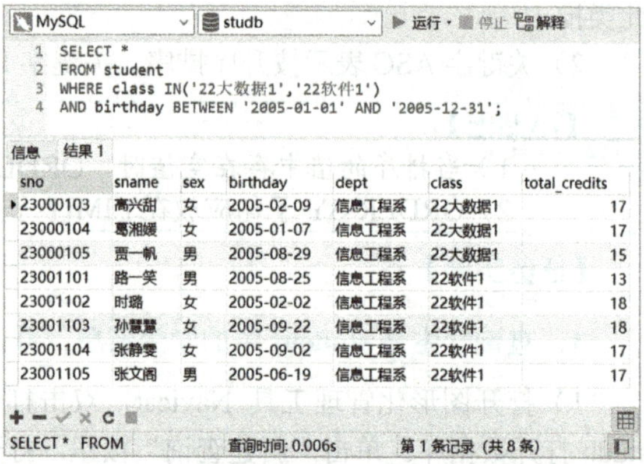

图 4-23 使用 IN 和 AND 的复合条件查询

【任务总结】

当需要多个查询条件时,可以在 WHERE 子句中使用逻辑运算符 AND 和 OR 来组成多重条件查询,使用 OR 的多重条件查询也可以转换为用 IN 子句来实现。

4.3 任务 4-11 使用 ORDER BY 语句对查询结果排序

如果没有指定查询结果的显示顺序,DBMS 则按其最方便的顺序输出查询结果,通常是按照记录在表中的先后顺序来显示的。用户可以使用 ORDER BY 子句指定按照一个或者多个字段的升序或者降序重新排列查询结果。

4.3
任务 4-11 使用 ORDER BY 语句对查询结果排序

【任务描述】

1)查询学生表 student 中的学生信息,并按年龄的降序排列。
2)查询学生表 student 中的学生信息,并按姓名的升序排列。
3)查询学生表 student 中的学生信息,并按姓名汉语拼音的升序排列。
4)查询"1001"号课程的学生成绩信息,并按成绩的降序排列。
5)查询学生表 student 中的学生信息,先按班级升序排列,同一个班级的再按年龄升序排列。

【任务分析与知识储备】

有时,希望查询的结果能按一定的顺序显示出来,比如按考试成绩从高到低排列学生考试情况。ORDER BY 子句具有将查询结果按用户指定的列排序的功能,而且查询结果可以按一个字段排序,也可以按多个字段排序,排序可以是从小到大(升序),也可以是从大到小(降序)。

语法格式为:

```
ORDER BY <字段名> [ ASC|DESC ][ ,… ];
```

语法说明:

1)ORDER BY 子句后面的字段名用来指定用于排序的字段。可以指定多个字段,字段之间用逗号分隔,表示按多个字段排序。当指定了多个排序字段时,DBMS 先按照 ORDER BY 子

2. 查询课程名称中包含"技术"两个字的"必修"课信息

1)打开图形化管理工具 Navicat，双击打开已创建的连接对象 MySQL，再双击数据库名 studb 打开数据库。单击"新建查询"按钮，打开查询窗口。

2)在查询窗口中输入以下命令：

```
SELECT *
FROM course
WHERE cname LIKE '%技术%' AND ctype='必修';
```

查询 course 表中 cname 字段包含"技术"两个字并且课程类型 ctype 是"必修"的课程信息，单击"运行"按钮执行命令，运行结果如图 4-21 所示。

图 4-20　使用 AND 连接两个条件

图 4-21　查询课程名包含"技术"的必修课

3. 查询"22 大数据 1"班和"22 软件 1"班 2005 年出生的学生信息

1)打开图形化管理工具 Navicat，双击打开已创建的连接对象 MySQL，再双击数据库名 studb 打开数据库。单击"新建查询"按钮，打开查询窗口。

2)在查询窗口中输入以下命令：

```
SELECT *
FROM student
WHERE (class='22 大数据 1' or class='22 软件 1')
AND (birthday BETWEEN '2005-01-01' AND '2005-12-31');
```

查询满足班级编号是"22 大数据 1"或者是"22 软件 1"这个复合条件的同时，还满足出生日期在 2005-01-01 到 2005-12-31 之间的学生信息，单击"运行"按钮执行命令，运行结果如图 4-22 所示。

【小贴士】本任务涉及关键字 OR 和 AND 的混合使用，AND 的优先级是高于 OR 的。但按要求需要先进行 OR 运算，再进行 AND 运算，所以这里加了括号来改变优先级。

3)本任务还可以使用 IN 关键字来实现。在查询窗口中输入以下命令：

```
SELECT *
FROM student
WHERE class IN('22 大数据 1','22 软件 1')
AND birthday BETWEEN '2005-01-01' AND '2005-12-31';
```

查询满足班级编号取值在"22 大数据 1"和"22 软件 1"之中，并且出生日期在"2005-01-

```
SELECT sno,sname,total_credits
FROM student
WHERE total_credits IS NULL;
```

查询 student 表中总学分 total_credits 为空值的学生的信息，单击"运行"按钮执行命令，运行结果如图 4-19 所示。

【任务总结】

空值查询使用 IS NULL 来实现。IS NULL 用来判断字段的取值是否为空，可以使用可选参数 NOT，加上 NOT 表示字段不是空值时满足条件。

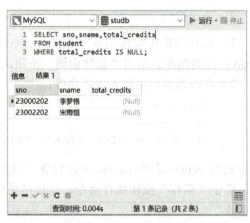

图 4-19　查询总学分为空值的学生信息

4.2.7　任务 4-10　创建多重条件查询

【任务描述】

1）查询信息工程系所有女生的信息。
2）查询课程名称包含"技术"两个字的"必修"课信息。
3）查询"22 大数据 1"班和"22 软件 1"班 2005 年出生的学生信息。

【任务分析与知识储备】

条件查询可以有一个或多个条件，当有多个查询条件时，如果条件之间是同时满足的关系，则用 AND 连接，如果条件之间只需满足其中一个即可，则用 OR 连接。

语法格式为：

```
WHERE 条件 1 AND|OR 条件 2[…AND|OR 条件 n];
```

语法说明：

1）可以用 AND 和 OR 来连接多个查询条件。
2）AND 的优先级高于 OR，但是可以用括号来改变优先级。

【任务实施】

1．查询信息工程系所有女生的信息

1）打开图形化管理工具 Navicat，双击打开已创建的连接对象 MySQL，再双击数据库名 studb 打开数据库。单击"新建查询"按钮，打开查询窗口。
2）在查询窗口中输入以下命令：

```
SELECT *
FROM student
WHERE dept='信息工程系' AND sex='女';
```

查询 student 表中同时符合系别是"信息工程系"和性别是"女"这两个条件的学生记录，单击"运行"按钮执行命令，运行结果如图 4-20 所示。

3. 查询学生表 student 中名字里含有"文"的学生信息

1）打开图形化管理工具 Navicat，双击打开已创建的连接对象 MySQL，再双击数据库名 studb 打开数据库。单击"新建查询"按钮，打开查询窗口。

2）在查询窗口中输入以下命令：

```
SELECT *
FROM student
WHERE sname LIKE '%文%';
```

查询 student 表中名字里含有"文"的学生信息，单击"运行"按钮执行命令，运行结果如图 4-18 所示。

【任务总结】

LIKE 关键字可以用于匹配字符串。若字段值与指定字符串相匹配（相等），则满足查询条件；若与指定的字符串不匹配（不相等），则不满足查询条件。在 LIKE 前面也可以使用 NOT 表示对结果取反。

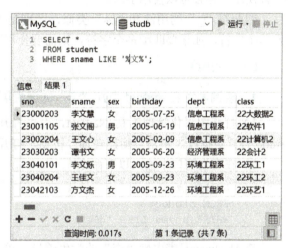

图 4-18　查询名字里有"文"的学生信息

4.2.6　任务 4-9　使用 IS NULL 创建空值查询

【任务描述】

查询学生表 student 中总学分 total_credits 为空值的学生的学号 sno、姓名 sname 和总学分 total_credits。

4.2.6
任务 4-9　使用 IS NULL 运算符创建涉及空值的查询

【任务分析与知识储备】

IS NULL 关键字可以用来判断字段的值是否为空值（NULL）。若字段的值是空值，则满足查询条件；若字段的值不是空值，则不满足查询条件。

语法格式为：

```
WHERE <字段名> IS [NOT] NULL;
```

语法说明：

1）IS NULL 用来判断字段的取值是否为空，若字段值为空，则满足查询条件，即返回该记录，否则不返回，而 IS NOT NULL 与之相反。

2）IS NULL 不能写成"=NULL"，原因在于 NULL 是一个不确定的数，不能用"="
"<>"等比较运算符与 NULL 进行比较。

【任务实施】

1）打开图形化管理工具 Navicat，双击打开已创建的连接对象 MySQL，再双击数据库名 studb 打开数据库。单击"新建查询"按钮，打开查询窗口。

2）在查询窗口中输入以下命令：

LIKE 之后，可以在匹配字符串的任意位置使用通配符，并且可以使用多个通配符。

3）MySQL 支持的通配符主要有两种：百分号"%"和下画线"_"。

通配符"%"，匹配任意长度的字符串（0 个、1 个或多个字符），可以在搜索模式中的任意位置使用，并且可以使用多个。

通配符"_"的用法和"%"类似，区别是"%"可以匹配多个字符，而"_"只能匹配任意单个字符，如果要匹配多个字符，则需要使用对应个数的多个下画线"_"。

【任务实施】

1. 查询学生表 student 中姓"李"的学生信息

1）打开图形化管理工具 Navicat，双击打开已创建的连接对象 MySQL，再双击数据库名 studb 打开数据库。单击"新建查询"按钮，打开查询窗口。

2）在查询窗口中输入以下命令：

```
SELECT *
FROM student
WHERE sname LIKE '李%';
```

查询 student 表中姓"李"的学生信息，单击"运行"按钮执行命令，运行结果如图 4-16 所示。

2. 查询学生表 student 中名字第二个字是"文"的学生信息

1）打开图形化管理工具 Navicat，双击打开已创建的连接对象 MySQL，再双击数据库名 studb 打开数据库。单击"新建查询"按钮，打开查询窗口。

2）在查询窗口中输入以下命令：

```
SELECT *
FROM student
WHERE sname LIKE '_文%';
```

查询 student 表中名字第二个字是"文"的学生信息，单击"运行"按钮执行命令，运行结果如图 4-17 所示。

图 4-16　查询姓"李"的学生信息

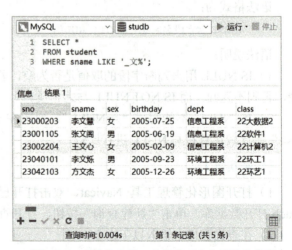

图 4-17　查询名字第二个字为"文"的学生信息

图 4-14　使用 IN 关键字

图 4-15　使用 NOT IN 关键字

【任务总结】

IN 关键字用来判断字段的取值是否在指定集合中。当字段取值与值表中的任意一个值匹配时，则满足查询条件，即返回该记录，否则不返回。而 NOT IN 与之相反。

4.2.5　任务 4-8　使用 LIKE 创建模糊查询

【任务描述】

1）查询学生表 student 中姓"李"的学生信息。
2）查询学生表 student 中名字第二个字是"文"的学生信息。
3）查询学生表 student 中名字里含有"文"的学生信息。

【任务分析与知识储备】

在前面介绍的所有运算符和子句都是针对确定的值进行过滤，不管是匹配一个值还是多个值，检验是大于还是小于已知值，或者检查某个范围的值。如果要查找所有姓"李"的学生信息，该如何查找呢？由于要查找的值是不确定的，因此简单的比较操作在这里已经行不通了，需要使用通配符进行匹配查找，通过创建查找模式对表中的数据进行比较。

LIKE 用于查找指定列中与匹配字符串相匹配的记录。匹配字符串是一种特殊的字符串，其特殊之处在于它不仅可以包含普通字符，还可以包含通配符。在实际应用中，如果需要从数据库中检索数据，但又不能给出准确的字符查询条件，就可以使用 LIKE 和通配符来实现模糊查询。语法格式为：

```
WHERE <字段名> LIKE '匹配字符串';
```

语法说明：

1）模糊查询采用字符串匹配的模式，使用 LIKE 设置过滤条件，过滤条件使用通配符进行匹配运算，而不是判断是否相等。
2）利用通配符可以在不完全确定比较值的情形下创建一个匹配字符串，并置于关键字

【任务总结】

可以使用 BETWEEN…AND 来指定条件的取值范围，从运行结果可以看到，BETWEEN…AND 包含边界值，而 NOT BETWEEN…AND 不包含边界值。

4.2.4　任务 4-7　使用 IN 创建范围比对查询

【任务描述】

1）查询"22 大数据 1"班和"22 软件 1"班的学生信息。
2）查询不在"22 大数据 1"班和"22 软件 1"班的学生信息。

4.2.4
任务 4-7　使用集合运算符 IN 创建查询

【任务分析与知识储备】

IN 操作符可以判断某个字段的值是否在指定的集合中，若字段的值在集合中，则满足查询条件，该记录将被筛选出来；若字段的值不在集合中，则不满足查询条件，不返回该记录。其语法格式为：

　　　　WHERE 字段名 [NOT] IN(值 1[,…, 值 n]);

语法说明：

1）IN 关键字后是一个值表（集合），值表中列出所有可能的值，各个值之间用逗号隔开，字符型、日期与时间型的值要加上单引号。

2）NOT 为可选参数，加上 NOT 表示集合外的才符合条件。

【任务实施】

1. 查询"22 大数据 1"班和"22 软件 1"班的学生信息

1）打开图形化管理工具 Navicat，双击打开已创建的连接对象 MySQL，再双击数据库名 studb 打开数据库。单击"新建查询"按钮，打开查询窗口。

2）在查询窗口中输入以下命令：

```
SELECT *
FROM student
WHERE class IN('22 大数据 1','22 软件 1');
```

可以查询"22 大数据 1"班和"22 软件 1"班这两个班的学生信息，单击"运行"按钮执行命令，运行结果如图 4-14 所示。

2. 查询不在"22 大数据 1"班和"22 软件 1"班的学生信息

1）打开图形化管理工具 Navicat，双击打开已创建的连接对象 MySQL，再双击数据库名 studb 打开数据库。单击"新建查询"按钮，打开查询窗口。

2）在查询窗口中输入以下命令：

```
SELECT *
FROM student
WHERE class NOT IN('22 大数据 1','22 软件 1');
```

查询除了"22 大数据 1"班和"22 软件 1"班这两个班之外的其他班级的学生信息，单击"运行"按钮执行命令，运行结果如图 4-15 所示。

2)在成绩表 score 中查询成绩不在 80～90 分之间的学生的学号、课程编号和成绩信息。

【任务分析与知识储备】

确定范围的查询使用 BETWEEN…AND 来实现。

语法格式为：

```
WHERE <字段名> [ NOT] BETWEEN 值1 AND 值2;
```

其中，BETWEEN…AND 用来判断字段的取值是否在指定范围内，该操作符需要两个参数，即范围的开始值和结束值。若字段取值满足指定的范围查询条件，即返回该记录，否则不返回，而 NOT BETWEEN…AND 与之相反。

【任务实施】

1. 在成绩表 score 中查询成绩在 80～90 分之间的学生的学号、课程编号和成绩信息

1）打开图形化管理工具 Navicat，双击打开已创建的连接对象 MySQL，再双击数据库名 studb 打开数据库。单击"新建查询"按钮，打开查询窗口。

2）在查询窗口中输入以下命令：

```
SELECT sno,cno,grade
FROM score
WHERE grade BETWEEN 80 AND 90;
```

查询 score 表中成绩在 80～90 分之间的学生的学号、课程编号和成绩信息，单击"运行"按钮执行命令，运行结果如图 4-12 所示。

2. 在成绩表 score 中查询成绩不在 80～90 分之间的学生的学号、课程编号和成绩信息

1）打开图形化管理工具 Navicat，双击打开已创建的连接对象 MySQL，再双击数据库名 studb 打开数据库。单击"新建查询"按钮，打开查询窗口。

2）在查询窗口中输入以下命令：

```
SELECT sno,cno,grade
FROM score
WHERE grade NOT BETWEEN 80 AND 90;
```

查询 score 表中成绩不在 80～90 分之间的学生的学号、课程编号和成绩信息，单击"运行"按钮执行命令，运行结果如图 4-13 所示。

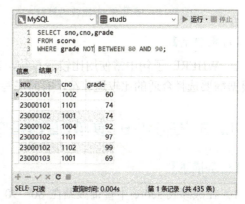

图 4-12　使用 BETWEEN…AND 指定范围　　图 4-13　使用 NOT BETWEEN…AND 指定范围

【任务实施】

1. 查询"22 大数据 1"班全体学生的名单

1）打开图形化管理工具 Navicat，双击打开已创建的连接对象 MySQL，再双击数据库名 studb 打开数据库。单击"新建查询"按钮，打开查询窗口。

2）在查询窗口中输入以下命令：

```
SELECT sname
FROM student
WHERE class='22 大数据 1';
```

查询学生表 student 中"22 大数据 1"班全体学生的名单，单击"运行"按钮执行命令，运行结果如图 4-10 所示。

2. 查询 2005 年以后出生的学生的学号、姓名和出生日期

1）打开图形化管理工具 Navicat，双击打开已创建的连接对象 MySQL，再双击数据库名 studb 打开数据库。单击"新建查询"按钮，打开查询窗口。

2）在查询窗口中输入以下命令：

```
SELECT sno,sname,birthday
FROM student
WHERE birthday>='2005-01-01';
```

查询出生日期大于或等于 2005-01-01 的学生的信息，单击"运行"按钮执行命令，运行结果如图 4-11 所示。

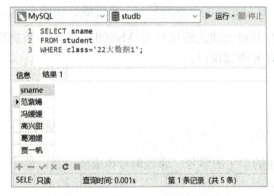

图 4-10　使用"="比较运算符

图 4-11　使用">="比较运算符

【任务总结】

在 WHERE 子句中常使用比较运算符，其中"="比较运算符是使用频率最高的。用户可以根据需要选择合适的比较运算符，有时书写方式不止一种。

4.2.3　任务 4-6　使用 BETWEEN…AND 创建范围比较查询

【任务描述】

1）在成绩表 score 中查询成绩在 80～90 分之间的学生的学号、课程编号和成绩信息。

4.2.3
任务 4-6　使用范围运算符创建查询

第一行或者前几行，可以使用 LIMIT 关键字，但要注意位置偏移量是从 0 开始算起的。

4.2 条件查询

数据库中包含大量的数据，根据用户需求，可能只需要查询表中的指定数据，即对数据进行过滤。在 SELECT 语句中，可以使用 WHERE 子句来指定查询条件，从表中选取出满足查询条件的数据记录，以达到数据过滤的效果。

4.2 条件查询

4.2.1 WHERE 子句中常用的查询条件

条件查询可以是比较条件查询、确定范围查询、确定集合查询、模糊查询、空值查询、多重条件查询等。常用的查询条件如表 4-2 所示。

表 4-2 常用的查询条件

查询条件	运算符或子句
比较条件	=、>、<、>=、<=、<>、!= NOT+上述比较运算符
确定范围	BETWEEN…AND、NOT BETWEEN…AND
确定集合	IN、NOT IN
模糊查询	LIKE、NOT LIKE
空值查询	IS NULL、IS NOT NULL
多重条件	AND(&&)、OR(‖)、XOR

在 SELECT 语句中，通过 WHERE 子句可以对数据进行过滤，语法格式为：

SELECT <字段列表> FROM <表名> WHERE <查询条件>;

其中，WHERE 子句用来指定返回的记录必须满足的查询条件，位于 FROM 子句之后。

4.2.2 任务 4-5 使用比较运算符创建查询

【任务描述】

1）查询"22 大数据 1"班全体学生的名单。
2）查询 2005 年以后出生的学生的学号、姓名和出生日期。

【任务分析与知识储备】

常用比较运算符的含义如表 4-3 所示。

任务中的比较条件是对学生表 student 中的班级编号字段 dept 进行筛选，而 dept 字段为字符型，因此取值需要加单引号。

任务要求查询 2005 年以后出生的学生信息，即在学生表 student 中筛选出生日期大于或等于"2005-01-01"的这部分学生记录。查询条件是对 birthday 字段进行筛选，而 birthday 字段为日期型，因此取值也需要加单引号。

4.2.2 任务 4-5 使用比较运算符创建查询

表 4-3 常用比较运算符

操作符	说明
=	等于
>	大于
<	小于
>=	大于或等于
<=	小于或等于
<>、!=	不等于

语法说明：

1）LIMIT 子句放到整个查询语句的最后，用来限制显示查询结果的记录条数。

2）LIMIT 子句后面有两个参数，这两个参数都必须是整数常量。

3）第一个参数"初始位置"用来指定查询结果集从哪一条记录开始显示，是一个可选参数，如果不指定，将会从表中的第一条记录开始显示（第一条记录的位置偏移量是 0，第二条记录的位置偏移量是 1，依此类推）。

4）第二个参数"记录数"用来指定返回的记录条数。

【任务实施】

1. 查询课程表 course 的前 5 条信息

1）打开图形化管理工具 Navicat，双击打开已创建的连接对象 MySQL，再双击数据库名 studb 打开数据库。单击"新建查询"按钮，打开查询窗口。

2）在查询窗口中输入以下命令：

```
SELECT *
FROM course
LIMIT 5;
```

查询 course 表的前 5 条信息，单击"运行"按钮执行命令，运行结果如图 4-8 所示。

2. 查询课程表 course 从第 3 行开始的 5 条信息

1）打开图形化管理工具 Navicat，双击打开已创建的连接对象 MySQL，再双击数据库名 studb 打开数据库。单击"新建查询"按钮，打开查询窗口。

2）在查询窗口中输入以下命令：

```
SELECT *
FROM course
LIMIT 2,5;
```

查询 course 表从第 3 行开始的 5 条信息，单击"运行"按钮执行命令，运行结果如图 4-9 所示。因为第 3 行的位置偏移量实际上是 2，所以第一个参数的值要设置为 2。

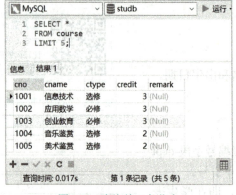
图 4-8 查询前 5 条信息

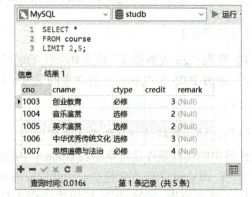
图 4-9 查询从第 3 行开始的 5 条信息

【任务总结】

SELECT 语句不加限制时会返回所有匹配的行，有可能是表中所有的行。如仅仅需要返回

4.1.3 任务 4-3 使用 DISTINCT 去掉查询结果的重复值

【任务描述】

查询学生表 student 中的 dept 字段，只显示不重复的行。

【任务分析与知识储备】

数据表中有些字段可能存在重复的值，这时使用 DISTINCT 关键字筛选结果集，即可删去重复的行，重复行只保留并显示一行。重复行是指结果集中数据行的每个字段值均相同。

语法格式为：

```
SELECT ALL|DISTINCT<字段名>FROM<表名>;
```

语法说明：DISTINCT 关键字跟在 SELECT 子句后面，可以删去重复的行，结果集中只显示不重复的行。若省略，则默认情况下为 ALL，表示不删去重复的行，即重复行重复显示在结果集中。

【任务实施】

1）打开图形化管理工具 Navicat，双击打开已创建的连接对象 MySQL，再双击数据库名 studb 打开数据库。单击"新建查询"按钮，打开查询窗口。

2）在查询窗口中输入以下命令：

```
SELECT DISTINCT dept
FROM student;
```

查询学生表 student 中的 dept 字段，只显示不重复的行，单击"运行"按钮执行命令，运行结果如图 4-7 所示。

【任务总结】

可以在查询时使用 DISTINCT 对查询结果进行筛选，去掉查询结果中的重复行，只保留不重复的行。DISTINCT 子句还可以和聚合函数结合使用。

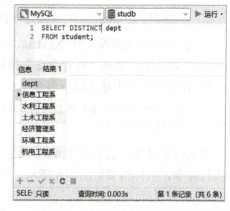

图 4-7 使用 DISTINCT 去掉查询结果中的重复行

4.1.4 任务 4-4 使用关键字 LIMIT 查询限定数量的记录

【任务描述】

1）查询课程表 course 的前 5 条信息。
2）查询课程表 course 从第 3 行开始的 5 条信息。

【任务分析与知识储备】

如果要查询的数据表中有上万条甚至更多数据，那么一次查询数据表中的全部数据就会降低数据返回速度，同时给数据库服务器造成很大的压力。此外，有时仅需要返回第一行或者前几行，为了解决这些问题，查询时可以使用 LIMIT 子句来限制查询结果的记录条数。

语法规则为：

```
LIMIT [<初始位置>,] <记录数>;
```

查询结果中改变字段的名字,而不是直接改变表的字段名是一种较好的解决办法,这种解决办法即给查询字段指定别名。

指定别名的语法为:

```
SELECT 字段名1[AS] 别名1[, … 字段名n [AS] 别名n]
    FROM 表名;
```

其中,AS 关键字可以省略,将字段名与别名用空格隔开即可。

【任务实施】

1. 查询学生表 student 中的指定字段,并设置别名

1)打开图形化管理工具 Navicat,双击打开已创建的连接对象 MySQL,再双击数据库名 studb 打开数据库。单击"新建查询"按钮,打开查询窗口。

2)在查询窗口中输入以下命令:

```
SELECT sno AS 学号,sname AS 姓名,class AS 班级编号
    FROM student;
```

查询学生表 student 中的指定字段,并将字段名设置成中文别名,单击"运行"按钮执行命令,运行结果如图 4-5 所示。

2. 查询学生表 student 中的指定字段和计算得到的年龄字段,并设置别名

1)打开图形化管理工具 Navicat,双击打开已创建的连接对象 MySQL,再双击数据库名 studb 打开数据库。单击"新建查询"按钮,打开查询窗口。

2)在查询窗口中输入以下命令:

```
SELECT sname AS 姓名,YEAR(NOW())-YEAR( birthday)AS 年龄
    FROM student;
```

查询经过计算得到的学生年龄字段,并把学号和年龄都设置成中文别名,单击"运行"按钮执行命令,运行结果如图 4-6 所示。

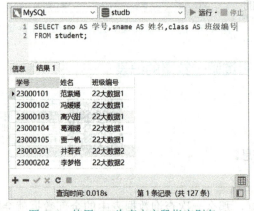

图 4-5 使用 AS 为表中字段指定别名

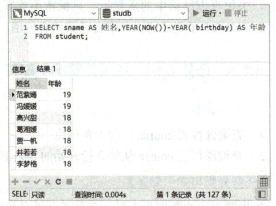

图 4-6 为经过计算得到的年龄字段设置别名

【任务总结】

使用 SELECT 语句查询表中字段时,用户可以根据需要指定字段的别名,但别名只在查询结果中显示,并不会影响表中的原有字段名。

3）也可以使用通配符"*"来指定所有字段。输入以下命令：
```
SELECT * FROM student;
```
执行命令，同样可以查询学生表 student 中的所有字段，如图 4-3 所示。

3. 查询经过计算后的字段

1）打开图形化管理工具 Navicat，双击打开已创建的连接对象 MySQL，再双击数据库名 studb 打开数据库。单击"新建查询"按钮，打开查询窗口。

2）在查询窗口中输入以下命令：
```
SELECT sname,YEAR(NOW())-YEAR(birthday)
FROM student;
```

查询经过计算后得到的学生年龄字段，单击"运行"按钮执行命令，运行结果如图 4-4 所示。

图 4-3 使用"*"通配符查询所有字段

图 4-4 通过计算查询学生的年龄

【任务总结】

在使用 SELECT 语句查询表中的字段时，SELECT 后的字段名顺序可以与表中顺序不一致，即用户可以在查询时根据需要改变字段的显示位置。但使用通配符"*"查询所有字段时，只能按表中的原字段顺序显示。

4.1.2 任务 4-2 使用 AS 指定字段别名

【任务描述】

1）查询学生表 student 中的 sno、sname、class 等字段，并将字段名设置成中文别名。

4.1.2
任务 4-2 使用 AS 指定字段别名

2）查询学生表 student 中 sname 和计算得到的年龄字段，并将字段名设置成中文别名。

【任务分析与知识储备】

由于数据表中的字段名基本由英文或者汉语拼音构成，因此查询结果可能不够直观，另外，带表达式的查询在显示查询结果时，以表达式命名的字段名较长且不规范。那么，能够在

```
SELECT 字段1，字段2,…，字段n  FROM 表名；
```

2．查询所有字段

要查询表 student 中的全部字段，既可以像查询部分字段那样通过列出所有字段名来实现，还可以使用通配符"*"来实现。其语法格式为：

```
SELECT * FROM 表名；
```

3．查询经过计算后的字段

SELECT 子句中的<字段列表>可以是表中存在的字段，也可以是表达式、常量或者函数。任务要求查询学生的年龄信息，虽然 student 表中只记录了学生的出生日期，而没有记录学生的年龄，但可以经过计算得到年龄，即用当前日期的年份减去出生日期的年份，得到学生的年龄。

【任务实施】

1．查询指定字段

1）打开图形化管理工具 Navicat，双击打开已创建的连接对象 MySQL，再双击数据库名 studb 打开数据库。单击"新建查询"按钮，打开查询窗口。

2）在查询窗口中输入以下命令：

```
SELECT sno,sname,class
FROM student;
```

查询学生表 student 中的 sno、sname、class 字段，单击"运行"按钮执行命令，运行结果如图 4-1 所示。

2．查询所有字段

1）打开图形化管理工具 Navicat，双击打开已创建的连接对象 MySQL，再双击数据库名 studb 打开数据库。单击"新建查询"按钮，打开查询窗口。

2）在查询窗口中输入以下命令：

```
SELECT sno,sname,sex,birthday,dept,class
FROM student;
```

查询学生表 student 中的所有字段，单击"运行"按钮执行命令，运行结果如图 4-2 所示。

图 4-1 查询指定字段

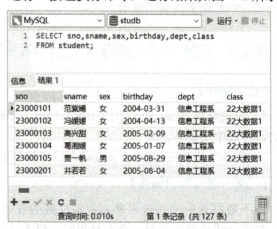

图 4-2 查询所有字段

表 4-1　SELECT 语句中各子句的顺序

子句	说明	是否必须使用
SELECT	要返回的列或表达式	是
FROM	从中检索数据的表	仅在从表选择数据时使用
WHERE	行级过滤	否
GROUP BY	分组说明	仅在按组计算聚集时使用
HAVING	组级过滤	否
ORDER BY	输出顺序	否
LIMIT	限制输出的数据条数	否

3. 使用查询操作的示例数据库

在学生成绩管理系统中，经常需要查询各种信息。可以根据指定条件查询学生的信息，如查询某系部、某班级学生的基本信息及成绩信息，查询某系部、班级、学生的课程信息等。还可以对查询到的数据做计算、汇总和排序等操作。

本项目就以学生成绩管理数据库 studb 为示例数据库，该数据库中数据表的部分数据可参考项目 3 的表 3-9～表 3-11，此处不再重复。

4.1　基于单表的基本查询

查询数据时，可以从一个表中查询数据，也可以从多个表中查询数据，它们的主要区别是：在 FROM 子句中是一个表名，还是多个表名。因为单表查询只涉及一个表中的数据，它的 FROM 子句中只有一个表名。SELECT 子句可以从两方面实现有效控制：一是控制显示的字段，二是控制字段的样式。

4.1
基于单表的基本查询

4.1.1　任务 4-1　选择字段进行查询

【任务描述】

对学生成绩管理数据库 studb 中的 student 表进行单表无条件查询。

1）查询指定字段：查询学生表 student 中的 sno、sname、class 等字段。

2）查询所有字段：查询学生表 student 中的所有字段。

3）查询经过计算后的字段：查询学生的姓名和年龄。

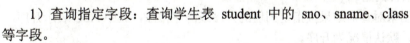

4.1.1
任务 4-1　选择字段进行查询

【任务分析与知识储备】

1. 查询指定字段

要查询的表 student 中共有 6 个字段，现在只要查询出其中 3 个字段的内容。要想从数据表中查询指定字段的数据，只需要在关键字 SELECT 后面指定要查找的一个或多个字段的名称，不同字段名称之间用逗号","分隔开，最后一个字段后面不需要加逗号，语法格式为：

前导知识：SELECT 语句概览

在 MySQL 中使用 SELECT 语句查询数据，该语句可以从一个或多个表中查询数据，也是所有数据库操作中使用频率最高的 SQL 语句。SELECT 语句的执行流程如下：

1）数据库用户在客户端编写完 SELECT 语句后，通过 MySQL 客户机将该 SELECT 语句发送给 MySQL 服务实例，MySQL 服务实例对该 SELECT 语句进行解析和编译。

2）选择合适的执行计划从表中查找出满足特定条件的若干条记录。

3）按照规定的格式整理成结果集返回给 MySQL 客户机。

1. SELECT 语句的语法格式

SELECT 语句查询数据的基本语法格式为：

```
SELECT[ALL|DISTINCT]    * |<字段列表>
FROM <表名1>   [, … <表名n>]
[WHERE <条件表达式>]
[GROUP BY <字段名>[HAVING <条件表达式>]]
[ORDER BY <字段名>[ASC|DESC]]
[LIMIT[<初始位置>,]<记录数>];
```

语法说明：

1）SELECT 子句用来指定查询返回的列。

2）"字段列表"用来指定需要查询的字段名，如果查询多字段，各字段名之间用逗号隔开，如果需要返回所有字段的数据信息，则可以用"*"表示。除此以外，如果返回的不是表中已有的字段，也可以使用表达式。

3）ALL | DISTINCT 用来指定在查询结果集中对相同行的处理方式，关键字 ALL 表示返回查询结果集的所有行，包括重复行；关键字 DISTINCT 表示如果结果集中有重复行，则去掉重复行，重复行只保留并显示一行。如省略，默认情况为 ALL。

4）FROM 子句用来指定查询对象（基本表或视图），可以是单个或多个。

5）WHERE 子句是可选项，如果选择该项，将用来指定查询结果必须满足的查询条件。

6）GROUP BY 子句用来对查询结果按指定列的值进行分组，该属性列值相等的元组为一个组，GROUP BY 子句通常会和聚合函数一起配合使用。HAVING 子句与 GROUP BY 子句组合使用，筛选出满足指定条件的组。

7）ORDER BY 子句用来对查询结果按指定列值的升序或降序排序，其中 ASC 表示升序，DESC 表示降序，如省略，默认情况为升序。

8）LIMIT 子句用来限制显示查询出来的数据条数。

> 【小贴士】任何一个查询都包含 SELECT…FROM 子句，后面的子句都是可选项，可根据需要进行选用。
>
> SELECT 的可选参数比较多，接下来将从最简单的开始，循序渐进，使读者对各个参数的作用有更清晰的认识。

2. SELECT 语句中各子句的顺序

SELECT 语句中各子句的顺序不能打乱，表 4-1 列出了 SELECT 语句中各子句的顺序。

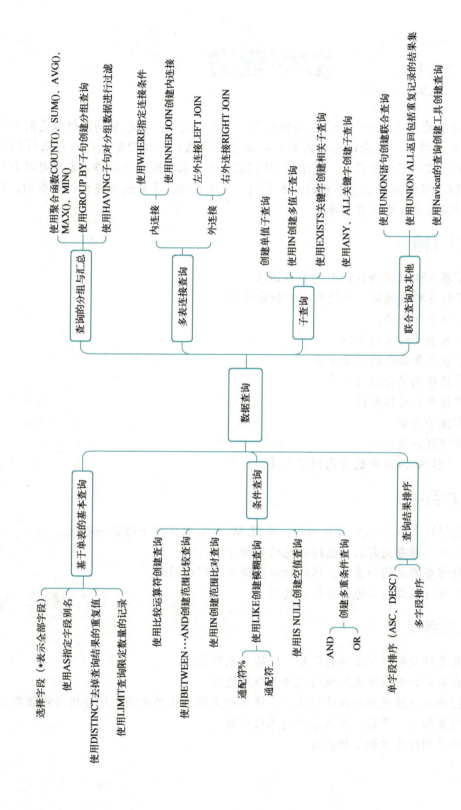

项目 4　数据查询

数据库管理系统的一个非常重要的功能就是数据查询,数据查询不仅仅是简单查询数据库中存储的数据,还应该根据需要对数据进行筛选,以及确定数据以什么样的格式显示。MySQL 提供了功能强大、灵活的 SELECT 语句来实现这些操作,本项目将介绍如何使用 SELECT 语句实现基于单表的基本查询、条件查询、多表连接查询、子查询、联合查询以及使用 Navicat 生成查询等。

知识目标

1. 掌握 SELECT 查询语句的基本语法。
2. 了解各种查询语句的使用场景和应用技巧。
3. 掌握条件查询。
4. 掌握查询结果的排序。
5. 掌握聚集函数的使用方法。
6. 掌握查询的分组与汇总。
7. 掌握多表连接查询。
8. 掌握子查询。
9. 掌握联合查询。
10. 了解 Navicat 中的查询创建工具。

能力目标

1. 能够独立编写 SQL 查询语句,实现 MySQL 数据库中的数据查询。
2. 能够根据查询需求,选择合适的查询方法。
3. 能够查阅文档和资源,解决数据查询中遇到的问题。
4. 能够对查询结果进行分析和处理。

素质目标

1. 具备对数据科学正确的认知、理解和判断能力。
2. 具备对数据条件或环境的选择与甄别能力。
3. 提升对数据规则和秩序的认知,培养对查询系统功能的逻辑分析与推理能力。
4. 培养细心、严谨、精益求精的工匠精神。
5. 培养创新意识和创新能力。

11. 下面选项中，只删除表中全部数据并且效率最高的 SQL 语句关键字是（   ）。
   A. TRUNCATE   B. DROP   C. DELETE   D. ALTER

二、填空题

1. 修改 MySQL 所支持的存储引擎的 SQL 命令是＿＿＿＿＿＿＿＿＿＿＿＿＿＿＿。
2. 一个数据表只能有＿＿＿＿个主键约束，并且主键约束中的字段不能接收＿＿＿＿值。
3. 数据表中字段的唯一约束是通过＿＿＿＿＿＿＿＿＿＿关键字定义的。
4. 在 MySQL 中可以使用＿＿＿＿＿＿＿＿＿语句来修改数据表。
5. 删除数据表 exam 的命令是＿＿＿＿＿＿＿＿＿＿＿＿＿＿＿。

三、判断题

1. 若给某列设置了默认值约束，当插入数据时如果没提供该列值，系统会自动给该列赋予默认值。（   ）
2. 如果某个字段在定义时添加了非空约束，但没有添加 DEFAULT 约束，那么插入新记录时就必须为该字段赋值，否则数据库系统会提示错误。（   ）
3. 在 MySQL 中，decimal 类型的取值范围与 float 类型相同，所占的字节大小也相同。（   ）
4. 在 MySQL 中，INSERT 语句一次只能向表中插入一行记录。（   ）
5. 在 DELETE 语句中，如果没有使用 WHERE 子句，则会将表中的所有记录都删除。（   ）
6. 向表中添加数据不仅可以实现添加整行记录，还可以实现添加指定字段对应的值。（   ）

课后练习 3

一、选择题

1. 下面选项中，用于表示固定长度字符串的数据类型是（　　）。
   A．CHAR　　　　B．VARCHAR　　　　C．BINARY　　　　D．BOLB
2. 下列语句中，用于创建数据表的是（　　）。
   A．ALTER 语句　　B．CREATE 语句　　C．UPDATE 语句　　D．INSERT 语句
3. 在 MySQL 的整数类型中，占用字节数最小的类型是（　　）。
   A．INT　　　　B．TINYINT　　　　C．LARGEINT　　　　D．MAXINT
4. 在建立一个数据表时，如果规定某一列的默认值为 1，则说明（　　）。
   A．该列的数据不可更改
   B．当插入数据行时，必须指定该列值为 1
   C．当插入数据行时，如果没有指定该列值，那么该列值为 1
   D．当插入数据行时，无须显式指定该列值
5. 下列选项中，关于向表中添加记录时不指定字段名的说法中，正确的是（　　）。
   A．值的顺序任意指定
   B．值的顺序可以调整
   C．值的顺序必须与字段在表中的顺序保持一致
   D．以上说法都不对
6. 修改表中数据的语句是（　　）。
   A．UPDATE 表名 SET 修改内容 WHERE 条件
   B．INSERT　INTO 表名 VALUES（值列表）
   C．DELETE　FROM　表名　WHERE　条件
   D．CREATE　TABLE　exam
7. 语句"DELETE FROM exam;"的作用是（　　）。
   A．删除当前数据库中 exam 表内的所有行
   B．删除当前数据库中整个 exam 表，包括表结构
   C．删除当前数据库中 exam 表内的当前行
   D．由于没有 WHERE 子句，因此不删除任何数据
8. 下列关于主键的说法中，正确的是（　　）。
   A．主键允许为 Null 值　　　　　　B．主键允许有重复值
   C．主键必须来自于另一个表中的值　　D．主键具有非空性和唯一性
9. 下列选项中，用于设置主键的关键字是（　　）。
   A．FOREIGN KEY　　　　　　B．PRIMARY KEY
   C．NOT NULL　　　　　　　　D．UNIQUE
10. 在数据库中，如果表 A 中的数据需要参考表 B 中的数据，那么表 A 需要建立（　　）。
    A．主键约束　　　　B．外键约束　　　　C．唯一约束　　　　D．检查约束

MySQL 数据库应用项目式教程
学习工作页

姓　　名_____

专　　业_____

班　　级_____

任课教师_____

机械工业出版社

目　　录

商品销售管理数据库的设计与实现 …………………………………………………………… 1

实战任务 1　分析与设计数据库 ……………………………………………………………… 1

实战任务 2　创建商品销售数据库 …………………………………………………………… 3

实战任务 3　在商品销售数据库中创建数据表并完善数据 ………………………………… 4

实战任务 4　在商品销售数据库中为表创建索引和约束 …………………………………… 13

实战任务 5　检索商品销售数据库表中的数据 ……………………………………………… 15

实战任务 6　在商品销售数据库中创建视图 ………………………………………………… 20

实战任务 7　在商品销售数据库中创建存储过程和存储函数 ……………………………… 22

实战任务 8　在商品销售数据库中创建和管理触发器 ……………………………………… 26

实战任务 9　创建用户并授予不同级别的权限 ……………………………………………… 30

实战任务 10　备份数据库、转储数据库文件 ………………………………………………… 33

商品销售管理数据库的设计与实现

实战任务 1　分析与设计数据库

【实训目的】

1. 掌握编写任务目标的方法。
2. 掌握设计数据库的方法。
3. 掌握 MySQL 数据库和 MySQL 图形化管理工具 Navicat 的安装和配置方法。

【实训内容】

1. 根据需求说明编写任务目标。
2. 根据需求说明设计数据库表，并注明主键和外键。
3. 建立 MySQL 数据库环境。
4. 在 Windows 命令行窗口中登录 MySQL 服务器。

【需求说明】

（1）某商家需要一个数据库对业务数据进行管理。

（2）商品销售数据库用于管理和保存商品信息、员工信息、客户信息、进货信息和销售信息。

（3）商品销售数据库中保存所售商品信息，具体包含商品编号、商品名称、品类、品牌、平均价格和库存量。

（4）商品销售数据库中保存员工信息，具体包含员工号、姓名、性别、出生日期、部门、入职日期、备注。

（5）商品销售数据库中保存注册客户信息，具体包含客户编号、客户名称、客户地址、联系电话。

（6）进货信息包含进货日期，并记录每次进货的商品编号、数量、进价和进货员编号（直接使用进货员的员工号，不再另设编号）。

（7）销售信息包含销售日期，系统在接受订单时记录客户编号、销售员编号（直接使用销售员的员工号，不再另设编号）和购买的商品信息，其中商品信息包括商品编号、单价、数量。

（8）进货信息和销售信息保存到数据库中时须增加一个唯一标识数据的编号。

【实训操作】

1. 根据需求说明编写任务目标。
(1) 需要维护商品信息。
(2) 需要维护员工信息。
(3) 需要维护客户信息。
(4) 需要记录进货信息。
(5) 需要记录销售信息。

2. 根据需求说明设计数据表，并注明主键和外键。
数据库包括 5 个表，各表的字段及主外键如图 1 所示。

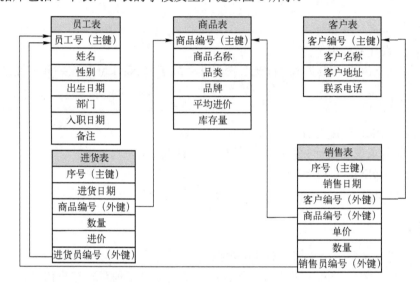

图 1　数据表

3. 建立 MySQL 数据库环境。
(1) 下载并安装 MySQL 8.0 以上的版本，并配置相关参数。
(2) 下载并安装 MySQL 图形化管理工具 Navicat。

4. 在 Windows 命令行窗口中登录 MySQL 服务器。
(1) 通过快捷键〈Win+R〉打开"运行"对话框，在该对话框中输入"cmd"，单击"确定"按钮，打开 Windows 命令行窗口。
(2) 如果在安装时已经配置过 Path 变量，则在命令提示符后直接输入命令"mysql -uroot -p"，按〈Enter〉键并输入正确的密码后，即可登录成功。如果没有配置 Path 变量，还需要输入命令切换到 MySQL 安装路径的 bin 目录下，再按上述操作登录 MySQL。

实战任务 2　创建商品销售数据库

【实训目的】

1. 熟悉 MySQL 数据库文件及字符集。
2. 掌握使用 CREATE DATABASE 语句创建数据库。
3. 掌握使用 ALTER DATABASE 语句修改数据库。
4. 掌握使用 DROP DATABASE 语句删除数据库。

【实训内容】

1. 创建商品销售数据库（spxs），使用指定字符集和排序规则。
2. 修改商品销售数据库（spxs）的字符集为 utf8mb4。
3. 选择商品销售数据库（spxs）为当前数据库。
4. 查看服务器上所有的数据库。
5. 删除商品销售数据库（spxs）。

【实训操作】

1. 创建商品销售数据库（spxs），字符集为 utf8，排序规则为 utf8_general_ci。

    ```
    CREATE DATABASE spxs
    DEFAULT CHARACTER SET utf8
    DEFAULT COLLATE utf8_general_ci;
    ```

2. 修改商品销售数据库（spxs）的字符集为 utf8mb4。

    ```
    ALTER DATABASE spxs
    DEFAULT CHARACTER SET utf8mb4;
    ```

3. 选择商品销售数据库（spxs）为当前数据库。

    ```
    USE spxs;
    ```

4. 查看服务器上所有的数据库。

    ```
    SHOW DATABASES;
    ```

5. 删除商品销售数据库（spxs）。

    ```
    DROP DATABASE spxs;
    ```

实战任务 3　在商品销售数据库中创建数据表并完善数据

【实训目的】

1. 掌握表字段数据类型的合理选择。
2. 掌握使用 CREATE TABLE 语句创建数据表。
3. 掌握使用 ALTER TABLE 语句修改表结构。
4. 掌握使用 INSERT 语句向表中插入数据。
5. 掌握使用 UPDATE 语句修改表中数据。
6. 掌握使用 DELETE 语句删除表中数据。
7. 掌握使用 DROP TABLE 语句删除数据表。

【实训内容】

1. 创建商品销售数据库（spxs），使用默认字符集和排序规则。
2. 在商品销售数据库（spxs）中创建员工表，其表结构如图 2 所示。

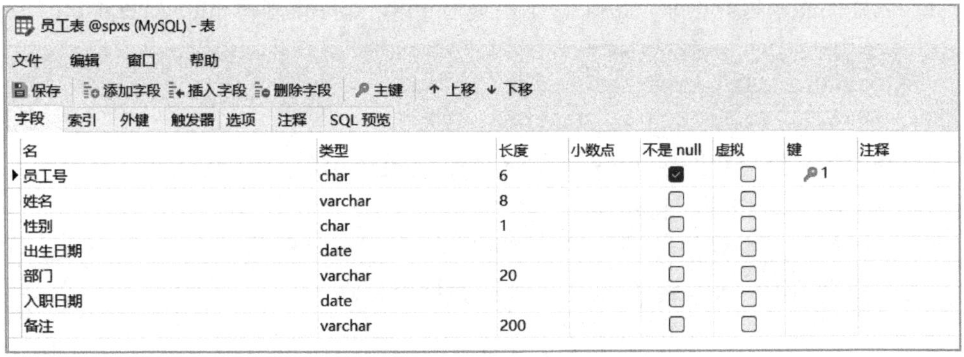

名	类型	长度	小数点	不是 null	虚拟	键	注释
员工号	char	6		☑	☐	🔑1	
姓名	varchar	8		☐	☐		
性别	char	1		☐	☐		
出生日期	date			☐	☐		
部门	varchar	20		☐	☐		
入职日期	date			☐	☐		
备注	varchar	200		☐	☐		

图 2　员工表的表结构

3. 在商品销售数据库（spxs）中创建客户表，其表结构如图 3 所示。

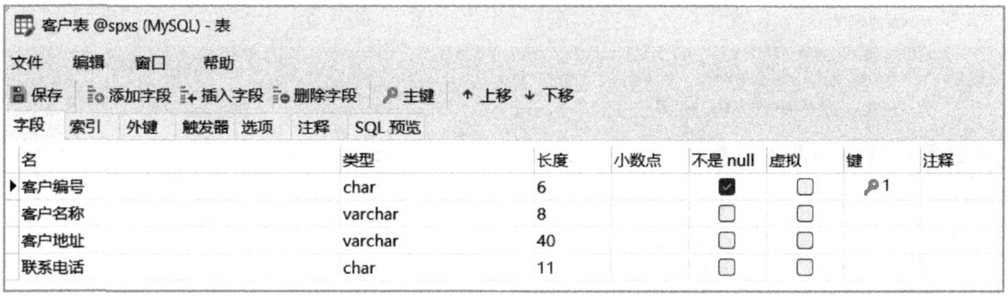

名	类型	长度	小数点	不是 null	虚拟	键	注释
客户编号	char	6		☑	☐	1	
客户名称	varchar	8		☐	☐		
客户地址	varchar	40		☐	☐		
联系电话	char	11		☐	☐		

图 3　客户表的表结构

4．在商品销售数据库（spxs）中创建商品表，其表结构如图 4 所示。

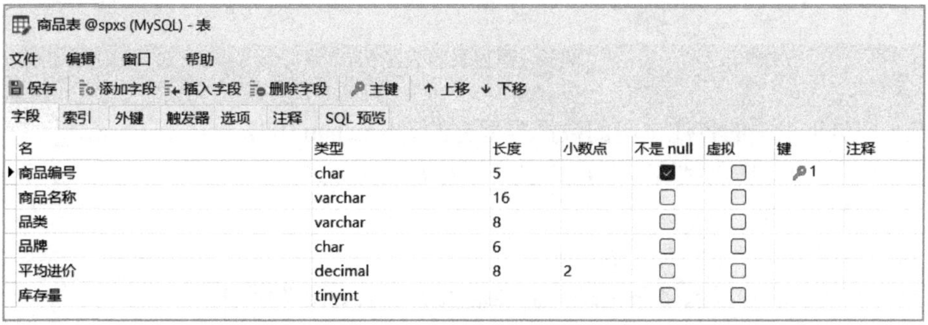

名	类型	长度	小数点	不是 null	虚拟	键	注释
商品编号	char	5		☑	☐	1	
商品名称	varchar	16		☐	☐		
品类	varchar	8		☐	☐		
品牌	char	6		☐	☐		
平均进价	decimal	8	2	☐	☐		
库存量	tinyint			☐	☐		

图 4　商品表的表结构

5．在商品销售数据库（spxs）中创建进货表，其表结构如图 5 所示。

名	类型	长度	小数点	不是 null	虚拟	键	注释
序号	tinyint			☑	☐	1	
进货日期	date			☐	☐		
商品编号	char	5		☐	☐		
数量	int			☐	☐		
进价	decimal	8	2	☐	☐		
进货员编号	char	6		☐	☐		对应员工表中的员工号

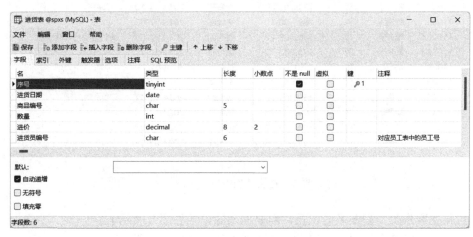

图 5　进货表的表结构

6．在商品销售数据库（spxs）中创建销售表，其表结构如图 6 所示。

图 6　销售表的表结构

7．把员工表中的备注字段的数据类型更改为 varchar(100)。
8．在 Navicat 中复制客户表，命名为客户表_copy1。
9．删除客户表_copy1。
10．使用 DESC 查看员工表结构。
11．在员工表中插入多条记录，需要插入的记录如图 7 所示。

员工号	姓名	性别	出生日期	部门	入职日期	备注
11001	王一诺	男	1987-03-06	综合办	2010-12-10	
11002	刘彦平	女	1986-04-18	销售部	2012-11-03	
11003	王文斌	男	1992-11-12	综合办	2015-09-06	
11004	李心凌	女	1989-06-06	销售部	2014-01-10	(Null)
11005	路逸飞	男	1996-08-16	销售部	2018-07-03	(Null)
11006	李菲菲	女	1987-03-22	财务部	2010-06-05	有注册会计师资格证
11007	陈星河	男	1989-03-17	综合办	2011-12-15	(Null)
11008	陈舒	女	1991-03-06	综合办	2014-12-29	(Null)
11009	刘丽丽	女	1990-06-06	财务部	2016-11-10	(Null)
11010	王圆圆	女	1989-09-06	综合办	2014-12-07	(Null)
11011	陈丽萍	女	1999-03-23	销售部	2022-12-02	(Null)
11012	刘飞	男	1998-06-17	销售部	2022-12-02	(Null)
11013	陈晓丽	女	1999-03-16	销售部	2023-02-19	(Null)

图 7　在员工表中插入记录

12．在客户表中插入多条记录，需要插入的记录如图 8 所示。
13．在商品表中插入多条记录，需要插入的记录如图 9 所示。
14．在进货表中插入多条记录，需要插入的记录如图 10 所示。

客户编号	客户名称	客户地址	联系电话
c001	郑琪琪	河南省郑州市金水区花园路59号	13988888888
c002	刘军	北京西郊百万庄208	18988888888
c003	张浩哲	北京市朝阳区惠新里8号	15666666666
c004	陈默	北京市东四十二条33号	13666666666
c005	刘晓辉	北京市三里河路14号	13399999999
c006	王安宁	北京市朝阳区平乐园88号	13099999999
c007	张玲玲	河南省郑州市管城区城东南路10号院1号楼1058	18522222222
c008	杨晓旭	北京西城区德外大街8号	13322222222
c009	魏清丽	河南省郑州市金水区文化路33号	15211111111
c010	李潇	河南省郑州市中原区工人路10号	15511111111

图8　在客户表中插入记录

商品编号	商品名称	品类	品牌	平均进价	库存量
1001	华为Mate60	数码产品	华为	5500.00	9
1002	Apple iPhone15	数码产品	Apple	6300.00	23
1003	小米14	数码产品	小米	4000.00	28
1004	佳能R50	数码产品	佳能	4000.00	9
1005	尼康Z30	数码产品	尼康	6000.00	10
1006	格力 KFR-35GW	家电产品	格力	2300.00	13
1007	美的 KFR-35GW	家电产品	美的	2100.00	13
1008	小米电视S55	家电产品	小米	2000.00	20
1009	长虹电视55D6	家电产品	长虹	1500.00	17
1010	华为MateBook D 14	电脑产品	华为	3600.00	9
1011	联想 小新14	电脑产品	联想	3300.00	10
1012	华硕 a豆14	电脑产品	华硕	3600.00	10

图9　在商品表中插入记录

序号	进货日期	商品编号	数量	进价	进货员编号
1	2023-06-14	1004	5	4000.00	11005
2	2023-06-20	1007	15	2100.00	11005
3	2023-06-20	1004	5	4000.00	11005
4	2023-06-26	1009	18	1500.00	11013
5	2023-07-02	1008	20	2000.00	11013
6	2023-07-02	1006	10	2300.00	11013
7	2023-07-02	1010	10	3600.00	11013
8	2023-07-13	1006	5	2300.00	11011
9	2023-07-13	1012	10	3600.00	11011
10	2023-08-21	1005	10	6000.00	11011
11	2023-09-13	1001	10	5500.00	11011
12	2023-09-15	1002	10	6300.00	11005
13	2023-09-18	1002	15	6300.00	11011
14	2023-10-28	1003	15	4000.00	11005
15	2023-10-30	1003	15	4000.00	11011
16	2023-10-30	1011	10	3300.00	11011

图10　在进货表中插入记录

15. 在销售表中插入多条记录，需要插入的记录如图 11 所示。

序号	销售日期	客户编号	商品编号	单价	数量	销售员编号
1	2023-08-12	c001	1004	4699.00	1	11004
2	2023-08-21	c002	1006	2999.00	2	11012
3	2023-09-22	c003	1001	5999.00	1	11002
4	2023-09-30	c004	1007	2699.00	1	11012
5	2023-09-30	c005	1007	2699.00	1	11005
6	2023-10-22	c006	1009	1899.00	1	11012
7	2023-10-22	c007	1002	6999.00	1	11002
8	2023-10-24	c008	1002	6999.00	1	11013
9	2023-10-27	c003	1010	4099.00	1	11002
10	2023-11-22	c009	1003	4599.00	1	11004
11	2023-11-23	c010	1003	4599.00	1	11013

图 11 在销售表中插入记录

16. 在客户表中插入 1 条新记录，只包含部分字段值，需要插入的记录如图 12 所示。

c011	王施磊	(Null)	13837136755

图 12 插入只包含部分字段值的记录

17. 把员工表中编号为"11007"的出生日期更改为"1988-06-15"。
18. 把客户表中编号为"c011"的记录删除。

【实训操作】

1. 创建商品销售数据库（spxs），使用默认字符集和排序规则。

```
CREATE DATABASE spxs;
```

2. 在商品销售数据库（spxs）中创建员工表，其创建语句如下。

```
USE spxs;
CREATE TABLE 员工表 (
  员工号 char(6)  NOT NULL PRIMARY KEY,
  姓名 varchar(8)  DEFAULT NULL,
  性别 char(1)  DEFAULT NULL,
  出生日期 date  DEFAULT NULL,
  部门 varchar(20)  DEFAULT NULL,
  入职日期 date NULL DEFAULT NULL,
  备注 varchar(200)  DEFAULT NULL
);
```

3. 在商品销售数据库（spxs）中创建客户表，其创建语句如下。
```
USE spxs;
CREATE TABLE 客户表 (
  客户编号 char(6) NOT NULL,
  客户名称 varchar(8),
  客户地址 varchar(40),
  联系电话 char(11),
  PRIMARY KEY (客户编号)
);
```

4. 在商品销售数据库（spxs）中创建商品表，其创建语句如下。
```
USE spxs;
CREATE TABLE 商品表 (
  商品编号 char(5) NOT NULL,
  商品名称 varchar(16),
  品类 varchar(8),
  品牌 char(6),
  平均进价 decimal(8, 2),
  库存量 tinyint,
  PRIMARY KEY (商品编号)
);
```

5. 在商品销售数据库（spxs）中创建进货表，其创建语句如下。
```
USE spxs;
CREATE TABLE 进货表 (
  序号 tinyint NOT NULL AUTO_INCREMENT,
  进货日期 date,
  商品编号 char(5),
  数量 int,
  进价 decimal(8, 2),
  进货员编号 char(6) COMMENT '对应员工表中的员工号',
  PRIMARY KEY (序号)
);
```

6. 在商品销售数据库（spxs）中创建销售表，其创建语句如下。
```
USE spxs;
CREATE TABLE 销售表 (
  序号 tinyint NOT NULL AUTO_INCREMENT,
  销售日期 date,
  客户编号 char(6),
  商品编号 char(5),
  单价 decimal(8, 2),
  数量 int,
  销售员编号 char(6) COMMENT '对应员工表中的员工号',
  PRIMARY KEY (序号)
);
```

7. 把员工表中的备注字段的数据类型更改为 varchar(100)。

  `ALTER TABLE 员工表 MODIFY 备注 VARCHAR(100);`

8. 在 Navicat 中复制客户表，命名为客户表_copy1。

在客户表上单击右键，在弹出的快捷菜单中选择"复制表"|"结构和数据"命令，即可复制客户表为客户表_copy1。

9. 删除客户表_copy1。

  `DROP TABLE 客户表_copy1;`

10. 使用 DESC 查看员工表结构。

  `DESC 员工表;`

11. 在员工表中插入多条记录。

```
INSERT INTO 员工表 VALUES('11001', '王一诺', '男', '1987-03-06', '综合办', '2010-12-10',NULL),
        ('11002', '刘彦平', '女', '1986-04-18', '销售部', '2012-11-03', NULL),
        ('11003', '王文斌', '男', '1992-11-12', '综合办', '2015-09-06', NULL),
        ('11004', '李心凌', '女', '1989-06-06', '销售部', '2014-01-10', NULL),
        ('11005', '路逸飞', '男', '1996-08-16', '销售部', '2018-07-03', NULL),
        ('11006', '李菲菲', '女', '1987-03-22', '财务部', '2010-06-05', '有注册会计师资格证'),
        ('11007', '陈星河', '男', '1989-03-17', '综合办', '2011-12-15', NULL),
        ('11008', '陈舒', '女', '1991-03-06', '综合办', '2014-12-29', NULL),
        ('11009', '刘丽丽', '女', '1990-06-06', '财务部', '2016-11-10', NULL),
        ('11010', '王圆圆', '女', '1989-09-06', '综合办', '2014-12-07', NULL),
        ('11011', '陈丽萍', '女', '1999-03-23', '销售部', '2022-12-02', NULL),
        ('11012', '刘飞', '男', '1998-06-17', '销售部', '2022-12-02', NULL),
        ('11013', '陈晓丽', '女', '1999-03-16', '销售部', '2023-02-19', NULL);
```

12. 在客户表中插入多条记录。

```
INSERT INTO 客户表 VALUES ('c001', '郑琪琪', '河南省郑州市金水区花园路59号', '13988888888'),
        ('c002', '刘军', '北京西郊百万庄208', '18988888888'),
        ('c003', '张浩哲', '北京市朝阳区惠新里8号', '15666666666'),
        ('c004', '陈默', '北京市东四十二条33号', '13666666666),
        ('c005', '刘晓辉', '北京市三里河路14号', '13399999999'),
        ('c006', '王安宁', '北京市朝阳区平乐园88号', '13099999999'),
        ('c007', '张玲玲', '河南省郑州市管城区城东南路10号院1号楼1058', '18522222222'),
        ('c008', '杨晓旭', '北京西城区德外大街8号', '13322222222'),
        ('c009', '魏清丽', '河南省郑州市金水区文化路33号', '15211111111'),
        ('c010', '李潇', '河南省郑州市中原区工人路10号', '15511111111);
```

13. 在商品表中插入多条记录。

  `INSERT INTO 商品表 VALUES ('1001', '华为 Mate60', '数码产品', '华为',`

```
                5500.00, 9),
                ('1002', 'Apple iPhone15', '数码产品', 'Apple', 6300.00, 23),
                ('1003', '小米 14', '数码产品', '小米', 4000.00, 28),
                ('1004', '佳能 R50', '数码产品', '佳能', 4000.00, 9),
                ('1005', '尼康 Z30', '数码产品', '尼康', 6000.00, 10),
                ('1006', '格力 KFR-35GW', '家电产品', '格力', 2300.00, 13),
                ('1007', '美的 KFR-35GW', '家电产品', '美的', 2100.00, 13),
                ('1008', '小米电视 S55', '家电产品', '小米', 2000.00, 20),
                ('1009', '长虹电视 55D6', '家电产品', '长虹', 1500.00, 17),
                ('1010', '华为 MateBook D 14', '电脑产品', '华为', 3600.00, 9),
                ('1011', '联想 小新 14', '电脑产品', '联想', 3300.00, 10),
                ('1012', '华硕 a豆14', '电脑产品', '华硕', 3600.00, 10);
```

14. 在进货表中插入多条记录。

```
        INSERT INTO 进货表 VALUES (1, '2023-06-14', '1004', 5, 4000.00, '11005'),
                (2, '2023-06-20', '1007', 15, 2100.00, '11005'),
                (3, '2023-06-20', '1004', 5, 4000.00, '11005'),
                (4, '2023-06-26', '1009', 18, 1500.00, '11013'),
                (5, '2023-07-02', '1008', 20, 2000.00, '11013'),
                (6, '2023-07-02', '1006', 10, 2300.00, '11013'),
                (7, '2023-07-02', '1010', 10, 3600.00, '11013'),
                (8, '2023-07-13', '1006', 5, 2300.00, '11011'),
                (9, '2023-07-13', '1012', 10, 3600.00, '11011'),
                (10, '2023-08-21', '1005', 10, 6000.00, '11011'),
                (11, '2023-09-13', '1001', 10, 5500.00, '11011'),
                (12, '2023-09-15', '1002', 10, 6300.00, '11005'),
                (13, '2023-09-18', '1002', 15, 6300.00, '11011'),
                (14, '2023-10-28', '1003', 15, 4000.00, '11005'),
                (15, '2023-10-30', '1003', 15, 4000.00, '11011'),
                (16, '2023-10-30', '1011', 10, 3300.00, '11011');
```

15. 在销售表中插入多条记录。

```
        INSERT INTO 销售表 VALUES (1, '2023-08-12', 'c001', '1004', 4699.00, 1, '11004'),
                (2, '2023-08-21', 'c002', '1006', 2999.00, 2, '11012'),
                (3, '2023-09-22', 'c003', '1001', 5999.00, 1, '11002'),
                (4, '2023-09-30', 'c004', '1007', 2699.00, 1, '11012'),
                (5, '2023-09-30', 'c005', '1007', 2699.00, 1, '11005'),
                (6, '2023-10-22', 'c006', '1009', 1899.00, 1, '11012'),
                (7, '2023-10-22', 'c007', '1002', 6999.00, 1, '11002'),
                (8, '2023-10-24', 'c008', '1002', 6999.00, 1, '11013'),
                (9, '2023-10-27', 'c003', '1010', 4099.00, 1, '11002'),
                (10, '2023-11-22', 'c009', '1003', 4599.00, 1, '11004'),
                (11, '2023-11-23', 'c010', '1003', 4599.00, 1, '11013');
```

16. 在客户表中插入 1 条新记录，只包含部分字段值。

    `INSERT INTO 客户表(客户编号,客户名称,联系电话) VALUES ('c011', '王施磊', '13837136755');`

17. 把员工表中编号为"11007"的出生日期更改为"1988-06-15"。

    `UPDATE 员工表 SET 出生日期='1988-06-15' WHERE 员工号='11007';`

18. 把客户表中编号为"c011"的记录删除。

    `DELETE FROM 客户表 WHERE 客户编号='c011';`

实战任务 4　在商品销售数据库中为表创建索引和约束

【实训目的】

1. 理解索引的概念和优点。
2. 掌握使用不同语句创建索引的方法。
3. 掌握创建主键约束的方法。
4. 掌握创建唯一性约束的方法。
5. 掌握创建默认约束的方法。
6. 掌握创建外键约束的方法。

【实训内容】

1. 用新建表的方式创建索引和约束，在商品销售数据库（spxs）中创建"品类表"。
（1）创建"品类编号"为主键约束。
（2）创建"品类"为唯一索引。
（3）创建"品类"为非空约束。
2. 使用修改表的方式创建索引和约束。
（1）修改员工表，在姓名字段上创建普通索引，为性别字段设置默认值为"男"。
（2）修改销售表，设置外键。
3. 使用 CREATE INDEX 语句在商品表的库存量字段创建升序索引 ix_num。
4. 使用 DROP INDEX 语句删除索引 ix_num。

【实训操作】

1. 用新建表的方式创建索引和约束，在商品销售数据库（spxs）中创建"品类表"。"品类表"包括"品类编号""品类"和"说明"字段；在创建表的同时设置"品类编号"字段为主键，"品类"字段唯一且不为空。创建"品类表"的命令如下。

```
CREATE TABLE 品类表 (
    品类编号 char(2)   PRIMARY KEY,
    品类 varchar(8) NOT NULL UNIQUE,
    说明 varchar(20)
    );
```

2．使用修改表的方式创建索引和约束。

（1）修改员工表，在姓名字段上创建普通索引，为性别字段设置默认值为"男"。

```
ALTER TABLE 员工表
ADD INDEX ix_name (姓名),
ALTER COLUMN 性别 SET DEFAULT '男';
```

（2）修改销售表，设置外键。为客户编号字段设置外键约束，参照客户表的客户编号字段；为商品编号字段设置外键约束，参照商品表的商品编号字段；为销售员编号字段设置外键约束，参照员工表的员工号字段。

```
ALTER TABLE 销售表
ADD FOREIGN KEY(客户编号) REFERENCES 客户表(客户编号),
ADD FOREIGN KEY(商品编号) REFERENCES 商品表(商品编号),
ADD FOREIGN KEY(销售员编号) REFERENCES 员工表(员工号);
```

3．使用 CREATE INDEX 语句在商品表的库存量字段创建升序索引 ix_num。

```
CREATE INDEX ix_num ON 商品表(库存量 ASC);
```

4．使用 DROP INDEX 语句删除索引 ix_num。

```
DROP INDEX ix_num ON 商品表;
```

实战任务 5　检索商品销售数据库表中的数据

【实训目的】

1. 熟悉 SELECT 语句的语法格式。
2. 掌握 WHERE 条件查询的使用。
3. 掌握查询结果排序的使用。
4. 掌握分组汇总查询的使用。
5. 掌握多表连接查询的使用。
6. 掌握子查询的使用。
7. 掌握联合查询 UNION 的使用。
8. 掌握嵌套查询语句的使用。

【实训内容】

1. 查询客户表中的所有信息。
2. 在员工表中查询 1995 年之后出生的销售人员信息。
3. 在员工表中查询姓 "陈" 且名字是三个字的员工信息。
4. 在员工表中查询名字中有 "丽" 字的员工的姓名、性别、出生日期。
5. 查询销售单价不在 2000~5000 元之间的商品的销售信息。
6. 查询员工表中备注为空值的员工的姓名、备注。
7. 查询员工表中部门为 "销售部" 或 "财务部" 的员工的姓名、部门。
8. 使用 IN 操作符查询员工表中部门为 "销售部" 或 "财务部" 的员工的信息。
9. 查询员工表中的部门名称（去掉重复部门）。
10. 在员工表中查询最早入职的 5 名员工的姓名、性别、入职日期。
11. 查询销售表中的销售信息，按销售日期降序排序，日期相同的按商品编号升序排序。
12. 查询商品表中库存量最少的 3 件商品的信息。
13. 统计商品表中品类为 "数码产品" 的商品种类的数量、平均价格、最高价、最低价和总库存量。
14. 在员工表中分组统计每个部门的员工人数。
15. 在商品表中分组统计每个品类商品的数量和总库存量。
16. 在商品表中分组统计总库存量大于 50 的品类的名称、数量和库存量。

17．使用 WHERE 子句在员工表、进货表、商品表中查询进货员工的姓名、商品编号、品类、进价、数量等信息。

18．使用内连接 INNER JOIN，在员工表和销售表中查询所有销售部员工的销售信息。

19．使用左外连接，在员工表和销售表中查询销售部所有员工的销售信息，包括没有销售业绩的员工信息。

20．查询有销售业绩的员工的姓名、性别、出生日期、部门。

21．查询与"陈星河"同部门的员工信息。

22．查询已有销售记录的销售员的详细信息（使用 EXISTS 关键字）。

23．查询姓"刘"的员工的姓名、性别、部门，查询名字中有"飞"字的员工的姓名、性别、部门，使用 UNION 连接查询结果。

24．查询姓"刘"的员工的姓名、性别、部门，查询名字中有"飞"字的员工的姓名、性别、部门，使用 UNION 连接查询结果，保留重复的记录。

25．查询姓"刘"的员工的姓名、性别、部门，查询名字中有"飞"字的员工的姓名、性别、部门，使用 UNION 连接查询结果，并把查询结果按部门升序排序。

【实训操作】

1．查询客户表中的所有信息。

```
SELECT * FROM 客户表;
```

2．在员工表中查询 1995 年之后出生的销售人员信息。

```
SELECT * FROM 员工表
WHERE 部门='销售部' AND 出生日期>='1995-01-01';
```

3．在员工表中查询姓"陈"且名字是三个字的员工信息。

```
SELECT * FROM 员工表
WHERE 姓名 LIKE '陈_ _';
```

4．在员工表中查询名字中有"丽"字的员工的姓名、性别、出生日期。

```
SELECT 姓名,性别,出生日期 FROM 员工表
WHERE 姓名 LIKE '%丽%';
```

5．查询销售单价不在 2000～5000 元之间的商品的销售信息。

```
SELECT * FROM 销售表
WHERE 单价 NOT BETWEEN 2000 AND 5000;
```

6．查询员工表中备注为空值的员工的姓名、备注。

```
SELECT 姓名,备注 FROM 员工表
WHERE 备注 IS NULL;
```

7. 查询员工表中部门为"销售部"或"财务部"的员工的姓名、部门。

    SELECT 姓名,部门 FROM 员工表
    WHERE 部门='销售部' OR 部门='财务部';

8. 使用 IN 操作符查询员工表中部门为"销售部"或"财务部"的员工的信息。

    SELECT 姓名,部门 FROM 员工表
    WHERE 部门 IN('销售部' ,'财务部');

9. 查询员工表中的部门名称（去掉重复部门）。

    SELECT DISTINCT 部门 FROM 员工表;

10. 在员工表中查询最早入职的 5 名员工的姓名、性别、入职日期。

    SELECT 姓名,性别,入职日期 FROM 员工表
    ORDER BY 入职日期
    LIMIT 5;

11. 查询销售表中的销售信息，按销售日期降序排序，日期相同的按商品编号升序排序。

    SELECT * FROM 销售表
    ORDER BY 销售日期 DESC,商品编号 ASC;

12. 查询商品表中库存量最少的 3 件商品的信息。

    SELECT * FROM 商品表
    ORDER BY 库存量 LIMIT 3;

13. 统计商品表中品类为"数码产品"的商品种类的数量、平均价格、最高价、最低价和总库存量。

    SELECT COUNT(*) AS 商品数量,AVG(平均进价) AS 平均价格,MAX(平均进价) AS 最高价,
    MIN(平均进价) AS 最低价,SUM(库存量) AS 总库存量
    FROM 商品表
    WHERE 品类='数码产品';

14. 在员工表中分组统计每个部门的员工人数。

    SELECT 部门,COUNT(*) AS 员工人数 FROM 员工表
    GROUP BY 部门;

15. 在商品表中分组统计每个品类商品的数量和总库存量。

    SELECT 品类,COUNT(*) AS 商品数量,SUM(库存量) AS 总库存量 FROM 商品表
    GROUP BY 品类;

16. 在商品表中分组统计总库存量大于 50 的品类的名称、数量和库存量。

    SELECT 品类,COUNT(*) AS 商品数量,SUM(库存量) AS 总库存量 FROM 商品表
    GROUP BY 品类
    HAVING 总库存量>=50;

17. 使用 WHERE 子句在员工表、进货表、商品表中查询进货员工的姓名、商品编号、品类、进价、数量等信息。

  SELECT 姓名,商品名称,品类,进价,数量
  FROM 员工表,进货表,商品表
  WHERE 员工表.员工号=进货表.进货员编号 AND 进货表.商品编号=商品表.商品编号;

18. 使用内连接 INNER JOIN, 在员工表和销售表中查询所有销售部员工的销售信息。

  SELECT 员工号,姓名,性别,商品编号,单价,数量
  FROM 员工表 INNER JOIN 销售表 ON 员工表.员工号=销售表.销售员编号
  WHERE 员工表.部门='销售部';

19. 使用左外连接,在员工表和销售表中查询销售部所有员工的销售信息,包括没有销售业绩的员工信息。

  SELECT 员工号,姓名,性别,商品编号,单价,数量
  FROM 员工表 LEFT OUTER JOIN 销售表 ON 员工表.员工号=销售表.销售员编号
  WHERE 员工表.部门='销售部';

20. 查询有销售业绩的员工的姓名、性别、出生日期、部门。

  SELECT 姓名,性别,出生日期,部门 FROM 员工表
  WHERE 员工号 IN (SELECT DISTINCT 销售员编号 FROM 销售表);

21. 查询与"陈星河"同部门的员工信息。

  SELECT * FROM 员工表
  WHERE 部门=(SELECT 部门 FROM 员工表 WHERE 姓名='陈星河');

22. 查询已有销售记录的销售员的详细信息(使用 EXISTS 关键字)。

  SELECT * FROM 员工表
  WHERE EXISTS(SELECT * FROM 销售表 WHERE 销售员编号=员工表.员工号);

23. 查询姓"刘"的员工的姓名、性别、部门,查询名字中有"飞"字的员工的姓名、性别、部门,使用 UNION 连接查询结果。

  SELECT 姓名,性别,部门 FROM 员工表 WHERE 姓名 like'刘%'
  UNION
  SELECT 姓名,性别,部门 FROM 员工表 WHERE 姓名 like'%飞%';

24. 查询姓"刘"的员工的姓名、性别、部门,查询名字中有"飞"字的员工的姓名、性别、部门,使用 UNION 连接查询结果,保留重复的记录。

  SELECT 姓名,性别,部门 FROM 员工表 WHERE 姓名 like'刘%'
  UNION ALL
  SELECT 姓名,性别,部门 FROM 员工表 WHERE 姓名 like'%飞%';

25．查询姓"刘"的员工的姓名、性别、部门，查询名字中有"飞"字的员工的姓名、性别、部门，使用 UNION 连接查询结果，并把查询结果按部门升序排序。

```
SELECT 姓名,性别,部门 FROM 员工表 WHERE 姓名 like'刘%'
UNION
SELECT 姓名,性别,部门 FROM 员工表 WHERE 姓名 like'%飞%'
ORDER BY 部门;
```

实战任务 6　在商品销售数据库中创建视图

【实训目的】

1. 理解视图的概念和优点。
2. 掌握创建视图的方法。
3. 掌握查询视图的方法。
4. 掌握修改视图的方法。
5. 掌握删除视图的方法。
6. 掌握更新视图的方法和限制。

【实训内容】

1. 在商品销售数据库（spxs）中创建视图 v_seller，列出销售部员工的员工号、姓名、性别、部门，要求使用 WITH CHECK OPTION 选项。
2. 在商品销售数据库（spxs）中创建视图 v_num，统计各部门的人数。
3. 在视图 v_seller 中查询所有男性销售员的信息。
4. 向视图 v_seller 中插入记录，观察视图和员工表中的记录。
 （1）向视图 v_seller 中插入记录('11016','张哲','男','财务部')，测试插入操作能否成功。
 （2）若不成功，把记录的值改为('11016','张哲','男','销售部')，测试插入操作能否成功。
5. 通过视图 v_seller 把销售员"刘飞"的姓名更改为"刘一飞"。
6. 修改视图 v_seller，列出销售部员工的员工号、姓名、性别、部门、入职日期。
7. 删除以上创建的所有视图。

【实训操作】

1. 在商品销售数据库（spxs）中创建视图 v_seller，列出销售部员工的员工号、姓名、性别、部门，要求使用 WITH CHECK OPTION 选项。
 （1）创建视图。

```
CREATE  VIEW v_seller
AS
SELECT 员工号,姓名,性别,部门 FROM 员工表
WHERE 部门='销售部'
```

```
    WITH CHECK OPTION;
```
（2）查询视图。
```
    SELECT * FROM v_seller;
```
2．在商品销售数据库（spxs）中创建视图 v_num，统计各部门的人数。
（1）创建视图。
```
    CREATE VIEW v_num
    AS
    SELECT 部门,COUNT(*) AS 人数 FROM 员工表
    GROUP BY 部门;
```
（2）查询视图。
```
    SELECT * FROM v_num;
```
3．在视图 v_seller 中查询所有男性销售员的信息。
```
    SELECT * FROM v_seller WHERE 性别='男';
```
4．向视图 v_seller 中插入记录，观察视图和员工表中的记录。
（1）向视图 v_seller 中插入记录('11016','张哲','男','财务部')，测试插入操作能否成功。
```
    INSERT INTO v_seller (员工号,姓名,性别,部门) VALUES ('11016','张哲','男','财务部');
```
由于本条记录中的部门不符合"部门='销售部'"的条件，插入操作被拒绝。

（2）若不成功，把记录的值改为('11016','张哲','男','销售部')，测试插入操作能否成功。
```
    INSERT INTO v_seller (员工号,姓名,性别,部门) VALUES ('11016','张哲','男','销售部');
```
本条记录符合"部门='销售部'"的条件，插入成功。视图和员工表中都能查看到该记录。

5．通过视图 v_seller 把销售员"刘飞"的姓名更改为"刘一飞"。
```
    UPDATE v_seller SET 姓名='刘一飞' WHERE 姓名='刘飞';
```
6．修改视图 v_seller，列出销售部员工的员工号、姓名、性别、部门、入职日期。
```
    ALTER VIEW v_seller
    AS
    SELECT 员工号,姓名,性别,部门,入职日期 FROM 员工表
    WHERE 部门='销售部'
    WITH CHECK OPTION;
```
7．删除以上创建的所有视图。
```
    DROP VIEW v_seller,v_num;
```

实战任务 7　在商品销售数据库中创建存储过程和存储函数

【实训目的】

1. 熟悉存储过程和存储函数的概念与优点。
2. 掌握创建存储过程的方法。
3. 掌握调用存储过程的方法。
4. 掌握创建存储函数的方法。
5. 掌握调用存储函数的方法。
6. 掌握流程控制语句的使用。
7. 掌握删除存储过程和存储函数的方法。

【实训内容】

1. 创建一个无参数的存储过程 proc_xsb，其功能是统计员工表中部门为"销售部"的员工人数。
2. 创建一个带有输入参数的存储过程 proc_bmrs，其功能是通过输入参数 strDept 的部门名称，统计员工表中该部门的员工人数。
3. 创建一个带有输入参数和输出参数的存储过程 proc_rs，其功能是通过输入参数 strDept 的部门名称，统计员工表中该部门的员工人数，并将员工人数存储在输出参数 cNum 中。
4. 创建一个存储函数 func_xsyj，通过给定的销售员编号，返回该销售员的销售业绩情况（销售总额>=12000：优秀；销售总额>=10000：良好；销售总额>=5000：一般；销售总额<5000：较差）。
5. 删除存储过程 proc_xsb。
6. 删除存储函数 func_xsyj。

【实训操作】

1. 创建一个无参数的存储过程 proc_xsb，其功能是统计员工表中部门为"销售部"的员工人数。

（1）创建存储过程：

```
CREATE PROCEDURE proc_xsb()
BEGIN
  SELECT Count(*) AS 员工人数 FROM 员工表 WHERE 部门='销售部';
END;
```

（2）调用存储过程，调用结果如图 13 所示。

```
CALL proc_xsb();
```

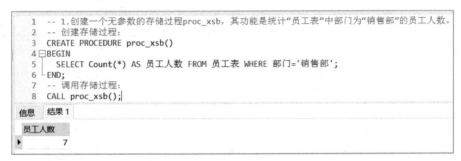

图 13　创建并调用无参数的存储过程

2．创建一个带有输入参数的存储过程 proc_bmrs，其功能是通过输入参数 strDept 的部门名称，统计员工表中该部门的员工人数。

（1）创建存储过程：

```
CREATE PROCEDURE proc_bmrs(in strDept varchar(20))
BEGIN
  SELECT Count(*) AS 员工人数 FROM 员工表 WHERE 部门=strDept;
END;
```

（2）调用存储过程，调用结果如图 14 所示。

```
CALL proc_bmrs('财务部');
```

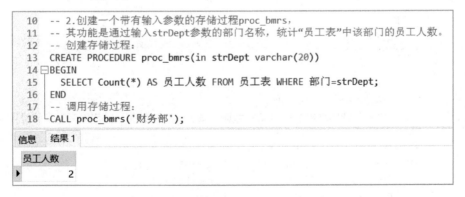

图 14　创建并调用带有输入参数的存储过程

3．创建一个带有输入参数和输出参数的存储过程 proc_rs，其功能是通过输入参数 strDept 的部门名称，统计员工表中该部门的员工人数，并将员工人数存储在输出参数 cNum 中。

（1）创建存储过程：

```
CREATE PROCEDURE proc_rs(in strDept varchar(20),out cNum int)
BEGIN
    SELECT Count(*) INTO cNum FROM 员工表 WHERE 部门=strDept;
END;
```

（2）调用存储过程：定义一个用户变量@outNum 存储输出参数 cNum 的值，调用结果如图 15 所示。

```
CALL proc_rs('综合办',@outNum);
SELECT '综合办',@outNum;
```

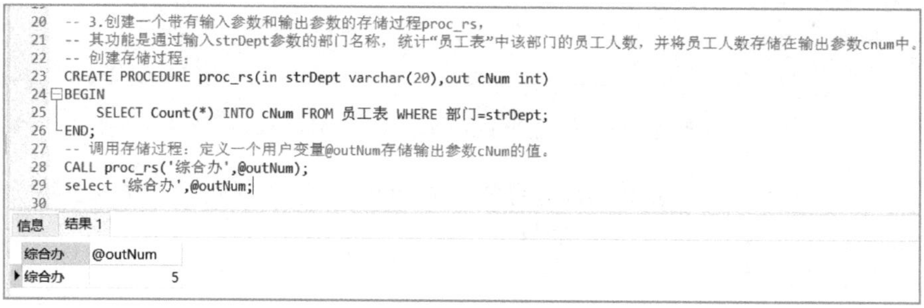

图 15 创建并调用带有输入和输出参数的存储过程

4．创建一个存储函数 func_xsyj，通过给定的销售员编号，返回该销售员的销售业绩情况（销售总额>=12000：优秀；销售总额>=10000：良好；销售总额>=5000：一般；销售总额<5000：较差）。

（1）创建存储函数：

```
CREATE FUNCTION func_xsyj(sNo CHAR(6))
RETURNS CHAR(2)
DETERMINISTIC
BEGIN
  DECLARE sumMoney FLOAT;
  DECLARE result CHAR(2);
  SELECT SUM(单价*数量) INTO sumMoney FROM 销售表 WHERE 销售员编号=sNo;
  CASE
WHEN sumMoney >= 12000 THEN SET result = '优秀';
WHEN sumMoney >= 10000 THEN SET result = '良好';
WHEN sumMoney >= 5000 THEN SET result = '一般';
ELSE SET result = '较差';
  END CASE;
```

```
    RETURN result;
END;
```

(2) 调用存储函数，调用结果如图 16 所示。

```
SELECT func_xsyj('11002');
SELECT func_xsyj('11004');
SELECT func_xsyj('11005');
SELECT func_xsyj('11012');
```

```
mysql> -- 调用存储函数
SELECT func_xsyj('11002');
SELECT func_xsyj('11004');
SELECT func_xsyj('11005');
SELECT func_xsyj('11012');
+--------------------+
| func_xsyj('11002') |
+--------------------+
| 优秀               |
+--------------------+
1 row in set (0.02 sec)

+--------------------+
| func_xsyj('11004') |
+--------------------+
| 一般               |
+--------------------+
1 row in set (0.02 sec)

+--------------------+
| func_xsyj('11005') |
+--------------------+
| 较差               |
+--------------------+
1 row in set (0.02 sec)

+--------------------+
| func_xsyj('11012') |
+--------------------+
| 良好               |
+--------------------+
1 row in set (0.02 sec)
```

图 16　调用存储函数

5．删除存储过程 proc_xsb。

```
DROP PROCEDURE proc_xsb;
```

6．删除存储函数 func_xsyj。

```
DROP FUNCTION func_xsyj;
```

实战任务 8　在商品销售数据库中创建和管理触发器

【实训目的】

1. 熟悉触发器的概念与功能。
2. 掌握创建 INSERT 类型触发器的方法。
3. 掌握创建 DELETE 类型触发器的方法。
4. 掌握创建 UPDATE 类型触发器的方法。
5. 掌握删除触发器的方法。

【实训内容】

1. 创建一个由 INSERT 操作触发的后触发器 tr_insert，如果在员工表中插入一条记录，将用户变量@strIn 的值设置为"已插入一条员工记录！"。

2. 创建一个由 DELETE 触发的前触发器 tr_delete，如果下架某商品（即在"商品表"中删除 1 条记录），需要先删除该商品的进货和销售记录（删除进货表和销售表中该商品编号对应的记录）。

3. 创建一个由 UPDATE 触发的后触发器 tr_update，如果在商品表中修改了某商品的价格之后，把修改时间、当前登录用户、商品编号、修改前价格、修改后价格保存到数据表 update_log 中。然后验证该触发器。

4. 使用 DROP TRIGGER 语句删除触发器 tr_insert。

【实训操作】

1. 创建一个由 INSERT 操作触发的触发器 tr_insert，如果在员工表中插入一条记录，将用户变量@strIn 的值设置为"已插入一条员工记录！"。

（1）创建触发器：
```
CREATE TRIGGER tr_insert AFTER INSERT ON 员工表 FOR EACH ROW
BEGIN
    SET  @strIn= '已插入一条员工记录！';
END;
```

（2）验证触发器：向员工表中插入一条记录，并查询，如图 17 所示。
```
INSERT INTO 员工表(员工号,姓名,部门) VALUES('11015','王思恩','销售部');
SELECT @strIn;
```

```
7   -- 验证触发器：向员工表中插入一条记录，并查询。
8   INSERT INTO 员工表(员工号,姓名,部门) VALUES('11015','王思思','销售部');
9   SELECT @strIn;
10
```

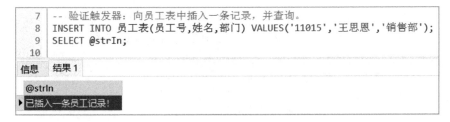

图 17 插入数据验证触发器

2. 创建一个由 DELETE 触发的前触发器 tr_delete，如果下架某款商品（即在"商品表"中删除一条记录），需要先删除该商品的进货和销售记录（删除进货表和销售表中该商品编号对应的记录）。

（1）创建触发器：

```
CREATE TRIGGER tr_delete BEFORE DELETE ON 商品表 FOR EACH ROW
BEGIN
  DELETE FROM 进货表 WHERE 商品编号=OLD.商品编号;
  DELETE FROM 销售表 WHERE 商品编号=OLD.商品编号;
END;
```

（2）验证触发器：

1）先查询商品表、进货表和销售表三个表中的数据，如图 18 所示。

```
SELECT * FROM 商品表 WHERE 商品编号='1002';
SELECT * FROM 进货表 WHERE 商品编号='1002';
SELECT * FROM 销售表 WHERE 商品编号='1002';
```

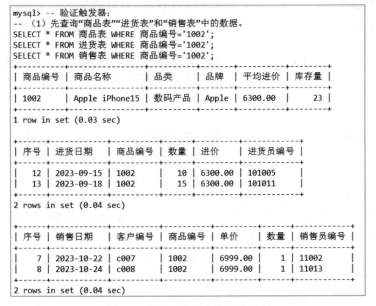

图 18 查询三个表中的原始数据

2）删除商品表中商品编号为'1002'的记录后，重新查询三个表中的数据，观察触发器是否会被触发，自动删除进货表和销售表中该商品编号对应的记录。

```sql
DELETE FROM 商品表 WHERE 商品编号='1002';
SELECT * FROM 商品表 WHERE 商品编号='1002';
SELECT * FROM 进货表 WHERE 商品编号='1002';
SELECT * FROM 销售表 WHERE 商品编号='1002';
```

（3）验证结果如图 19 所示，当删除商品表中的一条记录时，触发器自动删除了进货表和销售表中的对应记录。

```
mysql> -- （2）删除商品表中商品编号为'1002'的记录后，重新查询三个表中的数据
DELETE FROM 商品表 WHERE 商品编号='1002';
SELECT * FROM 商品表 WHERE 商品编号='1002';
SELECT * FROM 进货表 WHERE 商品编号='1002';
SELECT * FROM 销售表 WHERE 商品编号='1002';
Query OK, 1 row affected (0.03 sec)

Empty set

Empty set

Empty set
```

图 19　删除记录验证触发器

3．创建一个由 UPDATE 触发的后触发器 tr_update，如果在商品表中修改了某商品的价格之后，把修改时间、当前登录用户、商品编号、修改前价格、修改后价格保存到数据表 update_log 中，然后验证该触发器。

（1）创建触发器：

```sql
CREATE TRIGGER tr_update AFTER UPDATE ON 商品表 FOR EACH ROW
BEGIN
    INSERT update_log(修改时间,当前登录用户,商品编号,修改前价格,修改后价格)
        VALUES(NOW(),CURRENT_USER,OLD.商品编号,OLD.平均进价,NEW.平均进价);
END;
```

（2）验证触发器：

1）如果 update_log 表不存在，则首先需要创建表。

```sql
CREATE TABLE IF NOT EXISTS update_log(
序号 INT UNSIGNED NOT NULL AUTO_INCREMENT,
修改时间 DATETIME,
当前登录用户 VARCHAR(30),
商品编号 CHAR(6),
修改前价格 DECIMAL(8,2),
修改后价格 DECIMAL(8,2),
PRIMARY KEY (序号)
);
```

2）修改商品表中的商品价格，观察触发器是否会被触发，自动把对应数据保存到数据表 update_log 中。

```
UPDATE 商品表 SET 平均进价=5000.00 WHERE 商品编号='1001';
SELECT * FROM update_log;
```

（3）验证结果如图 20 所示，触发器自动把对应记录存入数据表 update_log 中。

序号	修改时间	当前登录用户	商品编号	修改前价格	修改后价格
1	2023-11-30	root@localhost	1001	5500.00	5000.00

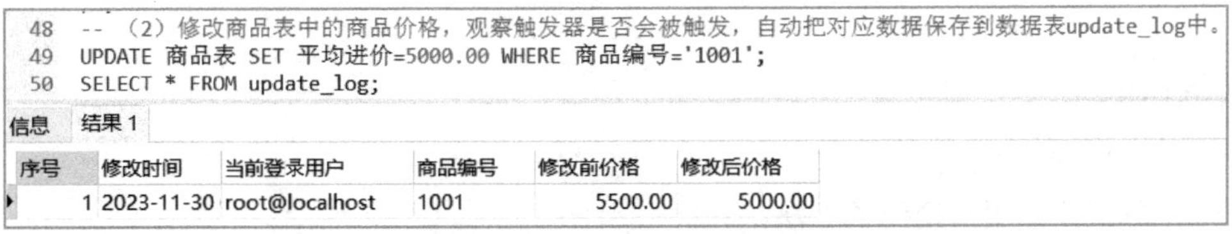

图 20　修改记录验证触发器

4. 使用 DROP TRIGGER 语句删除触发器 tr_insert。

```
DROP TRIGGER tr_insert;
```

实战任务 9　创建用户并授予不同级别的权限

【实训目的】

1. 掌握创建用户的方法。
2. 掌握修改用户密码的方法。
3. 掌握授予用户权限的方法。
4. 掌握撤销用户权限的方法。
5. 掌握查看用户权限的方法。
6. 掌握删除用户的方法。

【实训内容】

1. 创建一个名为 admin 的用户，初始密码为 123456。
2. 创建一个名为 login1 的用户，初始密码为 123456。
3. 使用 root 用户登录，将 login1 用户的密码修改为 abcabc。
4. 使用 root 用户登录，授予 admin 用户对商品销售数据库（spxs）中的所有数据表的查询、插入、修改和删除权限，要求加上 WITH GRANT OPTION 子句。
5. 使用 admin 用户登录，授予 login1 用户对商品销售数据库（spxs）中的商品表的查询、插入、修改和删除权限。
6. 使用 root 用户登录，撤销 admin 用户的所有权限。
7. 查看 login1 用户的权限。
8. 删除 admin 和 login1 用户。

【实训操作】

1. 创建一个名为 admin 的用户，初始密码为 123456。

    ```
    CREATE USER 'admin'@'localhost' IDENTIFIED BY '123456';
    ```

2. 创建一个名为 login1 的用户，初始密码为 123456。

    ```
    CREATE USER 'login1'@'localhost' IDENTIFIED BY '123456';
    ```

在 Navicat 的用户对象中可以查看创建的用户，如图 21 所示。

图 21　查看创建的用户

3. 使用 root 用户登录，将 login1 用户的密码修改为 abcabc。

　　ALTER USER 'login1'@'localhost' IDENTIFIED BY 'abcabc';
　　或 SET PASSWORD FOR 'login1'@'localhost' = 'abcabc';

4. 使用 root 用户登录，授予 admin 用户对商品销售数据库（spxs）中的所有数据表的查询、插入、修改和删除权限，要求加上 WITH GRANT OPTION 子句。

　　GRANT SELECT, INSERT, UPDATE, DELETE ON spxs.*
　　TO 'admin'@'localhost'
　　WITH GRANT OPTION;

5. 使用 admin 用户登录，授予 login1 用户对商品销售数据库（spxs）中的商品表的查询、插入、修改和删除权限。

（1）新建连接 admin，使用 admin 用户身份登录并输入密码，如图 22 所示。

图 22　使用 admin 用户身份登录

（2）新建查询窗口，输入以下命令给 login1 用户授权，如图 23 所示。

　　GRANT SELECT, INSERT, UPDATE, DELETE ON spxs.商品表
　　TO 'login1'@'localhost';

图 23 在 admin 用户中授权

6. 使用 root 用户登录，撤销 admin 用户的所有权限。

```
REVOKE ALL ON spxs.*
FROM 'admin'@'localhost';
```

7. 查看 login1 用户的权限。

```
SHOW GRANTS FOR 'login1'@'localhost';
```

如图 24 所示，虽然 login1 用户的权限是 admin 用户授予的，且 admin 用户的权限已被撤销，但 login1 用户的权限并没有受到 admin 用户权限被撤销的影响。

图 24 查看 login1 用户的权限

8. 删除 admin 和 login1 用户。

```
DROP USER 'admin'@'localhost','login1'@'localhost';
```

实战任务 10　备份数据库、转储数据库文件

【实训目的】

1. 熟悉数据库备份与还原的概念。
2. 掌握使用 mysqldump 命令备份数据库的方法。
3. 掌握使用 mysql 命令还原数据库的方法。
4. 掌握使用日志文件还原数据库的方法。
5. 掌握导出/导入表中数据的方法。

【实训内容】

1. 备份 spxs 数据库，要求在备份产生的脚本文件中自动包含创建该数据库的语句。
2. 模仿故障发生，使用备份的脚本文件还原数据库。
3. 使用 Navicat 把 spxs 数据库转储为脚本文件"商品销售.sql"。
4. 使用 Navicat 中的导出向导，把"商品表"导出为一个 Excel 文件。
5. 使用 Navicat 中的导入向导，使用 4 题中导出的 Excel 文件，把数据重新导入到数据库中，并在导入时把目标表名设置为 product。

【实训操作】

1. 备份 spxs 数据库，要求在备份产生的脚本文件中自动包含创建该数据库的语句。

```
mysqldump -u root -p --databases spxs > D:/spxs.sql
# 该语句须在 Windows 命令行窗口中执行
```

2. 模仿故障发生，使用备份的脚本文件还原数据库。

```
DROP table IF EXISTS 员工表;
mysql -u root -p < D:/spxs.sql
# 该语句须在 Windows 命令行窗口中执行
```

3. 使用 Navicat 把 spxs 数据库转储为脚本文件。

在 spxs 数据库上单击鼠标右键，在弹出的快捷菜单中选择"转储 SQL 文件"|"结构和数据"命令，如图 25 所示，设置转储的脚本文件名为"商品销售.sql"，单击"保存"按钮即可。

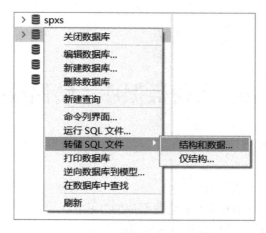

图 25　转储数据库

4．使用 Navicat 中的导出向导，把"商品表"导出为一个 Excel 文件。

在"商品表"上单击鼠标右键，在弹出的快捷菜单中选择"导出向导"命令，弹出"导出向导"对话框，如图 26 所示。根据向导提示，选择数据导出格式为"Excel 文件（2007 或更高版本）（*.xlsx）"，选择导出文件为"商品表"，即可把商品表导出为一个 Excel 文件。

图 26　导出向导

5. 使用 Navicat 中的导入向导，使用 4 题中导出的 Excel 文件，把数据重新导入到数据库中，并在导入时把目标表名设置为 product。

在"表"上单击鼠标右键，在弹出的快捷菜单中选择"导入向导"命令，弹出"导入向导"对话框，如图 27 所示。根据向导提示，选择数据导入格式为"Excel 文件（*.xls；*.xlsx）"，选择 4 题中导出的 Excel 文件，把目标表名设置为 product，单击"开始"按钮即可把数据导入到数据库中。

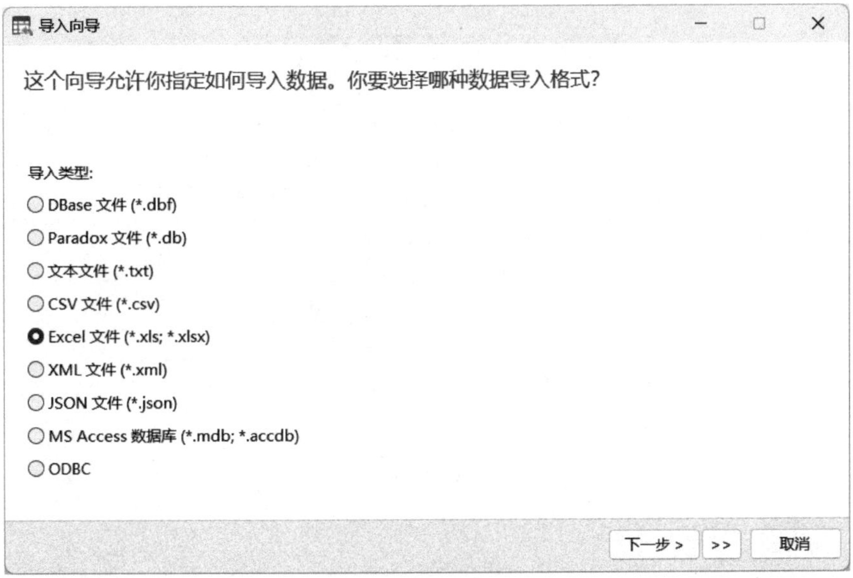

图 27　导入向导